你的形象价值百万

你的礼仪价值百万

你的口才价值百万

你的形象价值百万
你的礼仪价值百万
你的口才价值百万

宿文渊◎编著

中国华侨出版社
北京

图书在版编目(CIP)数据

你的形象价值百万 你的礼仪价值百万 你的口才价值百万 / 宿文渊编著.—
北京：中国华侨出版社，2013.2（2022.1重印）
ISBN 978-7-5113-3272-1

Ⅰ.①你… Ⅱ.①宿… Ⅲ.①个人—形象—设计—通俗读物 ②礼仪—通俗读物
③口才学—通俗读物 Ⅳ.①B834.3-49②K891.26-49③H019-49

中国版本图书馆CIP数据核字（2013）第029133号

你的形象价值百万 你的礼仪价值百万 你的口才价值百万

编　　著：宿文渊
责任编辑：张　玉
封面设计：阳春白雪
文字编辑：张红卫
美术编辑：宇　枫
经　　销：新华书店
开　　本：720mm×1020mm　1/16　印张：24　字数：342千字
印　　刷：唐山楠萍印务有限公司
版　　次：2013年7月第1版　2022年1月第5次印刷
书　　号：ISBN 978-7-5113-3272-1
定　　价：68.00元

中国华侨出版社　北京市朝阳区西坝河东里77号楼底商5号　邮编：100028
发 行 部：（010）88866779　　　　传　真：（010）88877396

如发现印装质量问题，影响阅读，请与印刷厂联系调换。

前言

好形象，好机遇；好礼仪，好人缘；好口才，好前程。形象、礼仪和口才是成就卓越人生必备的三大法宝，缺一不可。

著名的形象设计大师安德鲁·阿加西曾说过："形象意味着一切。"形象的内容宽广而丰富，它并不是简单的穿衣、外表、长相、发型、化妆的组合概念，而是外表与内在相结合给人留下的印象，一个综合的全面素质的体现。它包括你的穿着、言行、修养、生活方式、知识层次、家庭出身，等等。它在清晰地为你下着定义：你是谁、你的社会位置、你如何生活、你是否有发展前途。

一个成功的形象，展示给人们的是自信、尊严、力量、能力。它并不仅仅反映在对别人的视觉效果中，同时它也是一种外在辅助工具，它让你对自己的言行有了更高的要求，能立刻唤起你内在沉积的优良素质，通过你的穿着、微笑、目光接触、握手等一举一动，让你浑身都散发着一个成功者的魅力。如今，形象变得比任何时期都重要。谁得不到别人的注目，谁就面临着失败；谁吸引不到别人的眼球，谁就没有机会。无论你认为从外表衡量人是多么肤浅和愚蠢的观念，但社会上的人们每时每刻都在根据你的服饰、发型、手势、声调、语言等自我表达方式在判断着你。无论你愿意与否，你都在留给别人一个关于你形象的印象，这个印象在工作中影响着你的升迁，在商场上影响着你的交易，在生活中影响着你的人际关系，它无时无刻不在影响着你的自尊和自信，并最终影响着你的幸福感。

人无礼则不立，事无礼则不成。无论你从事何种行业，无论你身居什么职位，也无论你是男人还是女人，无论你是年轻还是年老，都必须重视礼仪。礼仪是人际交往中通用的一种艺术，是人际交往中约定俗成的示人以尊重、友好的习惯做法。在日常交往与合作的过程中，人们的礼仪是否周全，不仅能显示其修养、素质及形象的优劣，而且还会影响到交际与事业的成功与否。

拿破仑曾经说过："这世界上投入最小、回报最大的便是礼仪了。"礼仪不仅能够为你赢得他人的尊重与好感，更能够为你赢得成功的通行证。所以，我们在平时生活和工作中应真正地做到"重视礼仪，追求细节"，树好自身形象，维护企业形象，这不仅是要求我们在每个环节都应该讲礼仪、用礼仪，还要把所学礼仪用得恰到好处，那样，我们的工作和生活会更加融洽，我们的社会也将更加温馨和谐。

人与人之间的竞争是智力的竞争，也是口才的竞争。口才决定了我们的价值，决定了我们的成败。社交的得心应手，求职的轻松过关，推销的业绩倍增，职位的直线上升，谈判的无往而不利等都有赖于一张会说话的嘴。有的人总是吃亏，不是得罪朋友，就是耽误了生意，再不然就是家庭不幸福，大多数原因是由于他们拙于言辞而造成的。拥有良好的口才是获得生存机会、提高生活品质最有效也是最直接的通道。

我们要在这个社会中立足、发展，就必须练就一副好口才。好口才是一种终生受用的特殊技能，会让我们的生活、工作、事业如虎添翼，锦上添花。

本书共分为三篇，深入解析了形象、礼仪、口才在人生中的巨大价值和重要作用，全面阐述了形象、礼仪、口才的基本原理和法则，指出了提升自我形象、修炼优雅礼仪、练就卓越口才的基本途径和方法，从交际到生活、从求职到工作、从说话到办事、从推销到谈判、从商务到酒会，等等，视野广阔，范围广泛，实例丰富，实用性强，是一本让你的人生走向成功必备的实用宝典。

形象卓尔不群、礼仪谦恭优雅、口才舌灿莲花，你才能提升自己的个人形象，增强个人魅力，少走弯路，顺利踏入成功之途。机遇垂青勇于突破自我、提升自我、完善自我、不懈追求成功的人，谁拥有出色的形象、洒脱的礼仪、杰出的口才，谁就掌握了打开成功之门的金钥匙，谁就拥有了成功的先机，最终成为社会竞争大舞台上最后的赢家！

目录

上篇　你的形象价值百万

第一章　好形象是成功人生的潜在资本 …… 2
好形象是成功人生的一种潜在资本 …… 2
外表是打动人心最直接的方式 …… 3
保持光彩照人的好形象 …… 4
良好形象是磁石，把好运吸引到你的身边 …… 6

第二章　打造生机勃勃的个人形象 …… 9
精神饱满是你的金字招牌 …… 9
活跃的你，投射出积极自信的气场 …… 10
永葆进取心，成就美丽人生 …… 12
健康体魄是好形象的必要条件 …… 14
精神健康的人，拥有朝气蓬勃的形象 …… 16
乐观，让你拥有容光焕发的形象 …… 19

第三章　着装成就人，穿出你的好形象 …… 21
用衣服包装自我，用自信打动他人 …… 21
让衣着突出你的风度，成就你的好形象 …… 23
体形有区别，穿衣有不同 …… 24
女性自信着装的3大原则 …… 25
正确穿着西装，尽显魅力风采 …… 27
男士穿西装还有这些细节要讲究 …… 29
男女西装礼仪大不同 …… 31
挑好适合自己身型的西装版型 …… 32
西装搭配的7种基本方式 …… 33

用出色的职业装扮展示给他人可靠、可信的形象……………… 36
避开职业着装的5大忌讳 …………………………………………… 38

第四章 饰品为你增值，更让你的形象流光溢彩 …………… 40

领带系多长最能显出气势 ………………………………………… 40
两招教你把领带打好 ……………………………………………… 41
怎样挑选有品位的领带 …………………………………………… 43
巧戴丝巾，彰显女性魅力 ………………………………………… 45
不要忽视袜子的搭配 ……………………………………………… 47
妙穿丝袜，魅力加倍 ……………………………………………… 48
袜子可以体现男人的档次 ………………………………………… 49
包也是形象的一部分 ……………………………………………… 50
靠眼镜塑造男人个性形象 ………………………………………… 52
完美佩戴项链，为你大添光彩 …………………………………… 53

第五章 化妆，美化仪容的必备绝招 ………………………… 56

得体的妆容要遵循"8字箴言" …………………………………… 56
面试时的妆容，要自然而又能显示出自己的精神面貌 ………… 57
职业妆，展现出神采奕奕的专业形象 …………………………… 60
生活妆，淡雅妆容更动人 ………………………………………… 61
宴会妆，适度浓艳没问题 ………………………………………… 62
妆容持久的小技巧 ………………………………………………… 64
精致唇妆，打造完美双唇 ………………………………………… 65
运用化妆小技巧遮盖粉刺 ………………………………………… 67
眉部化妆的正确方法 ……………………………………………… 68
眼部化妆的6个技巧 ……………………………………………… 70

第六章 拥有良好的气质修养，提升完美形象 ……………… 74

把自己包装成"名牌" …………………………………………… 74
优雅的气质来自完美的内心 ……………………………………… 76
好的气质来自对真、善、美的追求 ……………………………… 78
仁爱是一种拥有好形象的法则 …………………………………… 80
谦虚是提升形象的一种大智慧 …………………………………… 82
才情是一件美丽又耐穿的衣裳 …………………………………… 83

中篇　你的礼仪价值百万

第一章　你的礼仪价值百万
好礼仪是成功的"通行证" …………………………………… 86
漂亮潇洒是天生的，优雅风度可以后天培养 ……………… 87
从优秀到卓越，你要懂点礼仪 ……………………………… 89
不可或缺的几项礼仪资本 …………………………………… 90

第二章　相识礼仪：得体的谈吐为你加分 ………………… 92
介绍礼仪，走向熟悉的第一步 ……………………………… 92
按照什么顺序介绍 …………………………………………… 93
集体介绍，顺序有讲究 ……………………………………… 94
礼貌用语，拉近人与人之间的距离 ………………………… 95
工作中的称呼庄重而规范 …………………………………… 100
正式场合的称呼避免有失尊敬 ……………………………… 101
涉外交往中的称呼根据对象区别对待 ……………………… 102
握手礼仪，尊重从掌心传递 ………………………………… 104
应当握手的场合 ……………………………………………… 106
不宜握手的场合 ……………………………………………… 107
握手次序遵循"尊者决定"的原则 ………………………… 108
握手的不雅姿势与禁忌 ……………………………………… 109
特殊场合下的问候 …………………………………………… 110

第三章　中餐礼仪：开席前的讲究 ………………………… 112
中餐就座礼仪：座次体现高低尊卑 ………………………… 112
中餐菜肴选择礼仪：菜品的选择 …………………………… 115
中餐上菜的礼仪：吃饭有规矩，上菜有程序 ……………… 123
中餐餐具使用礼仪 …………………………………………… 127

第四章　西餐礼仪：刀叉传递文明信号 …………………… 132
基本西餐礼仪：吃西餐的细节 ……………………………… 132
西餐的就座礼仪：你该坐在哪一端 ………………………… 133
西餐进餐礼仪：先吃鱼还是先喝汤 ………………………… 135
西餐餐具的使用礼仪：用好餐桌上的刀叉 ………………… 137

第五章　商务拜访接待礼仪：做客有礼，待客有道⋯⋯⋯⋯⋯⋯⋯⋯ 138

　　明白接待的规格和级别⋯⋯⋯⋯⋯⋯⋯⋯⋯⋯⋯⋯⋯⋯⋯⋯⋯ 138
　　如何让客人感受到尊重⋯⋯⋯⋯⋯⋯⋯⋯⋯⋯⋯⋯⋯⋯⋯⋯⋯ 142
　　待客要"热情三到"⋯⋯⋯⋯⋯⋯⋯⋯⋯⋯⋯⋯⋯⋯⋯⋯⋯⋯ 143
　　宴席上的接待礼仪⋯⋯⋯⋯⋯⋯⋯⋯⋯⋯⋯⋯⋯⋯⋯⋯⋯⋯⋯ 145
　　正确陪行有讲究⋯⋯⋯⋯⋯⋯⋯⋯⋯⋯⋯⋯⋯⋯⋯⋯⋯⋯⋯⋯ 149
　　迎接客人要有周密的部署⋯⋯⋯⋯⋯⋯⋯⋯⋯⋯⋯⋯⋯⋯⋯⋯ 150
　　接待外商参观的注意事项⋯⋯⋯⋯⋯⋯⋯⋯⋯⋯⋯⋯⋯⋯⋯⋯ 159
　　做好拜访前的预约⋯⋯⋯⋯⋯⋯⋯⋯⋯⋯⋯⋯⋯⋯⋯⋯⋯⋯⋯ 161
　　饮茶礼仪：斟茶与敬茶体现修养⋯⋯⋯⋯⋯⋯⋯⋯⋯⋯⋯⋯⋯ 174
　　饮咖啡礼仪：轻缓啜饮不出丑⋯⋯⋯⋯⋯⋯⋯⋯⋯⋯⋯⋯⋯⋯ 176
　　送客礼仪：做好"身送七步"⋯⋯⋯⋯⋯⋯⋯⋯⋯⋯⋯⋯⋯⋯ 179
　　拜访客户需要注意的事项⋯⋯⋯⋯⋯⋯⋯⋯⋯⋯⋯⋯⋯⋯⋯⋯ 180
　　公务参观需要注意的事项⋯⋯⋯⋯⋯⋯⋯⋯⋯⋯⋯⋯⋯⋯⋯⋯ 181

第六章　商务会议礼仪：注重礼节体现效率⋯⋯⋯⋯⋯⋯⋯⋯⋯⋯ 185

　　召开会议通用的六个要素⋯⋯⋯⋯⋯⋯⋯⋯⋯⋯⋯⋯⋯⋯⋯⋯ 185
　　主持会议需注意的事项⋯⋯⋯⋯⋯⋯⋯⋯⋯⋯⋯⋯⋯⋯⋯⋯⋯ 188
　　如何做好会议发言⋯⋯⋯⋯⋯⋯⋯⋯⋯⋯⋯⋯⋯⋯⋯⋯⋯⋯⋯ 196
　　会议位次，体现尊重与风度⋯⋯⋯⋯⋯⋯⋯⋯⋯⋯⋯⋯⋯⋯⋯ 200
　　商务会议"九个不可"⋯⋯⋯⋯⋯⋯⋯⋯⋯⋯⋯⋯⋯⋯⋯⋯⋯ 201

第七章　商务谈判礼仪：礼仪也是谈判资本⋯⋯⋯⋯⋯⋯⋯⋯⋯⋯ 203

　　如何确定谈判的日期和场地⋯⋯⋯⋯⋯⋯⋯⋯⋯⋯⋯⋯⋯⋯⋯ 203
　　如何确定谈判的席次⋯⋯⋯⋯⋯⋯⋯⋯⋯⋯⋯⋯⋯⋯⋯⋯⋯⋯ 205
　　成功商务谈判的几个关键⋯⋯⋯⋯⋯⋯⋯⋯⋯⋯⋯⋯⋯⋯⋯⋯ 207

第八章　求职面试礼仪：礼仪就是最好的简历⋯⋯⋯⋯⋯⋯⋯⋯⋯ 209

　　简历礼仪：你的简历会说话⋯⋯⋯⋯⋯⋯⋯⋯⋯⋯⋯⋯⋯⋯⋯ 209
　　面试服饰礼仪：秀出你的职场"范儿"⋯⋯⋯⋯⋯⋯⋯⋯⋯⋯ 212
　　修养是你的"无声自荐"⋯⋯⋯⋯⋯⋯⋯⋯⋯⋯⋯⋯⋯⋯⋯⋯ 215
　　面试过程礼仪：展现最得体的自己⋯⋯⋯⋯⋯⋯⋯⋯⋯⋯⋯⋯ 216
　　面试技巧：把握交谈核心才有胜算⋯⋯⋯⋯⋯⋯⋯⋯⋯⋯⋯⋯ 226
　　恰当的肢体语言是看得见的尊重⋯⋯⋯⋯⋯⋯⋯⋯⋯⋯⋯⋯⋯ 234
　　面试完毕，礼仪还要继续⋯⋯⋯⋯⋯⋯⋯⋯⋯⋯⋯⋯⋯⋯⋯⋯ 235

第九章 公共场合礼仪：礼仪是看得见的风景 …… 238
- 文明观赛礼仪须知 …… 238
- 高尔夫：要体现出绅士风度 …… 246
- 参观时除了记忆，什么也别留下 …… 249
- 音乐会上不要奏出不和谐音符 …… 251
- 图书馆里要有读书人的静雅 …… 253
- 不做展览馆里低俗的游客 …… 254
- 在影剧院，不成为打扰他人的主角 …… 256
- 娱乐场所，不要让自己的快乐带给别人痛苦 …… 258

下篇 你的口才价值百万

第一章 口才是事业成功的奠基石 …… 264
- 社交场合，善言者胜 …… 264
- 求职面试，三分人才，七分口才 …… 267
- 推销业绩倍增全凭一张嘴 …… 270
- 好口才把你送上没有天花板的职场舞台 …… 276
- 无硝烟的商业战场，口才是必备武器 …… 280

第二章 说话，原则很重要 …… 283
- 说话要有针对性 …… 283
- 说话要注意准确性 …… 287
- 说话要有感染力 …… 289
- 说话要有修养 …… 293
- 说话要看场合 …… 297

第三章 幽默的人总是处处受欢迎 …… 301
- 以其人之道，还治其人之身 …… 301
- 借题发挥 …… 304
- 活学活用 …… 306
- 拿自己开开玩笑 …… 308
- 反唇相讥 …… 311
- 声东击西的幽默法 …… 314

反常规的类比幽默 ································· 317
拒绝伪幽默 ··· 320
反向求因 ·· 325
适当曲解，营造幽默 ······························ 327
婉言曲说成幽默 ··································· 331

第四章 让别人都照你的意思办 ········· 335
说服从"心"出发 ································· 335
百事利为先，言辞晓以利 ······················· 339
让对方多说"是" ································ 343
刚柔相济，恩威并重 ···························· 347
有些人喜欢对着干 ······························· 350
保持缄默的说服力 ······························· 353
开门见山话明了 ·································· 357
引经据典可以一当十 ···························· 359
绕个圈子表达——旁敲侧击 ···················· 362
有高度自然有风度 ······························· 366
以谬制谬，以错纠错 ···························· 370

上篇
你的形象价值百万

第一章
好形象是成功人生的潜在资本

好形象是成功人生的一种潜在资本

生活中，有人潇洒，人见人爱，有人却哀叹自己满腹才学，无人赏识；有人展现真我，活出精彩，也有人却怨苍天无眼，命运不济。为什么同样生活在这个社会中，却有着不同的境遇、不同的结果呢？

生活经验告诉我们，每个人都想追求完美的人生，但很少有人真正去注意自己在社会交往中的形象。这种形象不仅仅是仪容仪表的刻意修饰，更是温柔的性格、积极的心态、文雅的修养带给人的影响力。

一个注意形象并自觉保持好形象的人，总能在人群中得到信任，总能在逆境中得到帮助，也必定能在人生的旅途中不断找到发挥才干的机会，最终做到时刻用自己的风采魅力影响别人，活出真正精彩和成功的人生。

所以，好形象是人生的一种资本，充分利用它不仅能给你的日常生活添色加彩，更有助于提升你的影响力，助你走向成功。

形象是每个人向世界展示自我的窗口，向社会宣传自我的广告，向别人介绍自我的名片。别人从我们的形象中获取对我们的印象，而这个印象又影响着他们对我们的态度和行为。同时，每个人都在这个最基本的互动过程中追逐着自己人生的梦想，实现着生命的价值。

同时，良好的形象有助于增进人际关系，营造和谐气氛，从而促进你的成功。

红顶商人胡雪岩有一次面临生意上的一个很大危机。他在上海新开张的商行遭到当地商人的联合排挤，不久就波及了大本营杭州。一些大客户生怕胡雪岩垮台，闻风而动，都准备中止和他的生意往来。

这天胡雪岩从上海回来了，他们悄悄躲在暗处观看，想看到胡雪岩灰头土脸的样子。结果他们失望了，他们看到的是衣着光鲜、精神抖擞的胡雪岩。

他们还不放心，又跟踪胡雪岩到他的商行去。他们认为胡雪岩会暂停生意进行整顿。可是胡雪岩的商行不仅没有关闭，而且他还亲自坐镇，在柜台上悠然自得地喝起茶来。这一下子令他们糊涂了，一个人遭受这么大的打击，竟然还能够如此地镇定从容？最终，胡雪岩的气度征服了他们，他们又对胡雪岩恢复了信心。

其实，当时胡雪岩的处境已是山穷水尽，就是凭他那坚如磐石的好形象，才稳住了糟糕的局面。

有人说："形象是一个人的招牌，坏形象会毁了你的一生，而好形象会令你的影响力迅速提升。"这句话一点不错，如果我们能静下心来，认真地树立起自己的好形象，那就好比给自己的人生打造了一块"金字招牌"，能令你在风高浪险的生命历程中从容地经营和成就人生。

每个人都应该明白，好形象是成功人生的潜在资本，如果能够充分运用，将有助于促进你的成功。

外表是打动人心最直接的方式

美丽的外表既包括与生俱来的天生丽质、俊朗秀丽，也包括后天的衣着打扮。人们经常会下意识地把一些正面的品质加到外表漂亮的人身上，像聪明、善良、诚实、机智等。而当我们作出这些判断时，我们一点也没有觉察到外表在这个过程中所起到的作用。

1960年，在尼克松与肯尼迪之争中，年轻、英俊、风流倜傥的肯尼迪浑身散发着领袖的魅力,他看起来坚定、自信、沉着。当他提出"不要问国家能为你做什么,问一问你能为国家做什么"的口号时,却在以"自我"为中心的国度里激起了美国人民上下一片的爱国热潮。他不仅满足了美国人梦中理想的领袖形象,而且创立了领袖形象的最高标准。

1980年与里根竞选总统的杜卡基斯,无论是外表还是声音,无论演讲还是表演,在英俊、高大、富有感召力的里根的衬托下,越发显得"不像个领袖",因而落选。而演员出身的里根用自己的微笑、声音、手势、服装,表现出一个具有迷人魅力的领袖形象。

一个对1974年加拿大联邦政府选举的研究发现,外表有吸引力的候选人得到的选票是外表没有吸引力的候选人的两倍多。

其实,从心理学的角度讲,人人都有向往美、追求美的心理。这种心理引导着大家积极地爱美、扮美、学美,因此,当反映在现实中,人们就会对美的人或事物有所青睐。

社会心理学有这样一项试验:在对两组被试者分别加以修饰之后,使其中一组看起来风度翩翩,另一组则显得随便、邋遢,并令其分别在走路时违反交通规则。其结果是:第一组闯红灯时,尾随者占行人总数的14%,而第二组的尾随者只占4%。这说明人的服饰、穿着具有很强的感召力。

所以,外表是打动人心最直接的方式,一旦你的外表、穿着打扮给人留下深刻而良好的印象,许多契机就会自然而然地产生。

保持光彩照人的好形象

张先生是一家企业的董事长兼总经理,因为工作忙碌,他总没时间注意自己的穿着。

一次,因为外商来得匆忙,张先生没来得及换衬衣,衬衣的领口部分不太干净,有点花哨的领带也没有系正,领带、衬衣与西服的样式搭配也不和谐。他喜欢把一些零碎的东西装在上衣或裤子衣袋里,弄得鼓鼓囊囊,裤子的裤线也不明显，鞋面上落有灰尘和水渍。

外商是法国巴黎某公司的总经理，他的穿着整洁、高雅，恰到好处地衬出他的风度和气质。当张先生和外商在会议室见面时，这个法国人望着张先生的服饰，脸上露出一丝惊诧。虽然翻译小姐解释说，因为经理特别注重效益，刚从车间出来，来不及换服装。但在后来的谈判过程中，外商仍毫不客气地说："我对贵公司的经营实力表示怀疑，一个企业的总裁是企业的代表，然而，您的衣着却给人一种陈旧、落后的感觉。在我们看来，没时间从来都不是一种借口。从这一点上我可以推断这个企业不太注重产品的形象设计……"

张先生听了这一番话，顿感羞惭，没想到由于自己的衣着疏忽，耽误了一笔大生意。

我们时常可以听到这样的抱怨："工作太忙，我哪还有时间注意自己的形象啊！""不是我不想有好形象，实在是因为没时间啊……"很多人会认为工作是第一位的，只要工作做好了，一切就都好了。殊不知，这样做会带来不少问题。

邋遢的形象会给别人造成做事不认真、三心二意、拖泥带水的错觉，很难让人产生信任感。张先生就因为自己的形象失去了机会。一个成功者的形象，展现在他人面前的应该是自信而有尊严、有能力的。它不仅仅反映在别人的视觉效果中，同时也是对自己的一种激励和鞭策。它让你对自己的言谈举止、行为方式等有了更高的要求，对自己的内在素质也有了更多的要求。那些以忙为借口而不注意自身形象的人只会让自己失去更多。

一个人有没有良好的形象，形象有没有魅力，已经成为社交活动中是否占有优势、能否取得主动的一个重要因素。形象是很重要的，特别当你希望别人在同你接触的最初几分钟就愿意接受你时，形象对于你来说就愈发重要。形象佳者容易被人们所接纳，所喜欢；形象不佳者则常常遭到冷遇。形象佳者每每能化险为夷，拥有机遇；形象不佳者则往往举步维艰，困难重重。成功者想要保持优势，需注意良好的形象；失意者要想摆脱困境，也往往从调整心态、重塑形象着手。

所以，保持一个光彩照人的好形象，让好形象融入我们的人生，让好形象帮助我们建立人生的自信，融洽我们的人际关系，我们就可能拥有成功的人生。

良好形象是磁石，把好运吸引到你的身边

亚里士多德曾经说过："美丽是最好的自荐信。"良好的形象是磁石，可以把别人的眼光、信赖、好感、帮助吸引到你的身上来，让你建立自信潇洒的人际关系，同时，好的人际关系又可以促进你的好形象。

1962年，在英国伦敦一个著名贵族举办的豪华宴会上，一名中年男子出尽了风头，他优雅的举止、迷人的言谈，不但令在场的所有女士都对他倾心，所有男士也都对他抱着极大的兴趣和好感。人们私下里纷纷相互打听，都想认识他，并和他成为朋友，而那位男子，在这次宴会上也收获颇丰，不仅签下了40多单生意，结交了很多朋友，还找到了他的终身伴侣。

这名男子就是英国著名的房地产新秀柯马·伊鲁斯。

他的妻子艾琳娜后来在自传中这样描述他们的第一次见面："很明显，他不是我心目中的男子形象，但是看到他俊朗的面孔、清澈的眼睛，听到他充满磁性的声音，我就怦然心动了，可关键不是这样，关键是他身上散发出的一些独特的、说不清的东西，这东西令我真正地心迷神醉……我对他一见钟情，决定要嫁给他。"

柯马·伊鲁斯的商业伙伴梅德也是从这次宴会上认识他的，他们后来终生合作，非常默契。梅德曾这样评价他："他身上散发着一种能够征服任何人的魔力。"

那次宴会是柯马·伊鲁斯第一次在英国上流社会的社交场露面，可是他

一露面，就凭借他优秀的形象，征服了整个伦敦的上流社会，随后，金钱和好运向他滚滚涌来。

可是在12年前，柯马·伊鲁斯就来过伦敦，并出席了一个由商会举办的聚会。但在那次聚会上，柯马·伊鲁斯不仅受到了几位女士的嘲弄，还被侍从当成鞋匠给赶了出来。愤怒的柯马·伊鲁斯一气之下离开了伦敦。

那时的柯马·伊鲁斯还是个小人物，开了一家小水泥厂，整天勤奋地忙来忙去，根本无暇顾及自己的形象。为了扩大生意，他千方百计弄到了一张商行聚会的邀请信，想混进去多结交一些人际关系。可一进入聚会大厅，就立即知道自己走错了地方。大厅装饰得金碧辉煌，男士们个个西装革履、彬彬有礼，女士们个个华服锦衣、优雅漂亮，柯马·伊鲁斯低头看看自己，一身满是补丁而且有着厚厚油腻的工作服、大胶鞋、乱发，与这里格格不入。这时几位女士过来了，故意将酒洒在他身上，并趾高气扬地给他小费。侍从过来询问他，他讲明自己的身份，可是没人相信，而他拉一个认识他的人作证时，那个人不承认认识他，于是他被赶了出来。

生气过后，柯马·伊鲁斯开始考虑自己为什么会受到这种待遇。自然，凭他的头脑，一下子就想明白了。他回到家乡后的第一件事就是参加了一个礼仪培训班，并高薪聘请了私人形象顾问。

可见，美好的形象有助于增强人际间的吸引力，有助于拓展人际关系，有助于你事业的成功。美国汽车大王艾柯卡在总结自己的成功经验时认为："一个人要获得事业的成功，最重要的是与人相处的能力，而我检验一个人的这种能力的标准则是他的形象。"

人们在较短的时间内判断一个人，靠的不是背景材料，而是强烈的第一印象。而这个第一印象往往是在视觉器官与观察对象的外表形态相接触的一瞬间产生的。根据"晕轮效应"，一旦第一印象这种定式产生了，在一定时期内就很难改变。短暂的人际接触，有时会决定你的人际关系能否建立起来，决定你的某项事业或某种行为的成功与否，所以，形象这种无声的语言不可忽视，否则将会出乎意料地失败，甚至都不知道原因。

同样一件事情，为什么有的人完成得那么得体、那么圆满，而有的人却花费很大的力气，也总办不成？这里面虽然有偶然的因素，但也还有个必然的因素在起着重要作用，就是人们是否喜欢你、欢迎你，是否愿意帮助你，并与你合作。人们往往更乐意积极主动地甚至倾全力去帮助那些形象好的人。良好的形象能吸引更多的投资与帮助，这就像股市投资者常常投资那些看上去能涨的股。

由此可见，良好的形象是你吸引他人、建立人际关系必不可少的因素。整洁大方的衣着、得体的举止、高雅的气质、良好的精神面貌和真诚的谈吐，必定给对方留下深刻美好的印象，从而建立起友谊和信任关系，达到社交目标。同时，谁拥有更多的朋友，拥有良好的人际关系，谁的形象就具有更大的魅力，谁获得成功的机会也就更多。所以，我们每个人都应该树立形象意识，从一点一滴做起，逐步建立自己的好形象，并充分运用形象去开拓自己的人际关系，追求自己的成功。

第二章
打造生机勃勃的个人形象

精神饱满是你的金字招牌

某员工对一位500强企业的培训师说:"每次见你站在讲台上给我们上课都神采奕奕、精神饱满,有着用不完的激情,而且总是那么乐观、风趣,你是不是从来没有过烦恼啊?"

培训师笑着回答:"烦恼、欢乐这些事情谁都会遇到,我也不例外。我没有流露出烦恼或沮丧颓废的样子,并不是说这些负面情绪从没光顾过我,只是因为我是一个培训师,职业要求我必须随时保持最佳的工作状态——这是一个人最起码的敬业精神——不然,我连自己都说服不了,又怎么能影响你们呢?所以,无论我身处任何困境或烦恼中,只要一踏上讲台,我心中就只有工作,我眼中就只有课堂,因为我要对自己的工作负责。如果说其中有什么秘诀的话,那就是全力以赴,保持最佳的工作状态。"

比尔·盖茨说:"成功的秘诀是把工作视为游戏,这似乎是所有成功者的工作态度。我们可以尽力找出能令我们兴奋的事来,把许多游戏时的方式带到工作中。"成功的人士必定是对工作抱有满腔热情的人。只有时刻保持最佳工作状态,才能全力以赴地把自己的能力发挥到极致。

沃尔玛超市创始人山姆·沃尔顿说过:"如果你热爱工作,你每天就会尽自己的能力追求完美,不久你周围的每一个人都会从你这里感染到这种热情。"

山姆在这里所讲的是一种精神饱满的工作状态，是责任心和上进心的外在表现，就算工作不尽如人意，也不要愁眉不展、无所事事，懂得掌控自己的情绪，全身心地投入工作中，就能让看似糟糕的一切变得快乐起来。这一切老板都会看在眼里，无形中会帮你赢得更多的成功机会。而精神萎靡、牢骚满腹的员工，他们的抱怨不仅不能帮助他们解决问题，相反，终日无精打采的状态和对一切事物的漠不关心会使他们错失许多难得的机遇。

同样，亨利·福特也说过类似的话，"我喜欢热诚的人。他热诚，就会使顾客热诚起来，生意就很容易做成了。在生活中我们发现，无论是男是女、做什么工作，只要是精神饱满、充满热情的人，都会给人以一种积极的力量，无论实际工作能力如何，精神饱满的人更容易得到同事和领导的认可，因为从中可以看出一个人积极的生活、工作态度以及良好的身心状态。有意识地以最佳的精神状态工作，不但可以提升你的工作业绩，还能使你不畏艰难地完成所有高难度的工作，并且可以给你带来许多意想不到的收获。"

如果你对于自己的处境都无法感到高兴的话，那么可以肯定，就算换个处境你同样不会快乐。换句话说，如果你现在对于自己所拥有的事物、自己所从事的工作或是自己的定位都无法感到高兴的话，那么就算你获得了想要的事物，你仍不会快乐。所以，要想变得积极起来，完全在于你自己。只有善于从工作中寻找价值，你才能时刻以最佳的精神状态去工作。

每天精神饱满地迎接工作的挑战，以最佳的精神状态去发挥自己的才能，就能充分发掘自己的潜能。同时，你的内心也会产生变化，变得更有信心，更加生机勃勃。

活跃的你，投射出积极自信的气场

刚刚记事时，史泰龙就知道他的父亲是个赌徒，他的母亲是个酒鬼。父亲赌输了，打完母亲再打他；母亲喝醉后，同样也是拿他出气。

在拳打脚踢中，史泰龙渐渐地长大了，他经常是鼻青脸肿、皮开肉绽。他跌跌撞撞上到高中时，便辍学了。接下来，街头鬼混的日子让他倍感无聊，而绅士淑女们蔑视的眼光更让他觉得惊心。

他一次次地问自己：难道自己一辈子就在别人的白眼中度过？在一次又一次地痛苦追问后，他下定决心走一条与父母迥然不同的道路。但自己又能做些什么呢？他长时间地思索着。从政，可能性几乎为零；进大企业去发展，学历与文凭是目前不可逾越的高山；经商，本钱在哪里……最后他想到了去当演员，这一行既不需要学历也不需要资本，对他来说，实在是条不错的出路。可他哪里又有当演员的条件呢？相貌平平，又没有天赋，再说他也没受过相关的训练啊！然而决心已下，他相信，即使吃遍世间所有的苦，他也不会放弃。

于是，他开始了自己的"演员"之路。他来到好莱坞，找明星、找导演、找制片，找一切可能使他成为演员的人恳求："给我一个机会吧，我一定会演好的！"但是，很不幸，他一次又一次地被拒绝了，但他并未气馁。每失败一次，他就认真反省，然后再度出发，寻找新的机会……为了维持生活，他在好莱坞打工，干些粗笨的零活。一晃就是两年，他一共遭到了1000多次拒绝。面对如此沉重的打击，他不断问自己：难道真的没有希望了吗？难道赌徒、酒鬼的儿子就只能做赌徒、酒鬼吗？不行，我必须继续努力！

于是，他又想到了写剧本。这时的他已不是初来好莱坞的门外汉了，每一次拒绝都是一次学习和一次进步，经过两年多的耳濡目染，他大胆地动笔了。

一年后，剧本写了出来，他又拿着剧本遍访各位导演："这个剧本怎么样？让我当主演吧！"剧本还可以，至于让他这样一个无名之辈做主演，那简直就是天大的玩笑。不用说，他再次被拒之门外。

在他遭到1300多次拒绝后，一位曾拒绝了他20多次的导演对他说："我不知道你能不能演好，但你的精神让我感动，我可以给你一个机会，就让你当男主角，看看效果再说。如果效果不好，你从此便断了当演员这个念头吧。"为了这一刻，他已做了3年多的准备，机会是如此宝贵，他怎能不全力以赴？3年多的恳求，3年多的磨难，3年多的潜心学习，让他将生命融入了自己的第一个角色中。终于，幸运女神就在那时对他露出了笑脸。他的电影创下了当时全美最高票房纪录——他成功了！现在，他已经是世界顶尖的电影巨星。

关于史泰龙，他的健身教练哥伦布曾经作出如此评价："史泰龙从来不惧怕失败，他的意志、恒心与持久力都令人惊叹。在逆境中，他善于调整自己的情绪，他是一个行动专家，他从来不让自己情绪低落，从不在消极的思想中等待事情发生，他会主动让事情发生。"确实如此。看吧，谁能保证自己被拒绝1300多次而不灰心呢？史泰龙可以！因为他从来不让自己的情绪低落，一直保持着积极的心态，活跃在好莱坞之间，所以他成功了。

积极、活跃的心态，总有一切正面的特点，如正直、诚实、乐观、勇敢、慷慨、包容等。这也是成功包含的优秀品质。在逆境中，人的情绪总会消极、低沉，但是不要一直活在逆境的阴影里，我们要学会调整自己的心态，积极地从逆境中学习经验，这样，即使身处逆境，我们也能保持一颗活跃的心和积极的心态。

每个人都有积极和消极的时候。积极的心态，可以让人保持活跃、积极进取、百折不挠、创造成功，而消极的心态却是灰色的，会令人失去勇气，走向绝望。因此，我们要像史泰龙一样，保持积极的心态，永远有生机勃勃的正面形象，才能引发我们的正面气场，进而走向成功。

永葆进取心，成就美丽人生

乔很爱音乐，尤其喜欢小提琴。在国内学习了一段时间之后，他觉得国内的知识自己已经学习得差不多了，再学习下去也不会有什么进步了，于是他把视线转到了国外。但是国外没一个认识的人，他到了那里要怎么生存呀？这些他当然也想过，但是为了自己的音乐之梦，他勇敢地踏出了国门，维也纳是他的目的地，因为那里是音乐的故乡。这次出国的费用家里辛辛苦苦地凑了出来，但是家里的情况他也知道，没有什么钱了，学费与生活费是如何也拿不出来了，所以他虽然来到了音乐之都，却只能站在大学的门外，因为他没有钱。他必须先到街头上拉琴卖艺来赚够自己的学费与生活费。人生地不熟的，他必须开始讨生活了。

很幸运的，乔在一家大型的商场附近找到一位为人不错的琴手，他们一起在那里拉琴。这个地理位置比较优越，他们挣到了很多钱。

但是这些钱并没有让乔忘记自己的梦想。过了一段时日，乔赚够了自己必要的生活费与学费，就和那个琴手道别了，他要学习，要进入大学进修，要在音乐学府里拜师学艺，要和琴技高超的同学们互相切磋，要在将来登上国家音乐厅在那里献艺。乔将全部时间和精力都投注在提升音乐素养和琴艺之中……

10年后，乔有一次路过那家大型的商场，巧得很，他的老朋友——那个当初和他一起拉琴的人仍在那儿拉琴，而他的表情一如往昔，脸上露着得意、满足与陶醉。

那个人也发现了乔，很高兴地停下拉琴的手，热情地说道："兄弟啊，好久没见啦！你现在在哪里拉琴啊？"

乔回答了一个很有名的音乐厅的名字，那个琴手疑惑地问道："那里也让流浪艺人拉琴吗？"

乔没有说什么，只是淡淡地笑着点了点头。

其实，10年后的乔，早已不是当年那个当街献艺的乔了，他已经是一位世界著名的音乐家，他经常应邀在著名的音乐厅中登台献艺，早就实现了自己的梦想。

我们的才华、我们的潜力、我们的前程，如果没有上进心的催化，没有胆量的推动，很可能只是一场镜花水月，当梦醒来，一切也就醒了。一个没有进取心的人，永远到不了人生的巅峰，不能拥有强大的气场和成功的形象。只有那些永远在追求进步的人，才能历经岁月后成为时代的成功者，正如上文中的乔。

生命是储存罐，里边有各种财宝可以挖掘，但是很多人终生见不到这些宝贝，因为他们总是浅尝辄止，人生总是得过且过，没有持续不断探寻的力量，于是，只有与这些无尽的生命可能性擦肩而过。所以，如果你想寻到那些别人看不到的风景，就必须学会使用进取心的开罐器。只有用不断的进取心和勇气来同生活抗争，你才能从生命的储存罐里尝到甜头。

"勇气是在偶然的机会中激发出来的。"莎士比亚说，剑桥教授也常常这样教育学生。除非你让自己时刻保持一种不断进取、接受挑战的态度，否则，你不要指望自己的身上会时时刻刻体现出巨大的勇气和能量。你也就不能创造一个更成功的形象，创造一个更美好的人生。

所以，请记住在就寝前的每个夜晚，在起床时的每个清晨，你都要对自己说："我会做到的，我能行。"并以此坚定自己的信念，然后带着自信、勇敢不断前进，不断追求，相信任何事情都难不倒你，成功者的形象和美丽的人生必然在前面等着你。

健康体魄是好形象的必要条件

如果没有健康的身体，所有的内涵和美好形象就失去了根本的载体。得体的仪容、优雅的举止、恰当的谈吐、内在的修养都要依附健康的体魄才能得以展示，如果没有了健康，再靓丽的容颜、再卓越的能力都不会存在，人就会像一朵几近枯萎的鲜花，没了让人心动的生命力。健康使人充满生机与活力，让皮肤光洁而有弹性，使动作潇洒而稳健，所以，保持好形象，拥有一个健康的体魄绝对是必要条件。

古希腊哲学家赫拉克里特曾这样指出："如果没有健康，智慧就难以表现，文化无从施展，力量不能战斗，财富变成废物，知识也无法利用。"

试想，一个病快快的人，谁能相信他有能力胜任一项重要的工作，更不可能作为领导者去带领一个团队。现代社会需要的是精壮强干的人才，美丽的"病西施"并不受青睐。当人们面对你时，希望看到的是一个脸色红润、面容中透着健康的活力与神采的人，这样别人才会信赖你，才会对你寄予成功的希望与信心。

伟大的人物往往更重视健康的作用，他们有着旺盛的生命力，因而身体中焕发出的生命力是巨大的。这种力量就是布瑞汉姆领主连续工作176个小时的狂热；就是拿破仑24小时不离马鞍的精神；就是富兰克林70岁高龄还露营野外的执着；就是格莱斯顿以84岁的高龄还能紧握船舵，每天行走数公里，到了85岁时还能砍倒大树的力量，凡此种种，无不依赖于健康的身体。

而现在，英年早逝的现象仍不少见。有些年轻人还不到30岁，就已显得老态龙钟。他们毫无顾忌地挥霍着宝贵的脑力、才能和体格，还不到中年，他们已经把自己的身体弄得像年久失修的机器。他们损耗脑力的方法更是五花八门，比如，动不动就发怒、烦躁、苦恼、忧郁，这些心理与其他的坏习惯比起来，对生命的损害不知道要厉害多少倍！

有一个非常有名的比喻，名利、金钱等都是"0"，而健康是"1"，有了这个"1"，后面的"0"才会有价值、有意义，而如果没有这个"1"，即使再多的"0"也只代表着一无所有。

那么，保持健康体魄需要何种条件呢？

一方面，良好的营养和充分的休息对健康都是很重要的。有句话说"会休息的人才会工作"，拥有健康的体魄，你才能以最大的热忱投入工作，你才会有创造的激情与欲望。

另一方面，一个人对于天生的不尽如人意的身体、容貌，没有必要抱着听天由命的态度。比如，一个肤色不好的人，可以通过经常性的饮食调理和锻炼加以改善。牙齿可以运用手术矫正，姿势可以通过训练使之优美，眼睛也可以通过治疗而显得炯炯有神，等等。

健康是身体外表诸因素中最重要的因素。满意的健康状况，会从一个人的眼神、气色、嗓音以及肌肉运动中显示出来。如果健康状况不佳，缺乏生气，就会给人一种衰弱无力，或者似有隐疾而烦躁不安的印象。

所以，如果你要使自己的形象富有吸引力，首先要保持健康。

精神健康的人，拥有朝气蓬勃的形象

有一个悲伤的小男孩，他认定自己就是这个世界上最不幸的。他因为患脊髓灰质炎而留下了瘸腿和参差不齐且突出的牙齿。所以他很少与同学们游戏或玩耍，老师喊他起来回答问题，他也低着脑袋一声不吭。

在一个平常的春天，小男孩的父亲从邻居家讨了一些树苗，他想把它们栽在房前。他把孩子们叫了过来，对他们说，谁栽的树苗长得最好，就给谁买一件他最喜欢的礼物。小男孩也想得到父亲的礼物，但看到兄妹们蹦蹦跳跳提水浇树的身影，不知怎么的，心里居然萌生出一种阴冷的想法：希望自己栽的那棵树早点死去。因此浇过一两次水后，再也没去理它。几天后，小男孩再去看他种的那棵树时，惊奇地发现小树不仅没有枯萎，而且还长出了几片可爱的新叶子，与兄妹们种的树相比，显得更嫩绿、更有生气。父亲兑现了他的诺言，为小男孩买了一件他最喜欢的礼物，并对他说，从他栽的树看来，他长大后一定能成为一名出色的植物学家。

从那以后，小男孩慢慢变得乐观向上起来。

一天晚上，小男孩翻来覆去睡不着觉，忽然想起生物老师说过植物一般都在晚上生长，他就起身准备去看自己的小树会不会也在晚上长出一截来。当他轻手轻脚来到院子里时，却看见父亲用勺子在向自己种的那棵树下浇洒着什么。顿时，一切他都明白了，原来父亲一直在偷偷地为自己栽的那棵小树施肥！他的眼泪悄悄流了下来。

几十年过去了，那瘸腿的小男孩虽然没有成为一名植物学家，但他却成为美国总统，他的名字就叫富兰克林·罗斯福。

身体健康很重要，事实上，精神健康同样重要。只有精神健康，才能充满活力，积极向上，不仅给别人朝气蓬勃的印象，也可以使自己干什么都有精神。甚至，精神健康在某种程度上比身体健康还重要。一旦精神健康被激发，其强大的气场势不可当，身体上的缺陷就显得微不足道了。

那么，怎样的人才是精神健康的人呢？精神健康的人的形象有哪些外在表现呢？

第一，精神健康的人，是热爱生活的。他们对生活充满着希望和信心，他们会含着微笑入睡，怀着动力起床。他们对工作充满热爱和激情，努力实现自己的个人价值及社会价值。他们用愉快的心情、积极的态度，去改变现实，去享受生活。

第二，精神健康的人，是乐观的。他们总是用积极、乐观的情绪来引导自己的生活。在遇到困难的时候，他们不是消极和颓废，不是忧心忡忡，而是在焦虑的消极状态中，去自我调节，去面对现实。

第三，精神健康的人，永远充满活力。似乎他们休息的时间比别人少，但是精神却总是那么足。他们做事从来不会感到疲倦，而且把工作当成一种兴趣，富有激情地去完成。他们发挥着自己的能量，不知疲倦，提高自己，也感染别人。

第四，精神健康的人，做事光明磊落。他们从来不去欺骗他人，也不欺骗自己。他们认为，做人，就要胸怀坦荡，做真实的自己。

第五，精神健康的人永远自立。他们从来不会想着去依靠别人，也不会因为别人的劝告或鼓励去改变自己的想法，更不会处于被动地位。他们会在自己的信念下，用自己的方式和计划，去完成自己的事业和人生。

第六，精神健康的人，能够与他人和谐相处。他们善于与他人友好相处，他们能够理解他们，倾听他人，包容他人，不仅有自己的至交好友，也能与周围的人都保持良好的人际关系。

第七，精神健康的人，都是意志健全的。他们能够主动支配自己的行动，明辨是非，当机立断。在作出决定后，他们还能坚持不懈。他们还能调节自己的情绪，有效控制自己的言行。

精神健康的人的特征还有许多，总之，那些向上的、积极的、乐观的、热爱生活和工作的人们，往往都是精神健康的。那么，怎样才能成为这样的人呢？下面简要列举几点。

首先，要对自己有清楚的认识。一个人，必须首先了解自己，只有能够正确全面地认识自己，才能在适当的时候调整自己、发展自己。这里应该注意的是，不要自我感觉良好，认为自己比别人都强。这样别人会对你产生不满，而时间久了，你自己就会常有怀才不遇的感觉，变得牢骚满腹。当然，也不要妄自菲薄，太看低自己。这样就会缺乏进取心，不求上进，甘于平庸。因此，应该正确地认识自己，给自己一个最佳的定位。

其次，要保持人格的完整。一个人的性格，是在个人长期的生活经历过程中逐渐形成的。因此，每个人都有自己独特的人格，有的人脾气急躁，有的人沉静稳重，有的人直率热情，有的人沉默寡言。但是，不管你具备什么样的性格特点，也应该保证自己的性格在行为、思维和情绪等方面的表现是完整与和谐的。

再次，心理要适应环境。马克思主义哲学告诉我们，事物是变化发展的，而我们生存的环境也是在不断变化的。如果你想要精神愉快，心理就得随着环境的变化而变化，并且尽快适应这种变化。因此，一个精神健康的人，不仅能够认清环境，还能适应环境，使自己保持舒畅的心情。

最后，还要保持良好的人际关系。人际关系的好坏，不仅影响工作和生活，还会影响我们的精神健康。因此，必须保持良好的人际关系。因为人是有交际的需要的，与人的正常交往，能够消除我们的孤独感，从而获得安全感和充实感。相反，如果一个人经常离群索居，就容易养成孤僻的性格，时间久了，就会影响精神健康。因此，我们要积极地参加有益的集体活动，保持良好的人际关系。

所以，当我们知道什么是精神健康的人，并努力做到精神健康之后，我们的精神就会越来越饱满，越来越充满活力，我们会显得越来越年轻。而生气勃勃的精神又能使我们的形象永远是正面的、积极的。不仅如此，健康的心理、生气勃勃的精神，还会激发我们的气场能力，使我们工作起来如鱼得水。

乐观，让你拥有容光焕发的形象

一个商界成功人士说："我从小到大都不是一个品学兼优的孩子，但我从不因此就放弃自己。遇到困难、挫折时，我就告诉自己，要乐观点，明天就会好的。而我的乐观会让我充满能量，保持良好的精神状态和形象，所以我的身边总是会有很多朋友相助，大家在一起同甘共苦，克服一次次困难，一步步取得成就。我认为乐观是我成功的最大因素，所有想成功的人，都必须保有一颗积极乐观的心。"

由乐观而产生的容光焕发的形象会让你受到人们的喜欢，也会使你离成功越来越近，"乐观"两个字说起来很简单，但做起来并不是那么容易的。

首先，你必须要学会在逆境中发现光明。一位母亲告诉他的儿子，天真的很黑的时候，星星就会出现。如果保持开朗的心境不那么容易做到，你就和乐观的人交朋友吧，他们积极向上的人生态度会感染你，使你在不知不觉中变得开朗了。

另外，你可以尽量做一些有益自己心境的联想。你可以先从发现自己的优点开始。每天想一两个你擅长的事或你曾做过的最成功的事。有了信心之后，就不会因为惧怕失败而处处放不下，然后唉声叹气，老往坏处想，弄得自己死气沉沉。

充分运用笑话也是一个好方法。一个很少哈哈大笑的人，会越来越没力气，心情越来越不明亮。平常能够多多充实头脑中的笑话，不但能讲给别人听，还可以让自己开怀大笑，是个很好的增氧运动。

听一些可振奋人心的音乐也很不错。有空多找些轻松、活泼的音乐，可以帮助自己乐观起来。

我们也可以从关注自己的心灵做起。我们要学会换一种眼光欣赏人生，反正事情不能十全十美，为什么我们不过得快乐一点？我们要对自己的人生负责。

就算遇到痛苦、伤心、不可挽救等可能成为压力的事情时，也不要沉浸于忧虑中不能自拔，而是应该随时提醒自己要打起精神来，保持希望，勇往直前，相信明天会更好，这样一来任谁都会逐渐变得乐观进取。不仅如此，乐观主义还可使我们塑造出足以与压力对抗的坚强心理和健康的身体。

人们都喜欢和乐观的人在一起合作，因为乐观会让你拥有容光焕发的形象，吸引别人的喜欢和合作。所以，我们要重新学会如何感动、如何爱别人，如何不去计较那些反面的事情，这样我们的每一天都可以是一个崭新的开始，充满了光明和希望。

第三章
着装成就人，穿出你的好形象

用衣服包装自我，用自信打动他人

美国商人希尔在创业之初，就意识到了服饰的作用，他清楚地认识到，商业社会中，一般人是根据一个人的衣着来判断对方的实力的，因此他首先去拜访裁缝。靠着往日的信用，希尔定做了3套昂贵的西服，共花了275美元，而当时他的口袋里仅有不到1美元的零钱。然后，他又买了一整套最好的衬衫、衣领、领带、吊带及内衣裤，而这时他的债务已经达到了675美元。

每天早上，他都会身穿一套全新的衣服，在同一个时间里、同一个街道与某位富裕的出版商"邂逅"相遇，希尔每天都和他打招呼，并偶尔聊上一两分钟。这种例行性会面大约进行了一星期之后，出版商开始主动与希尔搭话，并说："你看起来混得相当不错。"

接着出版商便想知道希尔从事哪种行业。因为希尔的衣着所表现出来的这种极有成就的气质，再加上每天一套不同的新衣服，已引起了出版商极大的好奇心，这正是希尔盼望发生的情况。希尔于是很轻松地告诉出版商："我正在筹备一份新杂志，打算在近期内争取出版，杂志的名称为《希尔的黄金定律》。"

出版商说："我是从事杂志印刷及发行的，也许我可以帮你的忙。"

这正是希尔所等候的那一刻，而当他购买这些新衣服时，他心中已想到了这一刻。后来，这位出版商邀请希尔到他的俱乐部和他共进午餐，在咖啡和香烟尚未送上桌前，已"说服了希尔"答应和他签合约，由他负责印刷及发行希尔的杂志。希尔甚至"答应"允许他提供资金并不收取任何利息。

发行《希尔的黄金定律》这本杂志所需要的资金至少在3万美元以上，而其中的每一分钱都是从漂亮衣服所创造的"幌子"上筹集来的。

希尔的成功很有力地证明了衣着对一个人的巨大作用，如果当初他根本不注重衣着，那么那位出版商肯定连看都不愿看他，更不会帮他出版杂志了。

据社会心理学家估计，第一印象的93%是由服装、外表修饰和非语言信息组成。服饰是一种无声语言，不但能给对方留下一定的审美观感，而且它还能反映出你个人的气质、性格、内心世界。它在很大程度上决定了别人对你的喜欢程度。

美国的心理学者雷诺·毕克曼做了以下有趣的实验：在纽约机场和中央火车站的电话亭里，在任何人都可以看到的地方，放了10美分，等到一有人进入电话亭，约2分钟后敲门说："对不起，我在这里放了10美分，不知道你有没有看到？"结果退还钱的比率差异较大，询问者服装整齐时占77%，而询问者衣服较寒酸时则占38%。

因此可以看出，衣服一定程度上决定了别人对你的印象和态度。一套得体的服装会带给你自信，从而使别人更愿意与你交往。着装艺术不仅给人以好感，同时还直接反映出一个人的修养、气质与情操，它往往能在尚未认识你或你的才华之前，向别人透露出你是何种人物。因此，在这方面稍下一点功夫，是会事半功倍的。

所以，你要学会用服装来包装自我，选择带给你自信的优质服装，不但可以掩盖你身材的不足，还可以衬托形体的优势，并在心理上消除由于对外表不满带来的焦虑。

优质的服装还可以积极地调整穿衣者的态度，它有强烈的暗示作用，在心理上提示自己表现得要如同自己的服装一样出色。另外，它还能够增加着装人的成就感，让你表现得自豪、沉着、优雅。

因而，你不一定穿自己喜欢的衣服，但你一定要穿让你自信的衣服，它绝对会在很多层面上影响你的工作、你的生活。你穿着自信的衣服时，你在3秒钟之内可以抓住别人的视线；如果你抓住别人的视线，你在3分钟之内才可以得到别人的注意力；如果你得到别人的注意力，才有后面30分钟跟别人交谈的机会。所以每天出门的时候，你要先照一下镜子，看看自己有没有穿着吸引别人的服装。

衣着对一个人的影响非常大，一个不讲究衣着、对衣着缺乏品位的人，人际关系的效果势必会受到影响。因此，你若想有个好形象，从现在起，请立即注重你的衣着。用衣装来包装自我，用自信来打动他人。

让衣着突出你的风度，成就你的好形象

安德鲁·卡弗里克在认真地研究衣着对气质的影响后，写成了《成功与衣着》这本书。书中的主要论点是：衣着要适合一个人特定的职业和身份，就会促进他的成功。

艾森豪威尔将军穿着一件自己设计的短夹克，最后整个美国陆军都采用了这种夹克，并称其为"艾克夹克"，这就是影响力的一种代表。

埃尔顿将军在第一次世界大战时还是位年轻的上校，他的制服与众不同，使其在同等级别的军官中显得尤为引人注目，这也是他日后得以提拔为中将的缘由之一。那时的军服有些呆板，埃尔顿将军不满于这身戎装，于是在大前提不变的情况下稍作改动。例如，他从不带笨重的钢盔，他的理由是"笨重的钢盔抑制了我的思考，使我不能有清晰的头脑去指挥作战"，这是幽默的回答。再如，勋章在许多人眼里举足轻重，如同士兵手中的枪、作家手中的笔一样重要，但埃尔顿将军认为，炫目的勋章固然令人感到荣耀，但这代表了过去而不能作为未来的功劳。于是，他自作主

张，在自己的制服上别出心裁地挂着女友爱莎的头像。精致的头像加之精美的金属外壳，更使埃尔顿将军在庄严肃穆的军营显得人情味十足。他手下的士兵维勒曾说："我一见到埃尔顿将军胸前的那枚精美的头像，便减少了对战争的紧张感和恐惧感，头像也使我在战斗闲暇想起了家乡。"这便是埃尔顿将军有影响力的秘诀之一。

汉密尔顿将军是"二战"期间英军的著名将领。他曾领导自己的部队在北非战场与隆美尔周旋，是蒙哥马利元帅手下的爱将，他的穿着就很有特色。他在任何场合都喜欢穿礼服，当然也从不戴钢盔，往往戴一顶丝棉制品的贝雷帽，让人感觉既像西装革履的绅士，又像宽厚仁和的长者。士兵们对他既亲切又有几分畏惧。这一形象使他在任何时候都能走进士兵的心中，成为他们的一分子，又能随时从中走出来，使他们认识到"这是我们的司令"。

其实，衣着能突出你的风度，增强你的影响力。当你穿得很有风度从而显得很有自信时，你也会散发出与众不同的气场，凝聚强大的吸引力。所以，如果你想表现出自己的影响力，那么你就必须多花费心思来塑造自己的形象，多花心思来穿着那些可以让你更有风度和魅力的衣装。

体形有区别，穿衣有不同

美丽的衣服不是穿在所有人身上都能增添光彩的，而不同的人穿同样的衣服也会赋予衣服不一样的气质。衣服与人之间，互相搭配，互相衬托，得体恰当的装扮才可以体现你的内涵、展现你的魅力、为你的美丽加分。所以想要穿得漂亮的你，一定要选择适合自己的衣服。

如果你是娇小玲珑型的女士，穿着深色的衣服，会显得更为瘦小。所以，应该选择淡色或有小型花纹且质地柔软的衣服。此外，上衣可以采用镶边的样式，裙子则不妨在腰际打碎褶，使身材显得较丰满。帽子、手袋和项链等配件，则尽量选用小而可爱的类型。

如果你是矮小而丰满型的女士，如果穿着蓬裙或长裙会显得更为矮胖，所以在穿裙子的时候，应该尽量选择合身的短裙。此外，也可以选择色彩明亮的运动衫、细小花格的洋装。打结的围巾或装饰领口的小胸针，都是理想而可爱的配件。总之，体型矮胖的人，在穿着方面，应该尽量表现得清爽，而且充满活力。

高挑瘦削型的女士几乎适合各种样式的服装。但如果穿着太古板的衣服，会让人觉得老气横秋。因此，在选择衣服的式样时，应特别注意"新鲜感"，最好是穿着大型花纹且曲线丰富的洋装。布料方面，则以舒适、柔软的质地最为适宜。如果衣服上有横向的花纹，会显得更为丰满动人。另外，选择宽边帽、大的手提包和过长的耳环或项链，会使你显得更大方、俏丽。

高而粗壮型的人，通常腰部较为粗壮，所以，掩饰的重点应该放在腰部。如果体型略胖，裙长应该垂膝。此外，各种式样的迷你裙也适合这类体型的人穿着。服装的款式，以趋向运动装的样式最为合适。布料则以不要太显露体型的质料为主。色泽方面，则应选择深而鲜亮的色彩。在配件方面，也以大型的饰物较为合适。

女性自信着装的3大原则

我们经常说："女性可以用美丽征服世界。"这种美丽，肯定不只是长得美，而是兼含内在与外在和谐统一的美感。美感表现在外在最迅速、最有效的就是女性的着装。

当今时代，是崇尚自由的时代，这种自由，也渗透到了穿衣打扮之中。但这并不是说我们就可以随便着装了，在必要的场合，遵循着装的基本原则还是必不可少的。如果我们遵循了着装的这些原则，不仅可以使我们看起来更加得体，也会使女性更加自信。下面，我们就介绍一下女性着装的3

大原则。

1.季节与着装色彩的搭配原则

一年四季,严寒酷暑,不停地变换。为了保持体温,我们的服装也会随着发生变化。但是,不同的季节,着装的色彩也要遵循一些基本的原则。

(1)春秋季节。

春季是万物复苏的季节,因此,这个阶段的着装应采用暖色系的色彩来体现这时的生机勃勃。秋季是丰收的季节,也是一个充满诗情画意的季节,此时可采用中间色和中明度色来体现秋天的成熟。

春秋季节是服装种类最多、没有什么特殊限制的季节,可以根据自己的特点和爱好来选择。在面料和款式上,柔软而有光泽的质料比较受人们的欢迎。

(2)夏季。

夏天气温很高,很容易使人浮躁不安。因此,此阶段的服装色彩应以冷色、浅色为主。尤其是蓝色,能让人眼睛一亮,倍感清新。蓝色与其他颜色搭配也可以相得益彰。在面料选择上,由于人体易出汗,所以应选透气性强、吸湿性好的纯棉、纯麻和丝绸面料。

(3)冬季。

冬季寒冷,因此可以选用色彩鲜艳、热烈的颜色格调,给人以温暖的感觉。面料上可以选择保温性强的呢、绒、毛料、皮等。

2.流行与适合自己的个性相结合的原则

对于爱美的女性来说,选择当前最流行的服装是必要的。因为流行代表着充满活力、永远年轻的生活态度。但是,也不要忘了是否与自己的个性相符。

每一季流行的清单上,女人最应该注意的是哪些适合自己。女人的装束,不一定每件都是名品,但一个季节至少应该选择一套略高于自己消费能力的高档时装,这会使你自信心倍增。

高级和廉价可以混着来穿。比如一些T恤衫之类的可替代性较强的服饰，可以不必买名牌，只要借鉴一下名牌的款式和色彩就可以了，然后和自己高级的服饰搭配，这样就可以用比较少的钱穿出大牌的品位。

3.总体着装原则

（1）不要在办公室穿太紧、太透、太性感的衣服。如果穿得过于性感，只会使你看起来不专业，像个花瓶，还会影响男同事的工作。

（2）不要穿得过于男性化。

（3）不要盲目追赶时装潮流。

（4）要每天改变上班穿的裙子长度、款式和颜色。

（5）在办公室与人洽谈业务时，不要一会儿脱掉外衣，一会儿又穿上，这样会分散对方的注意力，也会给对方带来不稳定的感觉。

（6）佩戴的饰品不要太低廉、太累赘，这样会给人带来俗气的印象。首饰佩戴应该大方得体。

（7）衣服上不要喷太浓的香水，这样会使人觉得俗不可耐，并且不敢靠近。

（8）不要穿抽丝的丝袜或者露出线条的内裤上班。这样，你的腿形再美，也失去了和谐的美感。

（9）在穿衣打扮之前，先问问自己要和什么样的人会面，再来决定穿什么样的衣服。

（10）衣服的色彩搭配十分重要。一般而言，正式场合，不要穿色彩反差太大的衣服。

总之，合适、得体的着装可以把女性变得更加可爱、更加具有吸引力。从女性自身来说，出色的着装，可以使自己具备饱满的自信和工作热情，进而在工作和社交中给大家留下良好印象，使自己获得成功。

正确穿着西装，尽显魅力风采

西装，又称西服、洋服。它起源于欧洲，目前是全世界最流行的一种服装，也是商界男士在正式场合着装的优先选择。西装的造型典雅高贵。它拥有开放适度的领部、宽阔舒展的肩部和略加收缩的腰部，穿在男士的身上，会使之显得英武矫健、风度翩翩、魅力十足。20世纪初，一些家庭主妇纷纷走向社会，参加工作，有的身居要职。随着妇女地位的提高，她们纷纷仿效男性穿潇洒的西装，于是女式西装应运而生。女式西装受流行因素影响较大，但根本的要求是要合体，一般为上衣下裤或上衣下裙，能够突出女性体形的曲线美，应根据穿着者的年龄、体型、皮肤、气质、职业等特点来选择款式。

随着国际化的不断深入发展，西装在全世界范围内都受到越来越多的关注。各种职业人士都被要求穿上西装，展示出自己稳重的魅力形象。然而，并不是说穿着西装，你就可以魅力十足，令人刮目相看了。西装的搭配、面料、样式、剪裁等都会使两个穿西装的人之间有天壤之别。

美国作家福斯特刻薄地认为："西服过大、过小、过短、过长都会让穿衣者看起来像是西服以外的异来之物，我们因此断言：他不懂得穿衣之道，他还没有吸纳足够的现代文明，他或许穿着别人的西服。无论如何，他肯定缺乏品位。"

所以，穿西装也要讲究方法，女士穿西装最应注重的就是和谐和搭配。

女式西服没有固定的穿着方式，穿着时需注意：无论哪种西装，首先要合体，女式西服套装应能突出女性的体型美。

一般女式西服最好选择质地较好的纯毛面料，西服上装与下装不一定要颜色相同，只要颜色和谐即可。

女士穿西服需要考虑年龄、体型、肤色、气质、职业等特点。年龄较大或较胖的女性可穿一般款式的西服。

女士穿西服还要注意服装与服饰的和谐。一般可选择飘带领的顺色衬衫；里边穿高领毛衣时，还可以佩戴精巧漂亮的胸花。注意，应避免看到里面穿的保暖衣。

此外，还要注意皮鞋、皮包的式样，颜色要与西服的颜色搭配谐调，优美大方的发型也要与穿着的西装谐调。

男士穿西装的讲究会更多一些。男人的西装依扣式的排列,有单排和双排之分。

穿单排扣西装,多为三件式,即配背心一件,但是近来已不一定穿背心,而且相沿成习。坐下时,为求舒适,西装扣是可打开的,但站起来或走路时,应扣上西装的上扣,否则不雅。

至于穿双排扣西装,则不必穿背心,应扣上扣及暗扣,扣扣子是尊重他人的行为。

西装是潇洒与美的化身,但并不是说任何西装穿戴在任何人身上一定都能产生美感。事实证明,西装只有与穿戴者的气质、个性、身份、年龄、职业以及穿戴的环境、时间协调一致时,才能真正达到美的境界。

古希腊"和谐就是美"的美学观点在服饰美中得到了最充分的体现。既然服饰的美在于和谐统一的整体视觉效果,那么,服饰穿戴基本原则也许会使你从中得到某些启示,从而能正确地穿着西装,尽情展现你迷人的魅力。

男士穿西装还有这些细节要讲究

西装是商业人士必不可少的服饰,在办公室、会议厅、宴会上、谈判桌上,凡是商务活动触及的范围,到处都是西装笔挺的人们。然而,人人都会穿西装,但不是人人都能穿好西装,因为很多人不知道,穿西装还有很多细节要讲究。

1.穿西装最讲究"露三白"

穿西装讲究"露三白",即是衬衫领子露白,前胸露白以及衬衫的袖口露白。衬衫袖口露白有一定的国际标准:大多比外套长2厘米左右,过长过短都不好。在标准范围内,个子高的人袖口露白应该短一点,而个子矮的人则应该露白多些。

2.全身颜色不宜超过3种

一般来说,穿西服时,包括上衣、西裤、衬衫、领带、鞋子以及袜子在内,全身的颜色不宜超过3个色系,否则容易给人一种混乱、不庄重的感觉。

3.怎样扣纽扣有讲究

在一般性的正式场合,穿着单排两粒扣或单排三粒扣的西装时,都应扣好最上面的纽扣,而将最下面的纽扣解开。避免当你坐下时腹部隆起而显得臃肿窝囊,而且不会让你的形象过于呆板。但是穿双排扣西装的话,则一定要将扣子全部扣上。

4.穿西装只能配皮鞋和深色棉毛袜

穿西装时,只能搭配皮鞋,并且要保持皮鞋的清洁光亮,当你参加重大商务活动或是社交活动时,出门前一定要擦亮皮鞋,这是对宾客的尊重,也是对自己形象的尊重。穿西装时,袜子也要有讲究,必须是深色的棉毛袜。千万不能穿白色或其他浅色的袜子,更不能穿尼龙袜。袜子应该长到你的小腿肚,以免你坐下时露出腿上皮肤和体毛而有失庄重。

5.口袋不是什么东西都能装

无论哪种西装,其外侧口袋装东西都是有讲究的。上衣外侧左胸袋一般不放东西,要放也只可以放置装饰性的口袋巾或参加宴会时的鲜花;外侧下方的两个口袋除临时装名片等需要用的小物件外也不宜放其他东西,切忌把口袋装得满满的,看起来鼓鼓的;内侧左右的胸袋可以放钢笔、名片夹或者钱包,但也不宜放过厚的东西,以保持平坦。

6.穿西装要讲究合身度

穿西装应避免肥大或者过于窄小,只有合身的西装才能修身,让你显得更加挺拔有型。一般而言,合身剪裁的西装要保证肩线与袖笼尽量不能改,袖长的修改幅度不能超过3厘米,身长修改不能超过1.5厘米,避免西装下缘太靠近口袋而显得有点奇怪。西裤最好是长到接触脚背,太短的西裤成为了"吊脚裤",会显得不够大气。裤腰不能过大或过小,以合扣后可插入一手掌为宜。上衣和西裤要相协调，不能上面过宽、下面过窄，反之亦然，一定要保持统一的合身度，以构成和谐的整体。

当你把这些细节都注意到后，你一定会穿出最有气势的西装，无论在什么场合，你都会是最吸引眼球的那一个。

男女西装礼仪大不同

西装在许多场合都会应用，尤其在正式、隆重的商务洽谈等场合更是必要的着装，而穿西装是有许多礼仪的，男女的西装礼仪各不相同。

1.男士西装礼仪

（1）西服上衣袖子应比衬衫袖短1~3厘米，千万不要忘记摘除袖口的商标。

（2）西服的上衣、裤子口袋内不能鼓鼓的。

（3）西裤不能太短，标准的西裤长度为裤管盖住皮鞋。手不能常插在裤袋内。

（4）衬衫不能放在西裤外。

（5）衬衫领子不能太大，佩戴领带一定要扣好衬衣扣，领脖间不能存在空隙。

（6）领带的颜色不应太刺眼。

（7）领带不能太短，一般领带长度应是领带头盖住皮带扣。

（8）不能不扣衬衫扣就结领带。

（9）西服不能配运动鞋。

（10）皮鞋和鞋带颜色应协调。皮鞋和鞋带、袜子颜色应协调，袜子的颜色应比西服的颜色深。

2.女士西装礼仪

（1）女子着西服，比较正规的场合，宜穿成套西装以示庄重；比较随便的场合，则西装与不同质地、颜色的裙子、裤子搭配更显潇洒、亲切。

（2）与其他女性时装追求宽松或紧身的着装效果不同，西装十分强调合体，过小了显得拘谨、局促；过大了则松垮、呆板，毫无风度。

（3）要讲究服饰搭配效果。不打领带时，可选择领口带有花边点缀或飘带领的衬衫；内穿素色羊毛衫时，还可在领口佩戴精巧的水钻饰件。

（4）不能因为内衣好看就将领子层层叠叠地翻出来；穿西装时鞋袜、包要配套，要有主题，不凌乱。

（5）职业女性挑选西装时，选择基本色最好，不需要流行的颜色，黑、褐、灰或者条纹、碎点的图案比较好。面料质地要以讲究质量为先。

（6）西装的肩要平直、对称，领是直线V字形，高低适中，胸围和腰身都不要有紧绷感。前襟不翘，后身不撅，前后身处在一个水平线上，收腰时看起来要漂亮。

（7）选择西装时，还应根据年龄、体形、职业、气质等特点区别对待。年纪较大、身材较胖的女性应穿一般款式的西装，而年轻女性应穿新潮些的西装，以突出青春美。

事实上，无论男女西装，西服的面料以纯毛和混纺制品为宜，它四季皆宜，而且不易起褶。棉和灯芯绒等质地的西服可以在较冷的季节穿。

男女西装礼仪大不同，因此，穿西装时一定要根据自己的性别来检查自己的西装礼仪是否合格，让自己穿西装的形象显得更加有修养。

挑好适合自己身型的西装版型

西装的版型相当于西装的骨架，只有版型合适了，西装才能够为你的身材加分。目前国内市场上存在有四种版型，分别为美版、日版、意版和英版。

美版西服：在2009年之前，几乎全国各大男装服饰集团采用的都是美式版型。美版西服的基本轮廓特点是O型，背后中间开一个衩，宽松肥大、简洁素雅、窄翻领、造型修长。美版西服偏田园休闲风格，属于家居旅游的穿着。虽然美国是随性自由的国家，不过他们也从来不穿美版西服参加正式场合。

日版西服：日版西装的基本轮廓是H型的。它更适合亚洲男人的身材，没有宽肩，也没有细腰。一般而言，它多是单排扣式，衣后不开衩。大部分商务人士会在工作的时候选择穿日版的西服。从审美的角度来看，日版西服的确比美版西服好很多。日版西服给人严谨慎重的感觉，一般律师等严肃的职业会选择日版西服。不过日版西服完全起不到修饰身型的作用，胖人穿上会显胖、瘦人则显得更瘦，因此它对身材的要求相对较高。

意版西服：意版西装的基本轮廓是倒梯形，有点四四方方。双排扣、收腰、肩宽，是欧板西装的基本特点。

英版西服：英版西装是单排扣，其基本轮廓也是倒梯形，但是领子比较宽，也比较长，上衣的臀部上方部位开两个衩，缘由是要让以前的绅士骑在马背上时，外套可以漂亮地垂在鞍尾上，它是正规的经典款。

西装版型的挑选并没有特别的限制，关键是要看个人的喜好和习惯。挑选西装时，你不必太担心自己的肩膀不够宽，因为西装上衣的尺码本来就是根据你的肩宽来定的，你应该担心的是你的腰围和腰部位置是否合适。

如果你腰比较粗或者有小腹的话，你可以选择收腰幅度大的修身西服；如果臀部较大，就适宜选择意式西服，可以遮挡你的臀部，避免臀部看起来更大；而臀围较小的人则适宜选择英式西服。

西装搭配的7种基本方式

男士要保持一个成功的形象，就得穿得体的西装。因此，男人要有几套适合不同场合穿的衣服。

要使在衣服上的投资最富成效，男人最好从最基本的衣服开始。下面介绍一些高质量、多用途的服装搭配方法，按照这个去做的话，你就能不断变换形象，永远保持新颖、有活力、有趣味。看到下面一长串服饰搭配时也许会觉得乏味，但要知道，这里所介绍的搭配适合于绝大多数人。

1.礼服

随着地位的提高、生活的都市化，男人迟早得去买套礼服。如果男人每年要穿两次以上，并且体型和衣服尺寸变化不大，那么，买套华美、庄重、做工精细的礼服是很值得的。在正式场合，穿上礼服会显得很突出。如果男人在寻求晋升之阶，想利用晚宴舞会、慈善活动或其他社交场合结交上层人士，那你必须有很好的礼服。如果你偏爱浅色、暖色或较柔和的颜色，那么，黑色礼服和白衬衫配在一起会显得太抢眼。可以用颜色适合的马夹和领结来淡化黑白的强烈对比，也可以用其他各种搭配，但要记住，最好还是用浅色衬衫配深色礼服。

2.方格西装

一提起穿方格西装，有些人就会犹豫不决。只有很别致的方格西装才适合在正式场合穿。不要穿那种在人群中或隔着几个街区一眼就能看到的方格西装。并且，只有身高、体型适中的人穿方格西装才有好的效果。

挑选和方格西装搭配的衬衫和领带时，你得慎重考虑。衬衫最好是白色或浅色的。用浅灰色细条纹衬衫配方格西装别有风味。至于领带，最好用带有红色的花领带，因为红色能比其他颜色更好地衬托出这种西装的雅致，用太花或太素的领带配这种西装都不太好。最后，值得推荐的还有深红色胸袋手帕。

3.细条纹西装

时下细条纹西装有众多款式，裁剪和颜色都有所不同。如果你想买细条纹西装，那就买那种只有细看才看得出来条纹的西装，同时，还要买两三条和条纹颜色相配的领带。

如果用细条纹衬衫来配这种细条纹西装，会给人眼花的感觉。有关研究表明，与穿着炫目的条纹西装者共事容易得偏头痛。你可以用带有条纹的领带来配条纹西装，但是两种条纹的粗细不能相同，最好还是用花的或素色的领带配细条纹西装，这样才会显得更精神。

4.深蓝色西装

要想给人以权威感,最好穿深蓝色西装。在挑选时,你必须清楚什么颜色适合你,深色还是浅色,然后,配上白衬衫,就能打造出一个良好的工作形象了。

传统深蓝色西装的好处在于它不太引人注目,这种西装就是连穿几天都不会有人注意,只要你经常换衬衫、领带和胸袋手帕。里面穿白衬衫时,必须配上花领带和素色或带花案的胸袋手帕,衣服如果都很素,那整个人就会显得太严肃、太呆板了。深蓝色西装配上粗犷的条纹衬衫看起来更舒服。

如果需要显得特别庄重,那就穿双排扣深蓝西装,它比单排扣西装更为正式。如果裁剪得体、质量上乘并且厚薄适中,双排扣西装一年四季都可以穿。如果你个头中等,最好穿6个扣的,而不要穿4个纽扣的双排扣西装。

因此,如果你还没有深蓝西装,最好立即考虑买一套。

5.灰色西装

另一种传统的适合正式场合的颜色是灰色,它和深蓝色一样适用范围很广。灰色要比深蓝色柔和一些,感觉较为友善,所以,如果你要与人倾心交往,最好穿灰色西装。如果你喜欢暖色,最好选择略带棕色的灰色,不要选蓝灰色。穿灰色西装时人显得精神饱满,不要用白衬衫来配。灰西装和浅蓝、粉红、淡紫或桃色等色调相配,显得很有生气。

6.其他颜色的西装

现在,男士们对颜色的选择余地越来越大,可以穿各种新颖的中性颜色西装,如橄榄色、褐色、灰蓝色或绿色的。在很多正式场合,如果穿着得体,这些颜色的西装就能很好地代替传统的深蓝和浅灰西装。

挑选这些西装时,关键是要买质量上乘、合身的。另外,如果你对自己从未穿过的颜色没有太大把握的话,你可以先试试这种颜色的衬衫和领带。在以前未经历过的场合,如会见新客户、出国旅行,穿这种西装要加倍小心。在那些场合下,稳妥的做法是穿能为人广为接受的深蓝色或灰色西装。

7.宽松的休闲西装

在较轻松的社交场合和下班时间里,最好穿得潇洒些。并且,在某些文化或特定组织中,轻松潇洒是很受欢迎的风格。除了很正式的场合,比如出席董事会或和银行打交道,穿一套洒脱的西装看上去很棒。

如果你很在乎自己的形象,想在朋友和生意伙伴面前有个好形象,你就得既要有适合冬天穿的宽松衫或花呢休闲西装,又要有夏天穿的亚麻、水洗丝或薄绢休闲西装。你尽可挑选你自己喜欢的颜色,可以选用深蓝色和灰色以外的各种颜色。淡色或深色都可以,但式样要简洁,不要太引人注目。除非你确有把握,否则不要在款式的搭配上太花哨。注意每个部位的颜色都要协调、简洁。

另外,在大家都穿着同样衣服的时候,男人应该有所表现,设法引起他人注意。可以穿件有花纹的马夹,戴条别有趣味的领结和胸袋手帕,这样会使男人的形象显得富有个性。总之,选择一种适合你的西装搭配,可以使你在人群中脱颖而出。

用出色的职业装扮展示给他人可靠、可信的形象

世界著名的伦敦商学院的"风险基金投资"课程曾请了英国著名的风险基金经理来讲授风险基金是如何选择投资项目的,他在讲到投资者对项目的评估时说:"我们实际上是在对人进行投资。一个一流的人才,可以把一个三流的项目做成一流;而一个三流的人才,可以把一个一流的项目做得不入流。"

他们对人的评估只能通过短暂的接触,这时外在形象及交流的能力就是产生良好印象的最重要的因素。出色的职业装扮会帮助你在商务交流中少走弯路,并减少不必要的挫折。

许多大公司对所属雇员的装扮都有一定的"标准",所谓标准自然不是指要穿成怎么好看或指定的衣料,而是一种"观感"的"水准"。

有一家保险公司的外勤员向公司报告,当他们对人们进行劝说拉保险时,穿戴整齐和穿得不好的业务员在成绩上相差甚多,可见人们对穿着整齐的人总是较有信赖感的。

所以,不要过分嘲笑"先敬罗衣后敬人"这种社会习俗。我们进行交往时,应该重视一下现实,要推己及人,毕竟人人都喜欢和看上去可靠并有修养、有气质的人交往。

现在,越来越多的女性走上社会不同的岗位,并且发挥了举足轻重的作用,社会上对女性从业者形象的关注也越来越多了,各种关于女性穿衣打扮等的书籍如雨后春笋般不断涌出。古今中外成功的女性都非常重视在公共场合的服饰,并且多追求简单、大方。

英国历史上第一位女首相撒切尔夫人,是一个对自己的衣着非常在意的人,她对自己的化妆、服饰等都非常讲究。

在她身上,没有一般女人的珠光宝气和雍容华贵,只有淡雅、朴素和整洁。少女时代的她就十分注重自己的衣着,但并不标新立异、哗众取宠,而是朴素大方、干净整洁。大学时,她曾受雇于本迪斯公司,她那时的衣着给人一种老成的感觉,因而公司的人称她为"玛格丽特大婶"。

每个星期五下午,她去参加政治活动时,都头戴老式小帽,身穿黑色礼服,脚蹬老式皮鞋,腋下夹着一只手提包,显得持重老练。虽然有人笑话她打扮土气,她却有自己独到的见解:这样的打扮能在政治活动中取得别人的信任,建立起威信。她的衣服从没有褶皱,让人觉得井井有条是她一贯的作风。从服饰方面注意自己的仪表形象,对她事业的成功的确起到了一定的作用。

现在,社会上普遍呼吁一种"人性化"制度。于是,着装也紧随其呼声，有了很大的改观。有的人认为，人性化的着装就是穿我喜欢穿的、不必受条条框框的限制的衣服。

更有些人，尤其是女性，却走了另一个极端，穿着休闲装甚至居家服上班，她们拼命强调随意着装的好处。可在工作中，着装千万随便不得。

一般大部分公司都有明确制度规定员工在工作期间不得着牛仔休闲装，必须配以相应的工作服。尽管可能一星期有一两天是开禁的，但对于一个白领佳人来说，她是不会以一种随便的面目出现在众人面前的。这种在某一天的突然形象改变会使得好像不是在工作，而是在休闲嬉戏。

从个人发展的角度来看，这种做法对自己也是有百害而无一利，这将使你好不容易建立起来的形象在半天或一天内就破坏殆尽，进而使自己丧失一些良机。

强调衣着的重要性，并不是要你像博·布鲁梅尔那样，一年仅做衣服就花4000美元。但你的穿衣应该量入为出，与身份相称，这既是一种责任，也是最实际的节俭。

避开职业着装的5大忌讳

在日常工作中，讲究仪表特别重要的一点，就是要规范自己的服饰。莎士比亚曾经说过，一个人的穿着打扮，就是他的教养阅历和社会地位的标志。所以，对职业装最基本的要求是得体、整洁、典雅。一般而言，着装有"破、脏、怪、乱、短"的忌讳。

1.忌破

破，是指服装破损、伤残。任何一个公司都不能允许职员穿着破损的衣服来工作，这是对公司形象的一种损害。要是职员在办公时所穿的服装这儿撕开一个口子、那儿烧了一个窟窿，甚至连纽扣也不齐全，是难以使人信服其工作认真、严谨的。所以，纵使因为不慎，而使自己的办公服装"挂花"，你也要尽快采取补救措施，如更换、缝补等，而不宜令其为外人所见。

2.忌脏

脏，就是懒于换洗衣服，使自己的衣服皱皱巴巴，满是油污、汗迹、汤渍，甚至令人看不出衣服本来的颜色，或是其异味令人掩鼻。整天穿着脏兮兮的衣服上班的人，多会给人一蹶不振的感觉，而且还会让人怀疑其心灰意冷，对生活丧失了信心。务必要牢记，工作再忙，身体再累，都不能成为自己整天穿着脏衣服来办公上班的理由。

3.忌怪

怪，就是指着装过分怪异奇特。就目前而论，着装怪异主要可分为三种：其一，是款式过异，如"乞丐装"就是一例；其二，是搭配过异，即不按常规进行搭配，比如把长衫穿在里面，而将短衫穿在外面；其三，是穿法过异，即不依照正常的方法穿着服饰，例如，把衬衫围在腰上，把太阳镜支在头顶。这种着装过异的做法是不可取的。

4.忌乱

乱，就是穿着衣服不合规范。如把适合于在办公时穿着的服装穿得不像样子，上衣不是穿在身上而是披在身上，裤管与袖口非要卷得高高的不可；或是把本不协调的服装强行搭配在一起，如以西装上衣配牛仔裤、健美裤，穿西装套装时配布鞋、凉鞋、旅游鞋等。

5.忌短

短在这里是指着装过于短小，将不应显露在外的肌体暴露了出来。根据礼仪规范，为了自重，一般来说，职业人士在办公时，背心、马夹、短裤，都是不适宜穿着的。同时应当指出，职业人士在办公时的着装应当大小、长短合身。切不可使之过于短小、不合身甚至捉襟见肘，显得自己有些小家子气。

总之，在职业着装打扮方面，我们必须做到端庄、自然、大方、简约的良好形象，并符合自己的身份和工作需要。

第四章
饰品为你增值，更让你的形象流光溢彩

领带系多长最能显出气势

王峰是一家房地产公司的业务员，每天都穿着西装、打着领带上班，向客户推介房屋。他身高1.75米，身材匀称，穿起西装来很挺拔，他的业务水平也很不错，几次被评为优秀业务员。按照公司总部的规定，各个地方年度的优秀业务员都可以代表分公司到总部所在地参加年会，可是王峰却从未参加过，都是由其他优秀业务员去参加。他很纳闷儿，但是又不知道原因是什么，他壮着胆子问了一下领导。

领导说："小王啊，你别介意啊，我们不让你去不证明你的能力不行，而是因为这个年会是我们公司最重要的集会，每个分公司都会选形象最好的人去做代表，也是给分公司增光嘛。"王峰更不解了，自己的形象难道不好吗？他又咨询了一个专业的形象设计大师，大师看了看他的打扮，轻轻一笑："你的领带让你丢了分！""怎么会呢？我这个可是名牌的！""但是你系得太高了，都在腰带之上，太小家子气了，任何商业人士一看到，就觉得你没有气势，当然，人家不可能告诉你这些小问题。"

领带是男人个性的宣言，是男人展示自己的窗口；领带是西装的灵魂，是男士西装最抢眼的饰物。任何一个男人都应该想一想，自己选择的领带体现了一个怎样的自我。王峰的领带打得过高，就无声中展示出了一个不大气的形象，让公司和同事对他失去了信任感。

因此，领带虽然只是一个小小的配件，但是领带的长度却有着不可忽视的作用。英国剧作家奥斯卡·王尔德曾说过:"学会系好领带是男人生活中最严肃的一步。"要想让领带成为西装的"画龙点睛"之处,就要学会系领带,掌握好长度是第一步也是最重要的一步。

成人日常所用的领带通常长130~150厘米。领带打好之后,外侧应略长于内侧。其标准的长度,应当是下端正好触及腰带扣的上端,这样,当外穿的西装上衣系上扣子后,领带就不会因为过短而动不动就从衣襟上面跳出来,领带的下端也不会因为过长而从衣襟下面"探头探脑"地显露出来。

总而言之,让领带显出气势,就要保持领带的底部三角正处于腰带的中间。一旦长于腰带就会显得不精干,而拖拉在腰带之上,则显得小家子气。

另外,为了保证你能根据自身的情况把握好领带的长度,你最好不要在正式场合选用难以调节其长度的"一拉得"领带。

两招教你把领带打好

李伟是一所名牌大学的应届毕业生,刚刚应聘于一家跨国公司,公司规定所有职员都要穿正装上班。这可难坏了李伟,他不习惯穿西装,更不会打领带,同宿舍同学也没人会。大家都想当然地给他支了个招,说:"你就像系红领巾一样系就行了。"第二天,他果真系着红领巾般的领带去到公司,这条领带东倒西歪、摇摇晃晃的,让李伟显得局促不安。人力资源的一位好心的同事看到他不自在的样子,就主动教他打领带,果真,领带系好以后,李伟轻松自信了很多,很快,他便融入集体了。

男士打扮的焦点是领带,学习打领带是男士的必修课,领带有很多种打法,但是,只要你学会了以下这两种最基础也是最常用的打法,就能把所有领带都打好。

1.四手结打法

（1）领带搭到颈部，宽的一头在右边，略长于窄头。

（2）用右手将宽的一头压过短头，左手拿好短的一头，宽头绕短的一圈。

（3）宽头绕过短头，让短头仍然保持在左边。这时领带结的形状初步形成。

（4）将宽头从初步形成的领带结下穿过来，可以将领带结略抬高些。

（5）从下往上，从内向外，将宽的一头穿过领带结。

（6）用右手将领带的宽头从领结当中穿过。

（7）拉领带的短头，将结拉紧。

传统的四手结最常用也最好看。四手结打好之后，领结下方常会出现一个小小的酒窝状凹陷，这个凹陷也被称为男士的"第二个微笑"，显得非常亲切可爱，为严肃的西装增添了一丝活泼和亲切感。

2.温莎型打法

（1）将领带宽头大大长于短头搭在右边，右手握宽头压过短头，让宽头到左边。

（2）将宽头从左往右从下面绕过窄头，然后将宽头从上往下穿过打成的结。

（3）宽头现在反面朝上垂在右边。

（4）将宽头从上面压过打成的结，放到左边。

（5）宽头在左手，自下往上，从后往前穿过打好的结。

（6）让宽头穿出来，垂下来。

（7）将宽头穿过领结的外层。

（8）将宽头小心穿过，拉窄头进行调节。

（9）领带系好之后，宽的一头不应该长于窄的一头，不然就重打一遍。

温莎结的打法较为烦琐，但优点在于可以自由掌控领带结的形状和大小，让领口的空间被饱满地填塞，营造出干练、直率的精英风范。

打领带不仅要按照方法一步步进行，还需要注意下面这些问题：

（1）要把它打得端正、挺拔，外观上呈倒三角形。

（2）在收紧领结时，有意在其下压出一个窝或一条沟来，使其看起来美观、自然。

（3）领带结的大小应大体上与同时所穿的衬衫领子的大小成正比。领口越宽，领带结应该越宽。

（4）打好领带后，将领带一端小剑带穿过大剑带背后的布扣，一方面可防止领带分离移动，也可增加领带的美观。

（5）太长的领带在穿戴好后，不可将领带末端塞入裤腰带，这是极不雅观的做法，同时也使领带丧失了原有的魅力。

（6）穿戴好领带后，请检查衣领后的领带是否露出或有歪斜情形，如有，不妨换条宽幅较窄的领带为宜。

怎样挑选有品位的领带

某位著名形象设计师曾说过："领带是展现你个性的最好方法，你是保守的、花哨的、权威的、沉默的，还是严肃的个性，人们能迅速从你的领带中去领悟。领带是男人的概念和风格，是男人全身唯一能表达自我的工具。"法国时尚专家弗兰斯瓦·沙勒也说过："领带是男性服装中唯一带有梦幻的一个点缀，它能用多种语言表现穿衣者不同的年龄、背景、品位、风格和地位！"男人的领带，代表着他的个性与品位，所以在选择领带时，应注意色系和图案给人的印象，要挑选出有品位的领带，你可以从这几个方面考虑：

1. 领带的质地

最好的领带，是用真丝或者羊毛制作成的。涤丝领带有时候也可以选用。但用棉、麻、绒、皮、革、塑料、珍珠等物制成的领带，在正式场合最好不要佩戴。

2.领带的款式

领带的款式，即其形状外观。一般来说，它有宽窄之分，这主要受到时尚流行的左右。进行选择时，应注意最好使领带的宽度与自己身体的宽度成正比，不要反差过大。常用的领带宽度多为8~9厘米，最宽的可达12厘米，最窄的仅有5~7厘米。领带基本上分为这三种，你可以根据自己的爱好和具体情况来选择。它还有箭头与平头之别。前者下端为倒三角形，适用于各种场合，比较传统。后者下端为平头，比较时髦，多适用于非正式场合。

3.领带的颜色

一般说来，暖色系的领带给人热情、温暖的感觉；冷色系的领带能表现庄严和冷静的感觉，明亮色系的领带显得活泼、有朝气，暗色系的领带会显得严肃；黑色系的领带则是在吊唁、慰问死者家属或丧礼的场合所必须佩戴的。

4.领带的图案

（1）斜条纹的领带。给人正直、权威、稳重、理性的印象，适合在谈判、推销、演讲、开会、主持会议的场合使用。

（2）方格子和点状的领带。给人中规中矩、按部就班的印象，适合在初次约会见面或会见上司和长辈时使用。

（3）不规则图案的领带。像是抽象画、几何图形、变形虫、花鸟等图案，给人有创意、有个性、有朝气和流行的感觉。这类领带最好是在酒会、宴会或者是在下班后的约会、朋友聚餐时使用。

（4）圆形图案的领带。给人成熟的感觉，以及富有饱满的精神状态，比较适合面试时佩戴。而圆点图案具有夸张感，不太适合正式场合佩戴。

另外，挑选领带时还应注意要根据你的衬衫和西装来挑选领带的颜色。最好的两种颜色是红和蓝，或以黄色为主并带有图案的领带。色彩的搭配应该是有规则的，例如，衬衫是白色的，那么领带上的图案就应该带有一点儿白色。领带中的白色能衬托出衬衫的白色,这样效果很好,再和深蓝色、深灰色西装配,能产生多种视觉效果。换成蓝衬衫,道理是一样的。带一点儿蓝色的领带配什么蓝衬衫都可以。不同的领带配上同一件衬衫,能产生出不同的视觉效果,这是非常经济的办法。

还有一个规则:穿两个单颜色加一个多花样图案,如衬衫和西装是单色,那领带和小手帕可以是多种颜色的。相反,如西装是很明亮的颜色或有图案、线条时,需要一条朴素的、不耀眼的颜色的领带来配;当穿正规的单色西装时,可以选一条色彩明亮的领带来配。

另外,个高的人应该系上超大的领带,大块头的人必须打比较宽的领带。当穿款式或色调比较突出的西装时,应该搭配样式最保守的领带;但是穿很保守的暗色西装时,就应该配上色彩明亮或样式活泼的领带。

青年人可以选择色彩鲜艳、对比强烈的款式,以加强青春朝气;长者应该选择暗色、花型简洁的款式。个子高的应该选外观朴素、雅致大方的;个子矮的适合系斜纹细条的领带。脖子长的避免用领结,而用大花型领带。面色红润饱满的人应该选择丝绸料的领带,颜色以素净为主;脸色苍白、晦暗的就可以用明亮色调的。

领带虽然很小,但是它的内涵很深,挑选领带的功夫绝对不亚于挑选一套正装,所以,买领带之前,一定要经过深思熟虑,挑选出最能帮助你提升品位的领带。

巧戴丝巾,彰显女性魅力

丝巾是魅力女人最女性化的饰物,奥黛丽·赫本说:"当我戴上丝巾的时候,我从没有那样明确地感受到我是一个女人,美丽的女人。"

丝巾能为女性增添无限的魅力,要想使女性的妩媚、魅力通过丝巾传达出来,就要先了解一下丝巾与脸形的搭配法则。

1.圆形脸

圆脸的人,要想拉长脸部轮廓,最好将丝巾下垂的部分尽量拉长,强调纵向感,并注意保持从头至脚的纵向线条的完整性,尽量不要中断,这样脸就会显得长些。

在系花结的时候,应选择那些适合个人着装风格的系结法,如钻石结、菱形花结、玫瑰花结、心形结、十字结等。应避免在颈部重叠围系,或系过分横向以及层次感太强的花结。

2.长形脸

选择左右展开的横向系法,能展现出领部朦胧的飘逸感,并可减弱脸部较长的视觉。如百合花结、项链结、双头结等,都很适合长形脸的女性。另外,蝴蝶结也很适合长形脸女性。系法就是先将丝巾拧转成略粗的棒状后,再系出蝴蝶结。应该注意的是,不要围得过紧,尽量让丝巾自然下垂,渲染出朦胧的感觉。

3.倒三角形脸

从额头到下颌,脸的宽度渐渐变窄的倒三角形脸的人,会给人一种严厉的印象和面部单调的感觉。可利用丝巾让颈部充满层次感,再系一个稍微大一点儿的结,会有很好的调节作用。如带叶的玫瑰花结、项链结、青花结等。

这类女性在佩戴丝巾时应注意减少丝巾围绕的圈数,下垂的三角部分要尽可能自然展开,避免围系得太紧,并注重花结的横向及层次感。

4.四方形脸

两颊较宽,额头、下颌宽度和脸的长度基本相同的四方形脸的人,容易让人觉得不够柔媚。因此,系丝巾时,尽量做到颈部周围干净利索,并在胸前打出些层次感强的花结,再配以线条简洁的上装,就可演绎出优雅的气质。丝巾的花结可选择基本花、九字结、长巾玫瑰花结等。

不要忽视袜子的搭配

很多人从上衣到鞋子都穿得很好，很有品位，给人的印象非常不错，但是一坐下来，露出鞋里的袜子时，在黑色的皮鞋里面若穿一双雪白的袜子，就会有损个人形象。

一个人的形象是非常系统的整体，你穿了不错的衣服和鞋子当然对提升你的形象大有帮助，但是要想打造完美的形象，还需要注意任何一个微小的细节。一个有品位的人绝对不会在一双名牌鞋子里面穿上廉价的尼龙丝袜，也不会穿套裙的时候配一双短的丝袜。有品位的人无论何时出现都会是一副完美的形象，没有一丝纰漏。下面就介绍一下袜子与鞋子以及衣服的搭配法则。

1. 男性袜子与鞋子的配色

相信很多人对于告诫男人穿皮鞋不要穿白袜子的内容并不陌生，这里不再赘述，也无须追究原因了，这就好像我们穿着睡衣逛商场或者拜访朋友一样失礼。穿一套深色西服，脚踏黑皮鞋，却搭配一双白袜子在视觉上落差太大。

一个很简单的方法可以避免错误，就是袜子的颜色与裤子一样或者比裤子的颜色更深一点就可以了，这是一个很常规的穿法，一般不会出错。

2. 女性袜子的搭配原则

现在很多女性深受影视明星穿衣打扮的影响，但是要知道，明星是在标榜个性或者是角色的需要，而你作为一个职业女性是不可以打扮得非常前卫的，否则会让别人对你的身份产生怀疑。

很多影视演员在角色中会以短装、七分裤配短丝袜的形式出现，显得活泼俏皮，而对于职业女性来说，这种打扮是不被接受的，穿着露在外面的短丝袜是职业女性搭配中的禁忌。穿套裙的时候应该穿长筒袜，穿裤装的时候就要搭配与裤子颜色相近的袜子，即使是穿短装，也要搭配短的毛线袜或棉袜，而不是短丝袜。

其实，很多搭配的禁忌都是从视觉感受出发的，就像黑皮鞋白袜子的搭配，给人的感觉就是很扎眼。所以，穿着搭配并不是什么难事，你也不必被这诸多的禁忌弄得眼花缭乱。只要不忽视袜子搭配的问题，穿好衣服站在镜前好好地打量自己一番，通常就能发现问题。

袜子搭配看似是小节，但是绝对不能不注意。因为有的时候，就是这些细节的东西破坏了你整体的形象。为了使你的形象从整体上完美，要注意袜子的搭配。

妙穿丝袜，魅力加倍

有一家专做女人丝袜的成衣公司曾经有过这么一个广告说："丝袜就是女人的第二层皮肤。"这句话说得并不夸张，一双好的丝袜可以弥补你腿部肌肉的粗糙，使你的腿从任何一个角度来看都是那么光润。然而大部分女性都很讲究着装搭配，对身上衣着的每一部分都格外注意，但是往往只顾搭配服装、佩戴饰物，而忽略了丝袜。丝袜搭配不当，或穿着失态，都会破坏着装的整体效果。所以女性一定要学会必要的丝袜搭配技巧。

1. 搭配要和谐

首先，丝袜的色彩要与时装、鞋子的色彩谐调一致。穿浅色的衣服时，请勿穿深色丝袜。如黑裙、黑鞋配黑色透明丝袜。如果鞋子本身颜色很杂，要尽量选择接近裙子底色或鞋上较深颜色的袜子；花色衣服宜配素色袜子；带花点的丝袜可配素色衣服。肉色丝袜与任何服装色彩搭配都较和谐。其次要与服装、鞋子的款式相一致。如较正规的西装、礼服就不可配穿花色丝袜；在穿旗袍或短裙时最好配穿连裤袜；着薄裙时应穿透明丝袜，给人以轻快活泼感；大花图案和不透明丝袜适宜配平跟鞋，图案细小和透明丝袜宜配高跟鞋。服装款式越复杂，丝袜越应简单、清爽。

2.配合腿形穿丝袜

腿粗的女性适合穿深色、直纹和细条纹丝袜；腿形短的人宜着深色无图案的丝袜；腿部较瘦的人宜穿浅色丝袜、不透明丝袜或颜色鲜艳的丝袜；腿形优美者不妨选择色彩鲜艳的丝袜。

3.穿丝袜要注意场合

对于日常忙于上班的职业女性，不妨选一些净色的丝袜；社交时宜穿着灰调的丝袜，酒红、黑、灰、紫色会让你显得庄重、高贵、沉稳。

另外，穿丝袜时不可"露空"，即不能穿短得使腿分为两部分的丝袜，不论是裙还是裤，下摆、裤角都要盖过袜头，不要让袜头露出裙摆、裤角外面，以免失态。没有弹性的袜子应使用吊袜带，否则袜子总往下褪，频频撩裙提袜有失大雅。丝袜由于比较薄，容易受损坏，穿着时要多加小心，因为穿抽线勾丝的丝袜会使你的魅力指数大打折扣。

袜子可以体现男人的档次

妙穿丝袜，可以让女性的魅力倍增，其实，袜子也可以体现男人的档次。走在繁华的街头，常见男人们在衣着上犯这样的错误——在一身名牌服装下，名牌皮鞋里露出廉价的尼龙袜子来，那种刺目真好像是一幅油画染上污迹一样。

同样，许多男人在精品屋、专卖店一掷千金地购买时装，却觉得挂在旁边价钱只及衣服几十分之一的袜子太贵、不划算。以为袜子这样的小东西穿在脚上也不起眼，不像一套名牌西装穿在身上，一眼就能看出自己的档次来。

其实，最能证明自己档次的恰恰是在不起眼的细节上的讲究。讲究不是做给人看的，而应该是发自内心地对优良品质的需要，这才算得上真讲究。

如果你对买袜子不感兴趣，那你就很难有好形象。现在，很多质量不错的袜子价格也很高，但不至于到你买不起的地步。必须买毛料、毛棉或丝毛混纺的袜子，千万不要买全是用人造纤维做的袜子。穿化纤袜子就像是将脚放进塑料袋一样，这种袜子穿着不舒服还是次要的，最糟的是当你脱下鞋后脚的臭味能把你熏倒，而且不久你便会得各种脚病。而天然纤维透气性好，穿这种袜子，脚汗能散发到空气中去，你的脚整天都会觉得很凉快。

尼龙袜既不美观又不舒适，一个注重自身形象的男人应该立刻把它们从衣橱中扔出去，再去购置几双优质纯棉、羊毛袜子，色彩上起码要有黑、白、咖啡、深蓝色各一双，以配穿各种颜色服装。之后，还要注意整体搭配，根据衣着的质感和色彩，不同场合的服装与鞋子，选择合适的袜子。

最简单的方法是：在正式场合，用与长裤同质感同色系的袜子来加强整体性；在休闲时，则用与衬衫或外套同质同色的袜子来强调袜子的装饰性。

袜子有多种号码，有短的、中等的，也有直到膝盖的，不管你喜欢哪种，都要保证袜子至少能遮住你跷起腿时露在裤脚外面的毛茸茸的小腿。即使你小腿上没多少汗毛，最好也还是把它们遮住。

用中性的深色袜子和西装相配最好，可以选用黑色、深蓝、咖啡色或其他颜色不醒目的单色袜子。而红色、橘黄等亮色的单色袜子或花袜子则不合适，它们只能让别人认为你是个爱出风头的人。

总之，形象无小事，越是细节的地方，越能显出一个人的品位与气质。为了你的良好形象，请注意袜子的选择吧。

包也是形象的一部分

无论对于男人还是女人，包都是必备的部件，也是形象的一部分。所以，我们应该注意选择适合自己、为自己的形象加分的包。

男士们在商业会晤中，公文包中装着所有的重要文件，是必不可少的用具。即使是那些随身带着秘书和助理的领袖级人物，他们的秘书或者助理也会带着这样的一个包。

手提包也是上班族的必备之物。如果是男士，切忌选用女性化妆式的皮包，纯色的真皮是上选，深色的最佳。不要在包上配任何装饰，干净光亮就行。皮包中，应准备好钢笔、记事本、电话本、计算器，以便随时随手记下他人的电话号码和其他信息。

男性用包多以皮革制作，长方形，造型较大，线条简洁，以黑色、棕色为主。选择提包时，应考虑其色彩与服装的协调，既不能完全一致，又不宜反差强烈。

以前，在商业领域比较常见的多是那种硬箱式的、正方形的公文包。随着时代的发展，公文包的形式悄悄地发生了变化，但是，商业上通用的依然是那种近似于标准尺寸的皮质公文包，这几乎成了一条不成文的准则。

手提包和公文包的重要性仅次于男人的服饰，它是男人身份的体现。我们往往通过一个男人的手提包和公文包来判断他的职业，每个成功或希望成功的男士都不应忽视这一点。

如果男人在家里工作或在外旅行，那就最好买一个体积足够大的包。无论在什么场合，都不应将你的皮包装得鼓鼓囊囊的，固然包是用来装东西的，但你更应该注意你的形象。如果必要的话，男人可以准备两种不同类型的包：用于周末旅行的航空包和轻巧的手提包或公文包。

有两只把手的公文包已经过时，也似乎已成为低身份的标志，所以你最好不要用它，即使它还是新的。

手提包对大多数男人来讲都是必需的。在精致的手提包里可以装上一些当天需要用的文件、报纸、日志、钢笔、空白信笺等。不管是什么类型的包，在购买或使用前都要对它仔细检查，如是否毛糙、拉链是否容易损坏等。单层皮革文件夹仅仅适用于在开会的时候使用，如果你在其他场合也随便带来带去，那别人只会认为你仅仅是个记录员。

背包和肩挎包已被广泛地使用，包括轻巧的大手提包在内，它们特别适合喜欢简单实际的年轻男人使用。总的说来，旅行用包和办公室用包不适合在重要的会议中使用。尽管手提包可以用诸如塑料、帆布、金属、织物加工而成，但对于一个已经或希望取得成功的男士来说，应该使用皮制的手提包或公文包，而黑色、黄褐色、红褐色、深灰包和藏青色则是富裕的象征。

女性的包无论样式、色彩、质地等，可供选择的余地就大了。不过，常用的包有三种：一个是大而结实一点的手提包，上下班和工作时间用的，必须实用，甚至可以放文件；第二个包是中等大小的包；第三个是一个小巧考究的手提包，里面只放少量的化妆品、钥匙、钱等物品。这是你穿上晚礼服、出席正式场合时用的。这三个重要的基本包，因为常用，所以颜色和质地的选择特别重要。它应该能与你大部分的衣服的色彩和质地相配。

总之，尽管包是个小配件，但选择不适合所出席场所的包，仍会影响你的整体形象。因此，在正式场合，一定要选择适合的包，这不仅能够为你带来方便，体现你专业的态度，还可以为你的形象增色。

靠眼镜塑造男人个性形象

男士的配饰较少，因此眼镜的作用就十分明显了。眼镜具有改变男人外在形象的作用，它可以使男人看上去既权威而又有智慧，特别是上了岁数以后。而对年轻男人来说，佩戴眼镜会使他们看上去更加沉稳。

在选配眼镜时，你与配镜师之间要密切配合。如果配镜师不能准确地理解你的意思，他们就不能很好地为你服务。在配镜时不要紧张，在一般情况下配镜师和其他工作人员也不会对你的"挑剔"感到厌烦。

镜架应该符合你面部的线条，不可能所有的镜架都适合你的脸形。例如，圆形镜架戴在圆脸或胖乎乎的脸上就显得滑稽可笑；飞机驾驶员式的眼镜戴在方脸上则给人过于严肃和不安的感觉。关键是要选择适合你的面部特征的眼镜，尽可能使你的圆脸变得有棱角一些，或者使你的方脸变得柔和一些。

镜架的上沿应该与你的眉毛平行，否则，你看上去就会像是有两道"眉毛"，你的眼睛也就显得不那么突出了。你的眼睛必须正好位于镜片的中央。镜架既不应宽于你的脸，也不应让人看上去像要掉下来一样。另外，镜架的下沿不应低于鼻孔的位置。

当然，你可以根据自己的喜好选用镜架。如果你喜欢色彩明快的颜色，那你就选用色彩明快的镜架。如果你的眉毛是浓密的，那就应该选用深颜色的镜架；相反，如果你的头发和眉毛比较稀疏，就不宜戴黑边框眼镜，否则只能使你的头发和眉毛看上去更少。你可以选择金属或颜色较淡的塑料镜架，也可以选择带有花纹的灰色或黄褐色镜架。"热情奔放"的镜架只适合在轻松的场合或业余时间使用。

如果你的鼻子比较大，那么就应该选用一副有窄而明亮"搭桥"的眼镜。颜色较深的"搭桥"会使你的鼻子显得更大，而位置低一些的"搭桥"会有效地"缩短"鼻子的长度。

不要不分场合总是戴着变色镜。在室外，为了减少光线对眼睛的刺激，你可以戴太阳镜或变色镜。但太阳镜和变色镜不适合在办公室戴，这也是不尊重别人的表现。

不管是出于改变自己的形象或者由于实际原因而使用眼镜，你必须选择符合你的面部特征和脸形的眼镜。这样，就可以在为自己塑造个性形象的同时，使自己戴上眼镜后也感到舒适。

完美佩戴项链，为你大添光彩

项链也是非常重要的佩饰，是人们视觉的焦点。它的种类很多，大致可以分为普通材料项链（如金属材质、玻璃、琉璃等）和珠宝项链（如宝石、钻石、珍珠等）两大系列。项链是绝大部分女性的饰品，如果佩戴得当，就会给人视觉上的冲击，为你的形象大添光彩，所以女性要懂得如何佩戴项链。

1.不同的颈形应搭配不同的项链

佩戴项链的要诀是要造成视觉变化以弥补颈项的不足。脖子长的人要选择有横纹、较粗的短项链或者颗粒大而短的项链，使其在脖子上占据一定的位置。由于对比而造成的层次丰富感，在视觉上能缩短脖子的长度。脖子长而体形和皮肤都比较好的人可以走两个极端：即色彩鲜艳的和色彩比较暗的彩金项链，都会产生好的效果。

对于脖子比较短的人来说，则宜佩戴较长的项链或"V"字形的项链，因为直线条可将对方的视线由上往下引，这样就可增加颈部的修长感。佩戴细长的项链也很漂亮，如果项链下面再悬着一颗钻石吊坠，就更完美了。

2.不同的脸形应佩戴不同的项链

方形脸的女人戴"V"字形加吊坠的项链最漂亮，而中长度的项链也是首选，因为它可以让脸看起来较修长。

与方形脸相反，尖形脸的女人不宜选用"V"字形的项链，因为它会重复你脸形的尖线条。这种脸形的女性应该选择横条纹项链以及短项链，这样可以使你的脸形更显柔和。

圆形脸的女人宜佩戴长一些的项链，例如用中型大小的珍珠制成的长项链，可以使你的脸形看起来长一些，并能让你的脸看上去瘦一些。此外，在项链下面加上美丽的项链坠，也会起到修饰脸形的作用。

椭圆形脸是最符合东方女性的传统审美标准。这种脸形在项链的佩戴上，几乎各种款式都能与之相配。

3.不同的服装应搭配不同的项链

穿礼服时，应佩戴珍珠项链或与礼服相称的金属钻石类项链。穿黑色礼服时，最好能搭配上三连式珍珠项链。

在项链与套装的搭配上，项链的材质、色彩、款式、质地、长短、粗细及风格等因素，都是需要重点考虑的。这些要素既要与套装的面料、色彩、款式相协调，也要与套装的职业性和整体性特征以及端庄、简洁的风格等相衬。

在穿便装、休闲装时，可以随自己的喜好，根据衣服的颜色、质地等因素，佩戴木质、陶质、石质项链，这样的搭配可以让你轻松拥有休闲韵味。

领子和颈饰的边缘模糊不清，或者有相交的衣服是不应搭配项链的。与项链最配的衣服是"V"字领衣服，另外是比较大的圆领，然后是合身的高领。穿着这类衣服时，能够比较容易搭配适合的项链。

4.项链的质地要与年龄相匹配

年轻人肤色红润，选用象牙项链、珍珠项链，会显得平和、恬静和文雅；而如果选用五颜六色的珠宝项链则会显得神采奕奕；选择铂金项链，细细的一条就能体现出浓浓的女人味；而古拙的藏银、松绿石等质地的项链则显得酷感十足。

年龄大的人宜选择配有翡翠、钻石、蓝宝石等华贵宝石的项链来佩戴，因为这些宝石能突出一个人经过岁月洗礼后的沉稳和端庄来。如果能佩戴铂金等稀有金属制成的项链，也是不错的选择。

另外，项链宜和同色、同质地的耳环或手镯搭配佩戴，这样可以收到最佳效果。如果上衣领子是两条常打成蝴蝶结式的，最好不要戴项链，否则会有累赘感。

第五章
化妆，美化仪容的必备绝招

得体的妆容要遵循"8字箴言"

每个女人都应该学一些基本的化妆技巧，这是女人爱自己的一种表现。化妆不仅能改变女人的外在形象，还能改变女人的内心，让女人更自信、更从容地面对人生。爱美而聪慧的女人都应该懂得用化妆来弥补容貌的缺憾，色彩、线条、层次……这些化妆技巧能让女人瞬间焕发光彩。

看看下面的"8字箴言"并加以熟练运用，你也可以成为化妆高手。

正确：正确是化妆最基本的要求，是化妆一定要把握的基本原则。比如画眉毛，要知道眉毛正确的起始点和高度、角度等原则，否则即使你画得再用心，也难免会给人不顺眼的感觉。

一般来说，眉头的起始位置和内眼角的位置是一致的，"三庭五眼"所说的"五眼"便是在两个眉头之间可以放下一个眼睛的长度，如果眉头超出内眼角，两眼之间距离过短，人会显得压抑，相反，如果两眉间距离过宽，人会显得呆板、缺乏活力。因此，在初学化妆时，一定要搞清楚各部位化妆的基本要求。

精致：精致其实是化妆过程中比较容易达到的，只需要在化妆过程中多一些细心和耐心，再加上每时每刻保持形象不松懈的意识，就能使自己的妆容给人以精致的感觉。比如涂口红时一定要注意边沿是否整齐清晰，粉底是否薄厚均匀，有无浮粉现象，眉毛修得是否整齐，有无杂乱现象，等等。要做到精致，需要的只是你的反复练习和坚持不懈。

准确：准确是在正确基础上的进一步要求，掌握了正确的化妆原则，在具体操作时还要做到准确，准确地把正确的化妆原则体现出来。比如说唇形化得好不好，不能单从大小、厚薄等方面来评价，还要学会与自己的脸形、气质及将要出席的场合相匹配。要达到准确的化妆效果，需要经过充分的练习。

和谐：和谐是化妆的最高境界，和谐的妆容能自然而得体地表现出你的个性和品位。和谐包含三个层面，一是妆面的和谐，表现在各个部位的化妆上，风格、色彩都要统一，比如眉形是属于柔美型的，那么唇形也要画成柔美型的；眼影是暖色调的，那么口红也要相应地涂成暖色调的，这样才能在整体上达到一种和谐的效果。和谐的第二个层面是妆面与整体形象的搭配。面部妆容要与你的发型、服饰、饰物等相搭配。和谐的第三个层面是妆容与外环境的和谐搭配。比如你要表达的气质、情感，将要出席的场合，你的职业，等等。

化妆不仅仅是一种美化外表的手段，同时也是情感的表达，它可以体现出女人的生活态度。妆容精致的女人能够传达出她热爱生活、尊重别人、在乎自己以及积极的生活态度，这样的女人往往具有无穷的魅力。

面试时的妆容，要自然而又能显示出自己的精神面貌

面试时的妆容应该既自然又能显示出你的精神面貌，因此，不论是眼影、腮红或唇膏，在选择颜色时，最好以清新的粉色系或是大地色系为主，再搭配整齐的眉形，刷得干净又有精神的睫毛，能够让你精神饱满、充满自信地面对面试。

1.亲切活力面试妆

步骤1：用刷子蘸取浅紫色的眼影，在上眼睑以平涂的方式涂刷。用小号刷子蘸取高光粉或者浅米色眼影涂在内眼角的位置，突出眼部的明亮程度。选择黑色的眼线笔勾画眼线，下眼影的位置也可以用紫色勾画，从外眼角过渡到内眼角，要细细地化。

步骤2：选择自然色的粉底液打底，再用珠光蜜粉定妆。呈现自然、清透、质感又非常好的肌肤状态。

步骤3：用桃红色的腮红打在笑肌位置，这样会令妆容更柔和，给人亲切感。

步骤4：嘴唇，选择橙色的唇彩，与暖色调的妆容协调，晶莹亮泽的嘴唇会增添年轻朝气。

步骤5：发型的色彩偏重一些。可扎到一起，然后偏到一侧，呈侧马尾，显得大气。刘海的处理要简单，不要有过多的碎发。

这款妆容色彩比较淡，所以要通过重点突出眼睛让整个妆容有亮点。新手不要用眼线液来画眼线，它不好掌握，又容易出错。画眼线的时候不要画直线，而是曲折地将睫毛间的缝隙填满，这样可以让双眼迅速明亮起来。

紫色、浅橘色选择给你一种亲切、温暖的感觉，同时不失可爱，也不至于太过幼稚。这种柔和的颜色没有深色系的那种严肃和强势的感觉，比较适合信息业、传媒业、客服等职业。同时在选择紫色眼影时，女性朋友们要注意珠光感不要太强，浅色的紫色即可。

2.庄重型的面试妆

庄重型的面试妆有以下几点需要注意：

（1）即将面试时的化妆防御法。

在粉刷上蘸点粉底盖住毛孔后，经过长时间的面试面部出现红晕的部分用粉刷再在上面进行涂抹。

（2）防止晕染的眼部粉底。

要是担心眼线和睫毛膏会晕染的话，可以预先做出防备措施。沿着下眼线部位涂上杏色眼部粉底，就能起到防止油脂分泌的保护膜的作用。

（3）能让妆容变得更加自然的腮红刷。

要想得到能产生好感的形象的话，腮红刷是必需品。比起画圆圈的方法，还不如能强调你面部轮廓的方法，即从颧骨下方开始往上呈90°的形态进行擦拭的话效果会更佳。

（4）唇部化妆。

在面试时不可避免地视线会到唇部上面。抹完唇膏后用棉棒整理好唇线，然后在上面涂抹唇彩，最后再用纸轻轻擦掉一些，这样就能得到自然又富有光彩的唇色了。

另外，成功面试妆还应注意以下几个小点：

1.肤色要干净

不少人的皮肤都会有出油问题，如果顶着一张油光满面的脸去参加面试的话，不仅会减弱自己的自信心，也会给面试官留下不好的印象。如果想控制皮肤的出油问题，那么粉底的选择就至关重要了。女性朋友们可以选择控油、持久不泛油光的粉底液；颜色是与肤色相近的自然色，不要选择偏白偏暗的（小麦色）。肤色偏红的可以选择淡绿色的蜜粉修饰，肤色偏黄的可以选择粉紫色的蜜粉修饰，珠光较强的也不要使用。还要注意脸部的颜色与耳朵、脖子的色调一致。

2.色彩淡雅自然

在面试时，要展现年轻人的朝气与干练，也要显出沉稳的专业度。最好不要画上太多种鲜艳或浓丽的色彩，浓墨重彩是大忌，清爽的粉色、橙色系列最适合。太过抢眼的红色、绿色、蓝色、黑色，尽量不要选择。柔和的色彩或者加一些珠光感的眼影都可以。

3.眼妆需要特别注意

最好选用中性色调的眼部彩妆，才不会与肤色形成过于突兀的对比；褐色的眼线及两层薄薄的睫毛膏是相对安全的方式。

4.避免涂颜色过于强烈的唇膏

颜色太过强烈的唇膏会分散主试者对你的注意力。女性朋友不妨选用色彩较不鲜艳但亦不需要经常补妆的中淡色的唇膏。如果本身非常适合搽红色调的唇膏，面试时当然还是同样选用此类色调的口红。不过或许可以考虑将彩度稍微降低，以你平常使用的红色调唇妆产品混合褐合调的唇膏即可。

5. 妆容应尽量保持柔滑

为了使妆容更柔滑自然，可以在自然光下看看是否有粉堆积在脸上，如果有，可以就地用手将堆积的腮红和蜜粉轻轻压平，但是千万不能擦。此外粉红或玻璃色的腮红、唇膏或古铜色的蜜粉皆会造成惨白效果，最好避免使用橙色和绿色系的彩妆颜色。

职业妆，展现出神采奕奕的专业形象

办公室女郎们需要展现出神采奕奕的专业形象，因此整个妆面一定要给人非常干净的感觉。不要使用过于浓烈鲜亮的色调，这样与办公室的冷静气氛不协调。

1. 打底

打底是整个妆面的关键。粉底务必要按照皮肤的肌理快速轻柔地推开，由上到下或者是从大面积再到细部的顺序都可以，一定要打得薄而透。

2. 眉妆

眉毛要清淡自然，颜色跟发色越接近越好。眉形太过生硬或眉毛颜色太浓都会给人不易亲近的印象，所以画眉之前要先用眉刀修出完美的眉形。画完以后用眉刷顺着眉头至眉尾方向刷几遍，让色泽均匀。

3. 眼妆

眼妆是整个妆容中很重要的一环。而眼妆的重点又在睫毛。先用睫毛夹把睫毛夹卷，然后刷上增长的睫毛膏。睫毛膏的颜色最好选择黑色的，大方得体。眼影可以根据你的肤色以及服装的颜色来选择。

4. 唇妆

职业女性最好都备有口红。口红的色泽比唇彩、唇蜜等都要暗沉，但这样的颜色亮度才能够表现你的成熟美。可以用与嘴唇颜色接近的唇线笔先描出唇线，然后涂口红就方便多了。口红经常需要补妆，应该先用纸巾抹掉唇上的余色，重新用护唇膏涂抹一遍再补色。

5.腮红

并不是所有的场合都需要涂腮红，但是腮红的确能让你有充满健康的好气色。职业女性因为工作压力或是缺乏锻炼带来的脸色苍白，运用腮红都能够很好地修饰。用腮红刷由太阳穴位置往嘴角方向斜刷上腮红，这样脸部就会有收缩的效果。霜状腮红用指腹就能轻松上色，切记一定要推匀。

不要忘记最后的定妆。用粉饼或散粉在脸上扑上一层薄粉就可以让妆容持久而清爽。

生活妆，淡雅妆容更动人

生活妆比起职业妆更讲究淡雅，不妨来个流行的"裸妆"吧。裸妆并不是让你完全素面，而是更细致地描画，让你看起来不像化过妆，却比素颜更美、更动人。

1.底妆

底妆也是裸妆的重点，清透、自然是它的基本要求。选择与皮肤颜色最接近的粉底，肌肤颜色偏黄的人可以选择带有紫色或是粉红色的饰底乳，肤色偏红的人可以选择绿色的饰底乳。用手轻拍推匀，最好不要使用化妆海绵，否则容易产生厚重感。在T区用稍亮的粉底提高亮度。

2.眉妆

描画眉毛的重点是让眉头处尽可能保持原有的形状，看起来自然为佳。

跟职业妆相比，裸妆不求睫毛乌黑浓密，而要求根根分明的自然感。取少量睫毛膏，轻刷上睫毛就可以。

同样，裸妆的眼影不宜选用夸张的颜色，可以先用淡咖啡色的眼影分层次打出眼部的立体感，再用米白色提亮眉骨和眼头。

3.唇妆

唇妆可以选择与唇膏或唇彩颜色相近的唇笔，画出自己喜欢的唇型，再用唇刷沾上填满双唇。

确定了以上妆容，裸妆就大体完工，最后扑点散粉定妆。至于腮红，可有可无，若是觉得气色不太好，用浅粉色系腮红轻轻打一下即可。

宴会妆，适度浓艳没问题

晚妆一般也被称为宴会妆，之所以被称为晚妆，是因为化此妆容所处的时间基本上为夜里。化妆浓重而立体是晚妆的最大特点。与职业装和生活妆等日妆相比，晚妆有着自己的特点。

晚妆的妆色比较浓艳。因为晚间社交活动一般都在灯光下进行，且灯光多柔和、朦胧，不易暴露出化妆痕迹，反而能更加突出化妆效果。如果妆色清淡，就显不出化妆效果。因此，晚妆应化得浓艳些，眼影色彩尽可能丰富漂亮，眉毛、眼形、唇形也可做些适当的矫正，使其更显得光彩迷人。

化妆之前，先在面部和颈部涂一层滋润霜，以便发挥粉底的妆效。底粉的颜色一定要比自己的肤色深，再仔细地用海绵扑打妆底粉，使其均匀遮盖。如果眼下的眼晕很黑，应在打妆底粉前涂上遮瑕霜。

先将眉毛用眉毛刷整形后，沾些金色眼影在眉毛上。

在颧骨凸出处，涂上浅色的虹彩光的胭脂；在颧骨凹陷处，涂上深色的不泛光的胭脂。为了在夜间显得更有光泽，还可以在颧骨凸出处原来涂有的浅色虹彩胭脂上面再加一层白金色的眼影，使其增加亮度。

眼妆也是晚妆的最重要环节，并且很强调眼影。在上眼睑部位涂上些眼影，并用眼影在眉骨与上眼睑之间涂出分界线，再用淡色和虹彩色眼影，使眉骨部的色彩亮丽起来。在上下眼睑画眼线，颜色要深。因为深色的眼线在夜间更能衬托出眼睛的明亮和深邃。但须注意的是不要将整个眼睛画成圈，这样会使眼睛显得小。在下眼睑高出的地方，要用蓝色的眼影或眼线笔涂上几笔。然后分次涂上睫毛油。涂完第一层睫毛油后，用眉毛刷梳开睫毛，并除去多余的睫毛油，再用透明的蜜粉刷在睫毛上。

口红可以使用珍珠色或金色，使嘴唇显得更艳丽。

最后用淡色的眼影在鼻子、颧骨和下颌处，作最后的轮廓描绘；用白色眼影修饰双颊的顶端、鼻梁和下巴。最后用虹彩透明的蜜粉定妆，再用粉刷整理。

舞会妆，将最闪亮的你展现出来

舞会妆是适合于灯光昏暗的舞会场合，因此化妆应为浓妆。粉底要遮盖力强，保持持久。眉毛可浓一些，深一些。眼部化妆可略夸张一些，用色可大胆些，可使用防水睫毛液。腮红可浓重一些，口红也可用明艳亮丽，甚至是珠光的。

此妆容的重点在于大胆施用绿色化妆金粉。

（1）上粉底。可选用明亮的粉底油膏，涂得要多一些、厚一些，掩盖住脸部的瑕疵。

（2）涂颊红。宜选用朱红色、玫瑰红色的胭脂，从眼向耳做放射状涂抹。越离眼睛近处越浓，逐渐变淡。

（3）眼妆。化妆时，上眼皮晕染棕色，施色要薄；下眼皮尾处描入黑色眼线，在下眼皮眼线旁涂光泽唇膏，然后用棉签蘸上绿色金粉压上去。这一用法也可用于眉的化妆，使眼睛、眉毛闪闪发光。

（4）睫毛膏可以以细致而耀眼的宝石色泽点缀于睫毛末梢，缔造全方位耀眼舞会妆的水晶妆容。

（5）鼻子。鼻子略塌的人不妨以深色眼影画上鼻形，至于鼻子已经很挺的人，除非拍照，不要再强调鼻形。

（6）涂口红。口红可选用玫瑰红色的唇膏，然后再抹光泽唇膏，再染入金粉。

发型可以随意一些，选择彩色喷发剂喷洒在头发上，以增加发型的华丽感，也可用假发，这对职业女性是最简便易行的办法。

（7）指甲油可用艳丽的、闪光的颜色。

参加舞会时，难免会有出汗的情况，所以要随身带好化妆盒，以便随时补妆。

妆容持久的小技巧

临时想要化个不必补妆的持久妆，而手边却没有持久性彩妆，只要运用一些简单的小技巧就好了。

（1）粉底不浮粉小技巧。若用粉底霜或粉底液上妆，最好以海绵垂直轻弹的方式，让粉底与皮肤更融合，粉底也就比较持久。

如果用两用粉底上妆，应将海绵拧至八分干后，按一般步骤上粉底，接着用干的海绵，再上一次粉底。第二次的粉底可代替蜜粉，这样粉底不易浮粉。

（2）蜜粉紧贴小技巧。粉扑蘸适量蜜粉，先拍打脸各处，再以按压方式上蜜粉。

（3）眉毛定型小技巧。首先以眉笔画出眉形，用细的眼影笔蘸点水，将眼影笔挤成九分干时，蘸点眉粉或眼影粉，顺着眉毛的形状轻刷眉型。少许的水分，可以让眉粉更轻易地固定在你的眉毛上。

（4）眼影不脱落小技巧。上妆时，眼影部位也要上粉底。眼影刷或眼影棒蘸少量的水，用面纸将眼影刷上附着的水分吸掉，眼影刷快干时蘸上眼影粉，以按压的方式上妆。如此眼影不易落粉，眼影的颜色更好看。

（5）眼线笔持久小技巧。眼线笔持久度不如眼线液，不过只要在用完眼线笔后，在眼线上再盖一层眼影粉，就能通过这层眼影粉让眼线更持久。在上眼线之前，先在眼线部位上一道蜜粉，也能得到持久效果。

（6）腮红定妆小技巧。上完粉底后，用手指蘸膏状腮红，淡淡地在颧骨处晕匀后上蜜粉，最后上与膏状腮红颜色相近的粉状腮红即可。

精致唇妆，打造完美双唇

嘴唇是整个面部活动幅度最大的部位了，所以要避免呆板。不是所有的唇形都让人感到心仪的，所以唇妆也要"查漏补缺"，打造美唇，让精致唇形为你的形象添加色彩。

要使口红涂上去能够出现鲜亮、健康的血色，就要防止嘴唇干裂、脱皮，因为嘴唇干裂时，再漂亮的口红也很难涂上去，再有光泽的口红也会显得不自然。所以说，唇部化妆的效果如何，在很大程度上取决于唇部自身的健美。

下面是唇部化妆的几种方法：

1. 描唇的三种基本手法——直描、内描、外描。

当手持一支色泽醉人的唇膏时，如何在唇上描画，画出叫人惊艳、迷人的嘴唇呢？

从三种唇轮廓的描法，可表现出三种不同的风格与韵味。

（1）直描法。将唇形，以带锐角的直线型涂唇膏，给人青春而活泼的感觉，少女可考虑此描法。

（2）内描法。是将轮廓描在原有唇形的稍内侧。此种描法，充分表现知识性而敏锐的气质，适合现今事业型的女性。

（3）外描法。在原有唇形的稍外侧，描上唇的轮廓，使朱唇整体显得丰满些，充满女性柔情、性感的韵味。

2. 改变唇形的方法

涂口红之前，应用唇笔勾出唇线，唇线越接近原来的唇轮廓越显得自然，不过，也可利用唇线的描绘改变唇形。

（1）小唇化大。画唇线时可超过天然唇线之外，颜色宜选醒目的口红。

（2）大唇化小。唇线宜画在天然唇线以内，宜用接近唇色的口红，如唇部突出，用深色口红会使之内陷些。另外，涂粉底时可使之压上天然唇线，然后再用唇笔画出较内收的唇线。

如果身形苗条，宜采用娇俏唇形，即双唇尽量画薄，唇峰要稍尖高；若是体态丰满者，则宜选用丰满唇形；大唇改小时，唇线在嘴角即开始收入，而唇中几乎不收，唇峰画得较钝。

（3）甜美唇形。要给人以甜美形象，唇角即应上翘，涂口红时应适当将上唇修薄，唇峰是圆滑的曲线形，而将唇角线稍微提高。若使用明艳的橙色、粉红色系列效果更好。

（4）改变厚度。双唇薄的女人，如使用鲜艳色彩的口红则可使唇部突出而丰满。上薄下厚的嘴唇，可用深色描绘下唇，再用亮度高的口红涂抹上唇，即可起到平衡上下唇的作用。

至于厚唇者，可用深色唇笔强调唇峰的角度，唇线可加宽些，只在剩下的部分将唇形以带锐角的直线型涂唇膏。

（5）改变"苦相"唇。下垂的唇角没有笑意，是不会令人愉快的，要加以改变并不十分容易，最好是将唇角拉平。方法是把下唇画得丰满些，近唇角处画得稍厚些；而上唇角处两边修薄些，形成上薄下厚的嘴唇。还可在上唇角处用唇笔涂上一点，使之有上扬的感觉。

3.唇上有纵纹如何涂口红

嘴唇表面纵纹多的人，口红容易进入纹中，顺着纵纹渗进去，使嘴唇轮廓线模糊，也会形成嘴唇色彩斑驳，影响美观。

用油分少的铅笔型唇笔描唇廓线，可以限制口红的渗开，另一种方法是，淡抹一层口红之后，用纸巾或纱布轻轻在唇上按一下，吸去口红中的油分，然后再涂一层，再用纸巾按一下。吸去油分之后，唇面上只留下油分很少的口红颜色，就可以降低渗开度。

唇部纵纹会影响美容效果，化妆仅是弥补的权宜办法。要根本解决问题，应加强对嘴唇的保护。形成唇部纵纹的原因之一是干燥，因此，要经常搽滋润膏，保持唇部的湿润。

4.强调红唇的重点部位

上下嘴唇的突出点是"晶"字形，上嘴唇的上唇结节、下嘴唇的中间两点，有如黄豆大小的三个凸起点。这三个凸起点明显的人，嘴唇的立体感强；三个凸起点不明显的人，唇形则平直。如果要使嘴唇生动，呈现出立体形象，就应该用口红色来塑造出红唇的重点部位。位于人中线下的上唇结节，是整个上嘴唇的最突出点，可以涂浅亮色口红，并用同样的口红涂在下唇的凸起点上，然后在其余部位涂上略深一些的口红，但要注意亮色与暗色的自然过渡。

运用化妆小技巧遮盖粉刺

一早醒来，你发现自己脸上长出粉刺，不要惊慌，你需要赶快想出应对策略。我们可以涂抹格外红润的唇膏以及眼部烟熏装；还可以让头发蓬松地垂下来，这样不仅可以转移人们的注意力，而且能够起到掩盖作用。

如果粉刺持续不断地出现，且看起来像"荧光漆"一样发亮，这不仅是在破坏你的好日子，更是在毁掉你的好心情了！你一定要处理它们。

用指尖沾一点遮瑕霜去遮盖，用手指把遮瑕霜均匀推开，然后用遮瑕扫在突起或高起的部分做修补，其后用粉扑去轻拍有问题的斑块。小心地等待其变干，再上定妆粉遮盖。

不能在发炎甚至化脓的粉刺上涂遮瑕霜，粉刺有脓或形成伤口的话，很容易感染细菌，处理不当流出脓水更加不美观。

同时，在遮盖粉刺时，还有几个小技巧要注意。

（1）手法：用手指腹轻按，而不是用手指涂抹，那样只会把遮瑕霜抹掉。按的动作可以把遮瑕霜均匀地按进细纹中和凹凸的地方。

（2）时间：遮瑕霜要在粉底之后用，这样会更清楚哪些部分需要修补。

（3）最后步骤：无论哪个部位，最后都要扫上碎粉定妆，可吸去油分,也可让效果更持久。

(4)勿遗忘部位:鼻子下、人中位置和双眉之间的颜色都不太均匀,可以用化妆海绵略加调整修饰。

虽然涂抹化妆品可以达到效果,但是厚厚的化妆品不仅会延缓斑块的愈合,弄不好,还会让这些粉刺更加明显。

如果你能容忍这些粉刺,那么在家的时候就不要在脸上涂抹任何东西。清洁皮肤,自然干燥,然后自然恢复。另外,不要用手挤粉刺。

眉部化妆的正确方法

画得过粗的眉毛,并不好看,用细眉笔随便画的眉,也不漂亮,那么,如何画眉才会显得恰到好处又为形象加分呢?

1. 根据脸形来画眉

平时画眉,主要在于好看,使脸部更美,使形象更迷人,所以与自己的年龄、脸形相配即可。现在列举几种基本的脸形与眉形的配合方法:

(1)尖形脸型的眉态化妆。也就是逆三角形的脸,这种脸形多半是瘦人居多,为了使脸颊看起来不至于消瘦,可将眉头往中间稍加一些,画法与方形脸正好相反,使重点集中在额头,脸颊自然就可以显得胖些了。

(2)长形脸型的眉态化妆。长形脸的眉毛应画平,只能稍微弯一点,不必画眉峰,眉与眼头成直线,这样可以缩短脸的长度。

(3)方形脸型的眉态化妆。方形脸的腮骨较大,为了平衡腮骨的凸出,可将眉头稍许往外移一点,眉峰也跟着往后移,眉毛较短,像这样将眉毛往脸的外围移去,腮骨也就可以显得小些。

(4)椭圆脸型的眉态化妆。眉头应与眼头成直线,慢慢高起,至眉峰处往下斜,眉峰应在眼球的外围。眉头较粗,眉尾较细,这是眉毛标准画法。

(5)圆形脸型的眉态化妆。眉部和眼头成直线,逐渐往上挑高,直到眉峰处再往下画，眉峰在眼睛的正中心，这样使圆形的脸看起来比较长。

2. 气质与眉形的画法

眉毛是眼睛"框子"的另一部分，眉的形状非常重要，它能使你看起来或快乐或悲哀，或懦弱或勇敢。

因此说，由眉、眼线、眼影的描画，可以显出你不同的气质与个性。下面介绍5种不同的眉形气质的画法。

（1）年轻而富健康美。眉描成粗的直线，眼线沿着眼睛描短一点，把眼睛描成圆形，眼影用黄色和绿色，眼睛弄成亮亮的，口红用橘红系的火焰色，这样就显得年轻。

（2）富有魅力的美。眉描得粗而淡，眼线画到眼尖约3厘米为止，以后的部分沿着眼睛自然描绘。假睫毛先把它卷曲再粘上去，特别强调眼尾部分。眼影用绿色，弄成模糊，强调眼睛的美。口红把嘴唇描成小山字形，像樱桃似的。因为眼睛的美非常可爱，再加上珊瑚色的口红，更显魅力。

（3）富有个性的气质。眉描成细长而带着圆形，眼线沿着眼睛描绘，眼尾的地方，稍许向下垂。眼影用金黄色，显出闪烁发光的双瞳，上面粘上双重的假睫毛，下面也极自然地粘上假睫毛，可以使眼睫毛和金黄闪烁发光的眼影显得更大。用口红画些轮廓，稍许丰满一点。用浅褐色系的口红来调和，既漂亮又显出个性美。

（4）富有理智的气质。眉梢微描细点露眉角，眼线沿着眼睛自然地描绘，眼影用浅绿色。涂口红时，嘴角稍许向上，颜色浅些，因为眼的化妆比较老气，所以用新的口红颜色来调和，显得端庄大方而有理智感。

（5）神秘的感觉。眉毛描成细而长的弧形，眼线在眼尾处稍许向上，眼影涂紫色大而晕开色，再涂银色。紫色的眼影和银色相配，可以显出神秘的美。为了配合眼睛的化妆，所以口红用的是浅的粉红色系，令人有冷若冰霜而又蕴藏着神秘的感觉。

3. 让眉毛显示独有的个性

眉毛最富于性格特点，画眉时如果能将眉形与个性气质、脸形特点和化妆定位结合在一起，就能使你的妆容呈现独有的个性。

俗话说，眉毛的形状决定女人的容貌。不少人因为改变眉形而变得更美。

最标准的眉形应是自眼首开始，至眼眉及鼻翼延长线交接点为眉毛所在，眉峰则在其2/3处。但这不是绝对的。你完全可以在悠闲的时日里多进行一些尝试，找出适合自己的漂亮眉形。如果你喜欢给人以豪爽的印象，就要把眉画得直一点；如果你喜欢别人觉得你温和善良，可以把眉描得弯一点；如果你想给人一种聪明能干的印象，可以把眉略微描得竖一点。

描眉前首先是设计眉形，以眉弓骨为中心，上下平衡是最理想的。对于不同脸形的人，在此基础上可进行演变。

如圆脸形人的眉毛稍向上挑，长脸形的眉毛可稍平些，额头较宽者眉形可设计得略长，双眼距离过远时还可适当加长眉头等。然后将少许清洁霜涂在眉毛上，用酒精轻擦局部皮肤，用镊子或小型止血钳拉紧皮肤后从内眼角处的眉毛开始，顺着眉毛生长的方向按已设计好的眉形修眉。

修眉时，眉头、眉弓的最高点及眉梢处应特别细致。

眉毛上下边不一定修得太整齐。整个眉形要体现出从眉头至眉梢逐渐变细。

两侧的眉形一定要修得高低宽窄一致。眉毛修好后，用酒精棉球擦拭消毒，待干后可少许涂些紧肤水，并用眉刷梳顺眉毛，使修整后的眉毛看上去更加柔和自然。

也许有的人会觉得眉毛不起眼，但是眉毛修饰得漂亮与否其实对一个人的形象也是十分重要的，所以，别让眉毛影响了你的形象。

眼部化妆的6个技巧

眼睛是个人形象的重点，它是最传神也是最有表情的部位。如果你想让你的形象更有魅力，那么一定不能忽视眼睛的美化。

具体来说，眼部的化妆有以下几个技巧：

1.两眼距离太近的化妆

两眼太靠近，会使人产生愤恨、忧虑之感，个人形象会大大扣分，必须通过眼部美化消除之。其要点是，把美化的重点部位放在两眼的外围。

在两眉之间，可用眉钳将多余的眉毛拔去，使两眼间的距离显得稍远一些。还应在双眼的内侧及鼻子外侧涂上粉底。

涂眼影时，可在上眼皮靠近睫毛处涂抹一层淡淡的明亮眼影，在其外部至眉骨处，涂以较柔的暗色调眼影。应将两者抹匀、揉开，以免留下较明显的分界线。

画眼线时，可从上眼睑内侧中央稍外处开始，往外画至眼角。

涂睫毛膏时，也应强调两眼的外侧部分。上下睫毛均应从靠外侧处开始逐渐加浓，便可将两眼距离拉远一些。

2.两眼距离太远的化妆

同两眼距离太近的化妆法相反，两眼距离太远的化妆的方法是把重点放在双眼的内侧。

选用的眼影宜为暗色调的。涂抹时，可从双眼间和鼻子外侧处，往上涂抹，至眉毛下部。靠近鼻子处的眼部宜抹稍深色调的眼影，令靠鼻子处感觉深而重；眼尾处则宜用稍柔和些的色调。

画眼线时，也宜用暗色调的眼线液。可从眼睑内侧内眼角处开始，较清晰地画至眼睑中央，再往外画时则逐渐变浅些。

可在眼睛中央加上假睫毛。涂睫毛膏时，也宜在睫毛中央部分涂刷。

3.眉毛与眼睛距离太近的化妆

眉毛与眼睛相距较近的人并不太多。化妆时，当然应尽量令人不去注意太窄的上眼皮，可用眉钳略微拔除一点双眉下侧的眉毛。

在涂眼影时，应选用中间色调、稍亮些的眼影，可涂在眉骨附近，切不可太靠近眼睑及眉骨。

画眼线时，应突出下眼睑的眼线。宜用蓝色的眼线液画眼睛内侧的眼线，可令眼睛白的部分明显、黑的部分突出，使人注意力集中在眼珠上。

涂睫毛膏时，可以涂浓一些，如能戴上假睫毛就更好了。

4.眼角下斜的化妆

利用化妆整理眼形，一个方法是强调原来的形象，加强自然印象；另一个方法则是适当改化，使它接近于标准眼形。有的人使用第二种方法，以化妆品来掩盖自己眼形的缺点，但旁人看来反而有失去了原来魅力的感觉。因此，下斜眼也未必一定要修整和改变，最好还是在自然印象上多花心思，化出适合自己的眼妆。

掩盖下斜眼，重点是眼头方向要有降低的感觉。化妆时眼头的眼线和眼影都要略微画低一点，而眼尾的眼线和眼影则略上扬，这样就平衡了。如果只顾改作上斜，把眼尾线向上扬，忽略了眼头的方向，是不会显得很自然的。相反，上斜眼的调整是把眼角上的眼影染高一点，眼睑、眼尾处的眼彩和眼线弄宽一点。

5.小眼睛的化妆

眼睛的大小，主要取决于眼裂的大小。要让小眼睛显大，就必须用视觉造型的手段，运用色彩与线条的变化，来增加小眼睛的神采，使小眼睛外形轮廓与眼部整体结构形成新的形象。但各人的眼形和条件不同，化妆的方法也不可能一样。

（1）涂眼影、画眼线、上睫毛液，使眼睛生动传神，以神韵和力度、色彩和光彩弥补眼睛小的不足，颜色和线条的深浅粗细要适度，不要过分。

（2）眉毛不要描画得太粗或者太深，这会使得眼睛在与眉毛的对比之下显得更加小而无力。眉毛应作为眼睛的陪衬，修饰得纤细、自然。

（3）可以强调眼睑的边缘线，即用画眼线的方法使眼睑放宽和加长。适当加深和画宽眼睑的边缘线，可以增大眼裂的视感，上眼睑的眼线在外眼角处极自然地向外侧延伸，也可以扩大眼裂。在画下眼线时适当浅淡一些，在外眼角处呈水平状逐渐消失，不必与上眼线汇合，以免使上下眼线将眼睑边缘框得过于死板。

（4）从上眼睑边缘开始涂深色眼影，慢慢向眉毛处逐渐变淡；下眼睑涂浅色眼影，有扩大巩膜之感。但是，用颜色改变眼形有一定的局限性，而且过分了会适得其反。如果下眼睑涂的颜色太浅就会成为难看的"翻眼皮"，所以，在色彩的深度、面积的大小上都要严格把握分寸。

（5）卷睫毛和涂染睫毛液，可以扩大眼睑缘轮廓线，使眼睛看上去显得大而亮。

6.圆眼睛的化妆

由于使用眼影会使眼睛看上去变宽一些，所以，圆眼睛的人应选用浅淡色调的眼影。

在涂眼影时，可以用一种颜色的眼影涂满整个眼皮，从眼皮中央开始向斜上方一直涂到眉骨处。在下眼睑中央以下至眼尾处，可用眼影抹成晕头，使上下眼线在眼尾处相交成三角形。而后，可用同色系的、较暗些的眼影涂在眼窝线上，其尾部应与眉毛平行。

画眼线时，整个眼睑均应画上，可用深色的眼线液，并往双眼眼角外稍稍延长画一点。

涂睫毛膏时，只在中间和外眼角涂即可，靠近内眼角的睫毛不宜涂，但内眼处应涂上少许。

第六章
拥有良好的气质修养，提升完美形象

把自己包装成"名牌"

吴坤是一家公司的业务经理，小伙子人长得帅，再加上一身笔挺的西服更衬得他成熟、有档次。无论是多么棘手的业务，只要他一出面马上成功。

吴坤刚来公司时和一般人一样都是从普通的业务员做起，每天出入写字楼和高档宾馆做业务，几个月下来却一件业务也没有做成。他无论如何都没有想到，是自身教养和形象问题影响了他业务的开展。

吴坤应聘到公司时，公司统一发了一套西服，但需交服装押金300元，他刚毕业，这是第一份工作，手头比较紧张，而且他嫌西服过于正式，干脆就不穿西服。吴坤平时喜欢穿休闲装，他觉得，一个男人穿着讲究的西服，却骑着一辆自行车，简直不伦不类，所以，上门谈业务时，他没有按公司的要求，而是一如既往的一身休闲装，同时，也不太在乎客户的感受，说话大大咧咧，行为举止显得十分不雅。

一天，当吴坤敲开一家客户的门时，女主人在门缝里对他说："你来晚了，我丈夫带着孩子到河边去了，你到那里去找他吧。"吴坤一听，就显得特别不高兴，这种情绪马上反映在脸上，他刚想发挥口才，但门已关上了。

当吴坤扫兴地走下台阶时，一个女孩儿冲他打招呼："嗨，能陪我打一会儿网球吗？"

反正业务也吹了，有漂亮女孩儿陪也好解闷儿。吴坤与女孩儿打了三局，女孩对他的球技非常欣赏。谈话中，吴坤告诉她自己是某公司的业务员，运气不好，一直未能说服客户。

女孩儿问吴坤："你平时也是这副表情，也穿休闲装与客户谈业务吗？"他点点头。女孩儿背起球拍对吴坤说："只有在网球场上我才理你，如果你是这样的脸色和行为举止以及这身打扮到我家谈业务，我才不会理你！"

真是这样的吗？第二天，吴坤换上一套西服，礼貌地再次敲响客户的门。这次还真的成功了，简直不可思议！从此他开始注重自己的仪表装束，业务进展很快，一年后当上了部门经理。

吴坤做业务，推销的是自己。推销自己首先要影响别人，只有用自身的形象打动他人、影响他人，才能成功做好业务。一前一后，两相对比，我们发现教养和形象对个人影响力的作用是巨大的，良好的形象更容易使别人认可你、接纳你，也愿意与你合作，相反，别人是不敢接近你的，又何谈影响别人呢？所以塑造非权力影响力，千万不能忽略形象问题。

现代社会人人都在推销自己、影响别人，形象便是个人的商标。要想成功地推销自己、影响别人，就要把自己包装成名牌，必须拥有良好的教养。

一个人的形象，并不是一句话、一个简单的穿衣和外表长相的概念，而是一个人的全面素质在行动中的展示。形象的内容包含得很丰富，它包括你的穿着、言行、举止、修养、生活方式、知识层次等，它们清楚地为你下定义：你的社会位置、你如何生活、你是否有发展前途……教养和形象的综合性和复杂性，为自身塑造成功的影响力提供了很大的回旋空间。

所以，从生活的各个方面做起，营造你更好的形象和教养，不断提升你的影响力，最终你将成为人人都喜欢的人。

◇你的形象价值百万 你的礼仪价值百万 你的口才价值百万

优雅的气质来自完美的内心

孔雀常为自己有一身美丽的羽毛而得意，它认为自己可与人类的皇后相媲美。遗憾的是，鸟类中几乎没谁把它当成最有气质的皇后来看待。

一天，有只鹤刚好经过孔雀身边。

"喂，你就不能停下脚步看我一眼吗？"正在开屏的孔雀喊住了步履匆匆的鹤。

"对不起，我还有很多事等着要做，没时间欣赏你的羽毛。"鹤说完，又迈开了大步。

孔雀却拦住了鹤的去路，并嘲笑它，讥讽它灰白色的羽毛，说："我的衣饰像个皇后，不仅有金色还有紫色，还具有彩虹所有的色彩，而你呢，你的翅膀上连一点点彩色也没有。"

"这一点儿都不错，但是我一飞上天，声音闻于星空，而你只能在地下来回闲逛。"

孔雀因为有一身漂亮的羽毛，就理所当然地认为自己最高贵、最有气质。它趾高气扬地去嘲笑鹤，却不知道气质来自于内在心灵而不是外表、衣饰。气质是内在的自然表现。

人们往往对举止粗鲁、不讲文明的人嗤之以鼻，即使这种人腰缠万贯，也没有人愿意把他们当上宾看待。但优雅的人则不同，即使他们没有钱，即使他们没有什么名声、地位，就凭他们的优雅举止，便能有一个良好的形象，足以赢得人们的尊重。

优雅是从内而外释放出来的气质，它来自你的内心。对于一个人而言，优雅的气质主要包括以下4个方面：

（1）吸引力。来源于内心的涵养、对礼仪的理解、优雅的谈吐和得体的穿着。

（2）良好的形象。包括仪容、仪表和仪态。

（3）好修养。包括品德修养和文化修养。

（4）好心态。是人们在感情、事业、生活中如鱼得水的保证，也是增添自身魅力的重要法则。

优雅是一种恒久的时尚，当优雅成为一种自然的气质时，这个人一定显得成熟、温柔，更加吸引别人的关注和喜爱。

美貌或许会离去，但是优雅的魅力历久弥新，所以，人必须学会改变自己，去读书、学习、发现、创造，它能让你获得丰富的感受、活跃的激情。要学会爱自己、赞美自己，善待自己也善待别人，让生活充满意义，让内心更加完美，让气质更加优雅。

优雅是不分阶层、贫富贵贱的，它是一种处乱不惊、以不变应万变的心态。真正的优雅来自完善的内心，是充实的内心世界、质朴的心灵形诸于外的真挚表现，是自信的完美个性的体现。而所有的这些都来自于你所受的教育、你的自身修养以及你对美好天性的培植与发展。

那么，什么样的人才是具备优雅气质的人呢？

1.装扮得体、举止大方

不可能每个人都拥有美貌。如果你的长相并不十分出众，那你就要懂得改变自己，弥补自己的先天不足，通过服装、发型等把自己装扮得体，显示出你特有的魅力。在言谈举止中要落落大方，既有女性的温柔，又有高雅的气质。人的高贵并非指要出身豪门或者本身所处的地位如何显赫，而是指心态上的高贵。高贵的人往往会给人生活的信心和勇气，因为他们生命里潜存着一种净化心灵、激励斗志的人性魅力。他们不媚俗、不盲从、不虚华，最让人欣赏。

2.富有同情心

优雅的人都有一份同情心，对弱者或是受到委屈的人们总会表示出由衷的同情，并理解他们，给他们以适当的安慰和帮助。

3.心地善良、宽容待人

善良是人的特性。假如你有一颗善良的心,并且待人宽厚,从不苛求他人,而且经常帮助一些老人、小孩子,那么,即使你不是很漂亮,你不俗的优雅气质依然会让人心动。

4.健康、开朗、乐观

身体是生活的本钱,只有健康才能让自己活力四射,趋于完美。优雅的人开朗乐观,遇到挫折时敢于认真面对,用他的韧性,在克服困难的过程中寻求属于自己的幸福。

5.有理想和自信

优雅的人对未来有着崇高的理想,他们追求事业上的成功,用充满自信的目光看待每一件事和每一个人。人们往往也更欣赏这种乐观自信的人。

6.兴趣广泛

优雅的人有着广泛的兴趣爱好,并能持之以恒。

人的美丽在于心灵之美。试问有哪个人不想成为优雅的人?那就从现在做起,丰富你的内心,塑造你的气质,做个优雅的人,打造良好的形象,让自己散发永久的魅力。

好的气质来自对真、善、美的追求

一个阴云密布的午后,大雨瞬间倾泻而下,行人纷纷逃到就近的店铺躲雨。这时,一位浑身湿淋淋的老妇步履蹒跚地走进费城百货商店。看着她狼狈的样子和简朴的衣裙,售货员对她很冷淡。

这时,一个年轻人诚恳地对她说:"夫人,我能为您做点什么吗?"老妇莞尔一笑:"不用了,我在这躲会儿雨,马上就走。"随即,老妇人又心神不定了。不买人家的东西,却借用人家的屋檐躲雨,太不近情理了。于是,她开始在百货店里转起来,哪怕买个头发上的小饰物,也能给自己躲雨找个光明正大的理由。

正当她两眼茫然时，那个小伙子又走过来说："夫人，您不必为难，我给您搬了一把椅子，放在门口，您坐着休息就是了。"

两个小时后，雨过天晴，老妇人向那个年轻人道了谢，并向他要了张名片，就颤巍巍地走了出去。

几个月后，费城百货公司的总经理詹姆斯收到一封信，写信人要求将这位年轻人派往苏格兰收取装潢一整座城堡的订单，并让他负责几个大公司下一季度办公用品的采购任务。詹姆斯震惊不已，匆匆一算，只这一封信带来的利益，就相当于他们公司两年的利润总和。

当他以最快的速度与写信人取得联系后，才知道这封信是一位老妇人写的，而她正是美国亿万富翁、"钢铁大王"卡内基的母亲。

詹姆斯马上把这位叫菲利的年轻人推荐到公司董事会。毫无疑问，当菲利收拾好行李准备去苏格兰时，他已升格为这家百货公司的合伙人了。那年，菲利22岁。

随后的几年中，菲利以他一贯的踏实和诚恳，成为"钢铁大王"卡内基的左膀右臂，在事业上扶摇直上、飞黄腾达，成为美国钢铁行业仅次于卡内基的富可敌国的灵魂人物。菲利29岁时，已经为全美国近百家图书馆捐赠了800万美元的图书，他希望用知识和爱心帮助更多的年轻人走向成功。

人的形象有外在形象与内在形象之分，而气质就是这种内在形象的最主要的组成部分，它虽然包括衣着与修饰方面的格调，但这格调无疑是源于内在。因为它不是毫无主见地模拟，而是通过个人的选择与认定。好的气质来自对真、善、美的不懈追求。

人的内在美是美的核心，人的素质是决定性因素。一个人外形无论修饰得多么靓丽，如果没有内在美也不会有风度、气质和魅力的。正是认识到内在气质是形象的主要决定力量，现在的许多形象设计也都渐渐地趋向于注重人体内在美的培养了。

一个人的成功，有时并没有想象中那么复杂，也不需要艰难历程，伟大生活的基本准则都包含在日常的言行之间。也许，正如上文菲利传奇的成功经历一样，一句亲切的话语、一个友善的致意或一项小小的援助计划，本身就蕴藏着成功的契机。因此，如果在生活中懂得处处为别人奉献爱心和真诚，不经意间你就会遭遇幸运之神。

善良是生命中的宝物，善良即是伟大。虽然善良的人并不具有丰功伟绩，但是他可以把人从痛苦的深渊中拯救出来，一个善意的举动足以改变一切。

毫无疑问，人人都希望自己在别人心目中的形象是"美"的。首先自己要追求美，然后才能把美化为自己形象的一部分。

对真、善、美的追求，使你拥有了善良的心地、宽广的胸怀、平和的处世态度。待人谦虚而有自信，积极向上而不嫉妒倾轧，欣赏别人的美而不自卑，了解自己的长处而不嚣张，勇于负责而不跋扈。这种优良的品德会形成一个人雍容典雅的气质。有这种气质的人自然举止从容，态度大方，而有一种高雅之美。

善恶相生相克，它们同时存于你的一念之间。心生恶念，你的世界就是地狱；弃恶从善，地狱也会变成天堂。在现实生活中，如果一个人始终保持一颗追求真、善、美的心，那么有什么困难不能克服呢？因为这种由内而外滋生的气质形象毫无疑问将吸引到别人的欣赏和帮助。

仁爱是一种拥有好形象的法则

曾经在拥挤的长途汽车中发生过这样一件事，让李刚至今想来还是感慨万千。

当时他的座位是临窗的三号，还没等他坐稳，一个踩他脚的小山似的女人，一屁股将四号座位压得"咯吱"一下子，李刚的地盘被她侵占去三分之一。盛夏乘车摊上这样的芳邻，他只能自认倒霉了。

他的这排座位是三、四、五号。五号座位上是位不满20岁的姑娘，一副近视眼镜架在高挺的鼻梁上，表情丰富的脸上清晰地写着对四号邻居的厌恶。原来，五号的"疆土"也遭到那女人的"扩张"。只见五号几乎愤然地急挥纸扇，把女人呛人的汗酸味扇到李刚这边来。李刚心中非常恼火，但又不便说她。

汽车在公路上飞驰，闷热的空气与发动机的"哼哼"声胜过催眠曲，车上的乘客有差不多半数在打盹。四号的眼皮也在合拢，小山似的身躯慢慢向五号倾斜。李刚说他当时真是幸灾乐祸起来，心里想着：身边女人灰衣服上那汗渍斑斑的"盐碱地"，可以从俏姑娘那里得到一点香水味了。

只一会儿，五号由表情讨厌到怒气升腾，从"厌而远之"到奋起反击：她架起胳膊肘顶四号的胖脸。然而四号的客人却是任你五号怎样明顶暗碰，都撞不开她的梦门。最后五号愤中生智，猛然一闪身，让四号趴扣在座位上，随之，车内一阵窃笑。

四号从突然破碎的梦中惊醒，艰难地支起身，很难为情地低下头玩起自己的胖指头来。

车行至某县城，那位五号姑娘也开始打盹，不由自主，她的秀发委屈地贴在四号的"盐碱地"上。渐渐地，五号的头滑到了四号的胳膊弯里了。李刚惊异地发现，那个胖女人并没有回敬姑娘一个闪身，反倒尽量保持平稳，让姑娘舒服地依着她。四号的右臂一定是很累了，她用左手去托扶着右臂。

不知怎么，李刚心里一下子泛起一股说不清的滋味，不禁对四号低声说："大嫂，弄醒她吧。"

她答非所问："俺家大妞也这般大，年轻人爱困。"

这位大嫂或许并不懂得什么人生大道理，但是她朴实无华的外表之下隐藏的是一颗金子般的"仁爱"之心，正是这颗心让她本不出众的形象灿烂生辉。

即使你外表再美，而你内心空虚、冷漠无情，那又有什么用呢？即使你家财万贯，却为富不仁，那你也不会赢得别人的真情。如果你有一颗仁爱之心，那么呈现在别人面前的也是一个宽厚爱人的高大形象。一颗美好的心灵与你的形象息息相关。

拥有"仁爱"之心的人才能胸襟开阔，真正地做到待人热情、友善、乐于助人，才能在人际交往中立于不败之地。遗憾的是，生活中有些年轻人对别人常抱有一种敌对情绪，不懂得用一颗仁爱之心拥抱生活，这样对己对人都是极为不利的。相反，拥有一颗仁爱之心的人才会让他们的形象更加深入人心，生活事业也都将眷顾于他。

学着去爱别人吧，你仁爱的形象会让你的人生之路走得更好。

谦虚是提升形象的一种大智慧

爱因斯坦是20世纪世界上最伟大的科学家之一。然而，在他的晚年，他还在不断地学习、研究。

当有人问他："您的学识已经非常具有影响力，何必还要孜孜不倦地学习呢？"爱因斯坦并没有立即回答他这个问题。他找来一支笔、一张纸，在纸上画上一个大圆和一个小圆，对那位年轻人说："在目前情况下，在物理学这个领域里可能是我比你懂得略多一些，正如你所知的是这个小圆，我所知的是这个大圆。然而整个物理学知识是无边无际的。对于小圆，它的周长小，即与未知领域的接触面小，它感受到自己的未知少；而大圆与外界接触的这一周长大，所以更感到自己的未知东西多，会更加努力地去探索。"

一席话真是令人回味无穷。爱因斯坦的形象不仅因为他取得的辉煌成就而伟大，更因为他孜孜不倦的追求和一如既往的谦虚而更加傲然。谦虚向来是有影响力的人具备的品德，是以一种退后的姿态提升形象的大智慧。古往今来，越伟大的人往往越谦虚。而我们平凡人也可以运用这一智慧来提升自己的形象，生活中的各个场所都可以是表现谦虚的平台。

工作中的谦虚就是当你身居某个有影响力的位置时，并不认为这个职位就非你莫属，离了你地球就不会转动，而是想到还有很多优秀人才也能胜任，只是缺少像你一样的机会，从而做到爱岗敬业、一丝不苟。

工作中的谦虚是当你取得某项成绩、获得某项荣誉时，并不认为就是一己之功，而是离不开领导的关爱、组织的培养和同事的协作，从而把鲜花和掌声当成一种鞭策和鼓励，当成新的开始。

"一分荣誉，十分责任；一分成绩，百倍虚心。"谦虚是在年终考核、民主评议，或在私下某个场合时，当有的人并非用心不良、居心叵测给你提出一些缺点和值得改进的地方时，你不会暴跳如雷、一触即发，而是认为自己确有不足和差距，抱着"有则改之，无则加勉，言者无罪，闻者足戒"的态度洗耳恭听，虚心接受。

事实上，没有一个人能够有足够的资本骄傲。因为任何一个人，即使他在某一方面具有影响力，也不能够说他已经彻底精通，任何一门学问都是无穷无尽的海洋，都是无边无际的天空……所以，谁也不能够认为自己已经达到了最高境界而停步不前、趾高气扬。如果是那样的话，则必将很快被他人赶上并超过。

虚怀若谷、虚心好学才能容纳真正的学问和真理，才能取人之长、补己之短，日益完善自己，从而拥有更美好的形象。

才情是一件美丽又耐穿的衣裳

才情是人们的魅力之本。才情就像一杯清香的茉莉花茶，意味深远，令人回味无穷。难怪有人说："才情是穿不破的衣裳。"

富于才情的人，善于对日常应用的思维方式和行为方式进行艺术的提炼。例如，遇人、遇事如何以有效的思维方式，迅速采用最恰当的接待方式，以便使行为方式表现出稳重有序、落落大方的风度。

富有才情的人，具有令人赏心悦目的优雅举止。他们待人接物落落大方，懂得尊重别人，同时也爱惜自己。

真正富有才情的人，具有一种大气而非平庸的小聪明，是灵性与弹性的结合。

具体来说，才情美的魅力主要体现在以下几个方面：

1.突出的个性

人的相貌往往具有最直接的吸引力，而后，随着交往的加深、广泛的了解，真正能长久地吸引人的却是他的个性。因为这里面蕴含了他自己的特色，是在别人身上找不出来的。正如索菲亚·罗兰所说："应该珍爱自己形体的缺陷，与其消除它们，不如改造它们，让它们成为惹人怜爱的个性特征。"

2.丰富的内心

有理想、有知识，是内心丰富的两个重要方面，这是现代人必不可少的。知识将使人的魅力大放光彩。除此以外，还需要宽广的胸怀。法国作家雨果说过："比大海宽阔的是天空，比天空宽阔的是人的胸怀。"

3.高雅的志趣

高雅的志趣会使你的气质锦上添花。每个人的气质不尽相同，这和人的人品、性情、学识、智力、身世经历和思想情操是分不开的。要想有优雅的气质和风度，就必须有良好的教育和修养。

4.优雅的言谈

言为心声，言谈是窥测人们内心世界的主要渠道之一。在言谈中，对长者尊敬，对同辈谦和，对幼者爱护，这是一个人应有的美德。

才情是天上的彩霞，具有才情的人的一抹微笑、一个眼神、一句睿智的话，都值得你回味、心醉。因此，多做一些有益身心的事吧，在潜移默化中培养你的才情，并成为一个富有才情的人。才情是一件美丽又耐穿的衣服，为你的形象恒久增色。

中篇

你的礼仪价值百万

第一章
你的礼仪价值百万

好礼仪是成功的"通行证"

在社会交往中,人们必须遵守一定的规矩和准则,才能体现人的优雅风范,才能保证文明社会得以正常维系和发展。礼仪,是人际交往的通行证,更是成功的通行证。

懂礼仪、讲礼仪是成功的基本要素。礼仪是通向成功的道路,例如在应聘的时候,"头三分钟是关键"。因为招聘时不可能给一个应聘者很多的时间,但头三分钟内他举手投足间表现的气质,待人接物的态度与方法却可以看出他是否就是聘者需要的人。所以,除了有比较扎实的专业基础与实践经验,还需要礼仪来美化个人。

美好的礼仪既可以美化你的形象,也可以美化你的人生。孟德斯鸠曾说:"我们有礼貌是因为自尊。礼貌使有礼貌的人喜悦,也使那些受人礼貌招待的人喜悦。"由此可见,一个人的礼仪无论是在生活、职场或者社交领域内都起着重要的作用,不仅可以使我们拥有一个优雅的生活环境,也为职场成功奠定了良好的基础,同时塑造了和睦、友好的人际关系。

古人云:礼之所兴,众之所治也。任何一个个人或者企业,一刻也离不开礼仪。对于个人而言,学习礼仪可以提高素质。一个知书不达礼的人,是不可能成功的。因为一个优秀人才,不仅应当有高水平的专业知识,还必须有良好的道德品质修养和礼仪修养。礼仪是良好品德修养的表现形式,也是良好道德品质养成的重要途径之一,良好的道德品质需用彬彬有礼的方式去体现。而对于一个企业,礼仪可以赢得合作伙伴更多的信任,维持良好的合作关系，并得到更多的支持。可见，学习礼仪，掌握行为准则，不仅可以丰富礼仪知识，塑造优雅形象，还可以为个人或者企业赢得一张通往成功的"通行证"。

漂亮潇洒是天生的，优雅风度可以后天培养

相貌漂亮潇洒，是天生的资本，举止优雅有风度却是后天培养的，即便是相貌再漂亮的人，若举止失态，也会令人生厌，而优雅风度却能赢得大家得尊重。如果把容貌和出身看成是一个人的先天资源的话，那么良好的礼仪就是后天资源，先天资源我们不能掌控，后天资源我们却可以通过学习获得。

良好的礼仪是每个人都具有的后天资源。如果你没有潇洒漂亮的外表，你可以通过修炼自己的举止修养，用良好的形象和风度为自己赢得成功。

现今社会上流行着一句话，礼仪是一个人最佳的推荐信。人无礼，无以立。懂得了礼仪就可以立身，走遍天下。优雅的风度和气质是礼仪素养的外在表现，容貌有形，优雅无形。容貌易逝，但优雅可以永存。

外表固然重要，但是一个人的优雅风度更重要。幸运的是，虽然我们不一定会拥有骄人的容貌，但通过学习和培养，我们可以拥有让人羡慕的优雅气质。优雅的风度和礼仪素养是每个人个性的沉淀。每个人的习惯、个性与内在修养不同，因而每个人表现在外面的风度就各不相同。无论你从事何种职业，何种年龄，只要努力提升，每个人都可以成为一个优雅知礼的人。

如何来提升自己的礼仪修养，培养出自己优雅的气质呢？

1.我们要努力地去丰富自己，提升自己

我们要提升自己的礼仪修养，就要从提升自己的内涵入手。优雅是一种由内而外散发的东西，要通过很多方面，经历很长的时间培养起来的，包括你接受的教育，你的品位，还有你后天的努力等等。外在美可能几个

小时就能学到，但是内在的优雅却是要修炼的，而且绝对需要时间的打磨。只要坚持下去，突然有一天，你会听到有人赞美你，"你的举止很优雅！"做到优雅出众，就要不断提高自己的知识、品德修养，不断丰富自己，多读书，多思考。阅读可以丰富你的头脑，同时也会增加你思维的敏捷度；思考会使你变得智慧，久而久之，也会提高自己的言谈和举止。也只有真正从内心改变自己，才能达到持久的效果。当然，谈吐和适当的装扮也很重要。说话时要注意分寸，巧妙措辞，避免使用一些低俗和粗鲁的语言，礼貌地回答别人的问题，使自己的言谈举止既大方得体，又不显得矫揉造作。同时还要多关注一些关于时尚、服饰、配饰方面的信息，要学会选择适合自己的服装，让自己出现在任何场合都能衣着得体。

2.要优化自己的内心世界

优雅来自一个充实向上的内心世界。如果一个人没有理想的追求，内心空虚贫乏，是谈不上优雅的。品德是优雅的另一重要方面。为人诚恳，心地善良是不可缺少的。文化水平也在一定的程度上影响着人的优雅。此外，还要胸襟开阔，内心安然。

3.用智慧提升自己

古人说胸有诗书气自华。读书可以明事理、慧心智，更重要的是能寻找自己的精神家园。阅读，可以改变一个人的灵魂、禀性、气质，皆会浸润在一个真正的读书人身上，并通过其言行举止不知不觉地透露出来。因此人要优雅与智慧，就离不开阅读。

4.注意自己对他人的态度

优雅也可以来自你的言行举止。待人接物时，要做到热情而不轻浮，大方而不傲慢，自然就表露出一种高雅气度。狂热浮躁或自命不凡，就是气质低劣的表现。要能稳定自己的情绪，能忍辱谦让，关怀体贴别人。忍让并非沉默，更不是逆来顺受，毫无主见。相反，开朗的性格往往透露出大气凛然的风度，更易表现出内心的情感。

5. 不要忽视仪表

在社交场合，必须注意仪表的端庄整洁。在社交活动时，适当地修饰与打扮是应该的。切忌在社交场合疲疲沓沓，不修边幅。

对内我们要提升内在素养，对外我们要塑造良好的形象，通过优雅迷人的风度和彬彬有礼的形象，让良好的礼仪素养为人生增添华彩。

从优秀到卓越，你要懂点礼仪

2008年11月5日正午，美国作出了一个伟大的决定，历史上第一次，一个黑皮肤的人站在美国的权力之巅，而又是什么让他感动了美国？

政界人士引领潮流风尚从来不是什么新鲜事，大选和时尚从来都是相辅相成的。

从参加美国大选的那一刻起，奥巴马的衣着打扮就成为普罗大众的穿衣风向标。其衣着和品位更是成为了大选中两大阵营明争暗斗比拼的焦点。美国作家马克·吐温说："着装成就人。"奥巴马的魅力让不少人觉得他连穿泳裤都比对手好看。有时，选举不完全是理性的行为，有时是感性的行为。在北卡罗来纳州的夏洛特举行的竞选集会上，奥巴马谈起逝去的祖母而当场潸然泪下，让在场所有人为他的眼泪而黯然神伤；而在"艾伦·德杰纳里斯"的舞蹈秀，他虽自叹不如妻子但无疑展示了领袖可爱的一面。有人曾夸张地说，奥巴马之所以能够在"超级星期二"后一口气拿下11个州的胜利，是因为其得体的举止能够"通吃"20岁至40岁间的女性选民。

奥巴马的成功当然不仅仅在于他的外表和能力，也在于他的礼仪素养，他永远都呈现出一副得体的姿态，谦和好礼帮助奥巴马获得了很多的支持，因而赢得大选。研究得出，一个人成功与否，与他所学的专业及才能仅有13%的关系，而和他能否拥有良好的人际关系，则有87%的关系。而是否懂得礼仪，直接影响人际关系。可以说，礼仪修养直接决定着一个人能否成功，礼仪是你质的飞跃的过程，想要从优秀到卓越，你必须懂得礼仪。

不可或缺的几项礼仪资本

礼仪是成就一生的重要资本，社会生活中，懂礼仪者在无形当中为自己增加了成功的砝码，而礼仪作为资本也包括诸多方面，概括而言，主要有以下几点：

1.得体的着装资本

古今中外，着装从来都体现着一种社会文化，体现着一个人的文化修养和审美情趣，是一个人的身份、气质、内在素质的无言的介绍信。从某种意义上说，服饰是一门艺术，服饰所能传达的情感与意蕴甚至不是用语言所能替代的。在不同场合，穿着得体、适度的人，给人留下良好的印象，而穿着不当，则会降低人的身份，损害自身的形象。

2.良好的仪容、仪态资本

好的仪容、仪态对人们参与社交的作用是不可轻视的，它在很大程度上影响着一个人的社交活动的效果。心理学研究表明，人们比较重视与不相识的人第一次见面后所形成的直观感觉，而这种感觉的效果的优劣直接影响到交往的继续进行。因此，端庄、整洁、美好的仪容、仪态，可以使别人对你产生好感，留下深刻而美好的首次印象，从而为交际活动打下基础。

3.优雅的谈吐资本

沟通是双方传递信息的桥梁，是双方思想感情交流的渠道。优雅的谈吐在人际交往中占据着最基本、最重要的位置。交谈是我们生活中一项必不可少的活动，从一个人的言谈间可以看出他的个人修养与气质。优雅的谈吐作为一种表达方式，能随着时间、场合、对象的不同，而表达出各种各样的信息和丰富多彩的思想感情。能为交往创造出和谐融洽的气氛，建立、保持、改善人际关系。

4.良好的习惯资本

良好礼仪习惯的养成，必须经过长期艰苦的实践锻炼才能达到。孔子常说："吾日三省吾身。"意思是说，一天之中要多次检查自己的言行是否符合"礼"。王阳明也要求人们有"省察克治之功"，细细检查反省自己，毫不留情地把自己身上的一切好利好名等非道义的东西全部"扫除廓清"。而良好的礼仪习惯，有助于提升个人修养，把自己培养成为具有高素质的人才。

5.高尚的品德资本

品德是一个人走向成功至关重要的因素。高尚的品德是礼仪修养的组成部分，每个人的成长轨迹，都会与其品性有着千丝万缕的关系。因为在社会这个群体组织里，个人品德决定着别人对自己的看法，大家对自己的认可程度，从而形成大家对自己的期待和认识，那么，无形中就确立了你在群体中的价值和地位。

第二章
相识礼仪：得体的谈吐为你加分

介绍礼仪，走向熟悉的第一步

无论是工作还是生活，经常需要在他人之间架起人际关系的桥梁。而介绍就是社交和商务场合中互相了解的一种基本方式，它是人们互相认识不可缺少的手段。正确的介绍可以使素不相识的人相互认识，商务人士也可以通过落落大方的介绍，显示良好的交际风度。在社交中，介绍通常包括自我介绍与他人介绍。

介绍：由陌生走向熟悉的节点

自我介绍通常适用于以下场景：在交往中与不相识者相处时，当不相识者要求自己作自我介绍时，当我们有求于人而对方对自己不甚了解时，旅行途中与他人不期而遇，并且有必要与之建立临时接触时，当我们需要自我推荐，自我宣传时，欲结识某些人或某个人，而又无人引见时。

他人介绍，又称第三者介绍，是经第三者为彼此不相识的双方引见、介绍的一种交际方式。他人介绍，通常是双方的，即对被介绍双方各自作一番介绍。有时，也可进行单向的他人介绍，即只将被介绍者中的某一方介绍给另一方。为他人作介绍时需要把握一些基本的礼仪要求。

了解和掌握介绍礼仪的基本技巧，有助于人们找到通往交际殿堂的钥匙，获得良好的"首因效应"，从而有机会拓展社会商业。本章主要讲述了自我介绍、为他人作介绍和集体介绍及介绍顺序的礼仪。

什么时候该作介绍

适当地介绍时机可以给对方留下深刻的印象，如果是对方正忙于工作，或是正与他人交谈，或是大家的精力集中在其他人或事情上的时候，此时介绍的效果一定不会好。因此，应该知道什么时候该作介绍。

一般如遇下列情况时，是自我介绍的适宜时机：

（1）初次登门拜访不相识的人。

（2）与不相识者处一室时。

（3）在聚会上与身边的陌生人共处。

（4）打算介入陌生人组成的交际圈。

（5）前往陌生单位，进行业务联系时。

（6）他人请求自己作自我介绍时。

（7）在旅途中与他人不期而遇而又有必要与之接触时。

（8）初次利用大众传媒，如报纸、杂志、广播、电视、电影、标语、传单，向社会公众进行自我推荐、自我宣传时。

在为他人作介绍时，如遇到下列情况，就有必要进行介绍。

（1）本人的接待对象遇见了其不相识的人士，而对方又跟自己打了招呼。

（2）陪同上司、长者、来宾时，遇见了其不相识者，而对方又跟自己打了招呼。

（3）在家中或办公地点，接待彼此不相识的客人或来访者。

（4）受到为他人作介绍的邀请。

（5）打算推荐某人加入某一方面的交际圈。

按照什么顺序介绍

有时需要介绍自己熟悉而对方互不相识的同事或朋友，很多人知道什么时候应该介绍，却不注意介绍的先后顺序，甚至可以说不懂介绍的顺序。一般来说，介绍时应该遵守如下礼仪规范：

1. 按身份介绍

如果需要介绍的双方在身份、地位上有差别，要先介绍位卑者给位尊者认识；非官方人士介绍给官方人士；介绍一般客人给身份较高的客人；介绍年轻的给年长的；介绍后辈给前辈；介绍公司同事给客户；介绍自己公司的同事给别家公司同行；本国同事介绍给外乡同事等。

2. 按性别介绍

把一位男士介绍给女士时，应先提女士的名字，然后再提男士的名字。如果你要介绍一男一女相识，而男士年纪比女士大得多，则应该是将女士介绍给这位男士，以示尊敬长者。

3. 介绍时的禁忌

切忌向有身份、有地位的人介绍他不屑于认识的人，这是社交场合的冒失行为，你要有把握不会引起对方的反感才行。

集体介绍，顺序有讲究

集体介绍是他人介绍的一种特殊形式，是指介绍者在为他人介绍时，被介绍者其中一方或者双方不止一个人，甚至是许多人。

集体介绍时的一般顺序是：

1. 双方人数差别较大

在被介绍者双方地位、身份大致相似，但双方人数有明显差别，应先介绍人数少的一方，后介绍人数较多的一方或多数人。

如果被介绍者在地位、身份之间存在明显差异，特别是当这些差异表现为年龄、性别、婚否、师生以及职务有别时，地位、身份明显高者即使人数较少，甚至仅为一人，仍然应被置于尊贵的位置，先向其介绍人数多的一方，再介绍地位、身份高的一方。

2. 被介绍的双方人数均多

双方介绍若需要介绍的一方人数不止一人，要按位次尊卑顺序进行介绍。先介绍位卑的一方，后介绍位尊的一方；或先介绍主方，后介绍客方的顺序。在有些场合下，也可采取笼统的方法进行介绍，如"她们都是我的同事"等。

3.人数较多的多方介绍

当被介绍者不止两方，而是多方时，应根据合乎礼仪的顺序，确定各方的尊卑，由尊至卑，按顺序介绍各方。如果需要介绍各方的成员，也应按由尊到卑的顺序，依次介绍。

另外，如在会议、比赛、会见、演讲、报告时，可以只讲主角介绍给大家，而不需要一一相互介绍。

礼貌用语，拉近人与人之间的距离

使用礼貌用语，是人类文明的标志，也是全世界共同的心声。使用礼貌用语不仅会得到人们的尊重，提高自身的信誉和形象，而且还会对自己的事业起到良好的辅助作用。

恰当使用文明用语

在我国，政府有关部门向市民普及文明礼貌用语，基本内容为5个词："请""谢谢""你好""对不起""再见"。在实际的社会交往中，日常礼貌用语远不止这5个词。归结起来，主要可划分为如下几个大类：

1.问候语

人们在交际中，根据交际对象、时间等的不同，常采用不同的问候语。例如在中国实行计划经济的年代，由于经济发展水平不高，人们面临的首要问题是温饱问题，因而人们见面的问候语是："你吃了吗？"今天，在中国不发达的农村，这句问候语仍然比较普遍，而经济比较发达的农村和城市，这句问候语已经很少听到了。

人们见面时的问候语是"您好""您早"等。在英国、美国等说英语的国家，人们见面的问候语根据见面的时间、场合、次数等不同而有所区别。如双方是第一次见面,可以说"How do you do"(您好),如果双方第二次见面,可以说:"How are you"(您好),如在早上见面可以说:"Good morning"(早上好),中午可以说:"Good noon"(中午好、午安),下午可以说:"Good afternoon"(下午好),晚上可以说:"Good evening"(晚上好)或"Good night"(晚安)等。在美国非正式场合人们见面时,常用"Hi、Hello"等表示问候。

2.欢迎语

交际双方一般在问候之后常用欢迎语。世界各国的欢迎语大都相同。如"欢迎您"(Welcome You),"见到您很高兴"(Nice to meet You),"再次见到您很愉快"(It is nice to see you again)。

3.敬语

敬语主要指的是在人际交往活动中蕴含着的对他人表示敬重、礼让、客气等内容的语言表达方式。敬语是谈吐文雅的重要体现,是展示谈话人风度和魅力的必不可少的基本要素之一,是尊重他人并获得他人尊重的必要条件,是人际交往达到和谐融洽境界的推动因素。

一般而言,敬语的类型可归结为这样几种:

(1)问候型敬语。

即人们彼此相见相互问候时使用的敬语,通常有:"您好""早上好""久违了"等等。问候型敬语的使用既表示尊重,显示亲切,给予友情,也充分体现了说话者有教养、有风度、有礼貌。

(2)请求型敬语。

请求型敬语就是在请求别人帮忙时所使用的一类敬语,这类敬语通常有"请""劳驾""请多关照""承蒙关照""拜托"等多种不同表达方式。

(3)道谢型敬语。

道谢型敬语是指当自己在得到他人帮助、支持、关照、尊敬、夸奖之后表达谢意时所使用的敬语,这类敬语最简洁、及时而有效的表达就是由衷地道一声"谢谢"。除此之外,属于这种类型的敬语还有"承蒙夸奖、不胜荣幸""承蒙提携"等。

(4)致歉型敬语。

在现代生活中,人际交往的层面不断扩大,人际关系的网络也日趋复杂,这使得人际的摩擦时有发生。而当自己的行为对他人造成伤害或消极影响时,最平常的致歉型敬语即是:"对不起""请多包涵""打扰您了""给您添麻烦了""非常抱歉"等。

当然在人际交往活动中,敬语的使用是非常普遍的,除了上述四种类型外,在这样一些场合下也常用敬语:如等待客人说"恭候";请人勿送说"留步";陪伴朋友说"奉陪";中途先走说"失陪";向人道贺用"恭喜";赞赏见解用"高见";欢迎消费者用"光顾";谈及老人年岁用"高寿";称小姐年龄用"芳龄";说他人来信为"惠书"等。但是不管运用何种敬语,在表达上都要注意:首先,敬语的使用要本着诚心诚意的原则,不能作为只是形式上的应付或敷衍塞责。其次,要根据不同对象,不同场合,不同氛围灵活掌握敬语的使用,既要体现出彬彬有礼,又要不落俗套。再次,使用敬语时还应认真、直接、直截了当,不要含糊不清,同时还要注意对方的反应,并辅之以必要的体态语言。总之要力求通过敬语的表达使从事人际交往的人们在心里产生反响和共鸣,达到感情的进一步交流。

4.谦语

谦语亦称"谦辞",它与"敬语"相对,是向人表示谦恭和自谦的一种词语。谦语最常用于在别人面前谦称自己和自己的亲属。例如,称自己为"愚",介绍亲属称"家严、家慈、家兄、家嫂"等。自谦和敬人,是一个不可分割的统一体。

尽管日常生活中谦语使用不多,但其精神无处不在。只要你在日常用语中表现出你的谦虚和恳切,人们自然会尊重你。

在社会交往过程中,常常会出现由于组织的原因或是个人的失误,给交际对象带来了麻烦、损失，或是未能满足对方的要求和需求，此时应使用致歉语。常用的致歉语有："抱歉"或"对不起"（Sorry），"很抱歉"（Very sorry, so sorry），"请原谅"（Pardon），"打扰您了，先生"（Sorry to have bothered you, sir），"真抱歉，让您久等了"（So sorry to keep you waiting so long）等。

真诚的道歉犹如和平的使者，不仅能使交际双方彼此谅解、信任，而且有时还能化干戈为玉帛。道歉也有艺术。

在人际交往中，有些人有时放不下架子或碍于面子，不愿直接道歉，这也是人之常情。其实，道歉的方式很多，道歉时可采用委婉的手法。例如：今天的交际对象是你以前曾经冒犯过的人，那么你可以说："真是不打不相识啊，俗话说得好，不是冤家不聚头，来让我们从头开始！"道歉并非降低你的人格，及时得体的道歉也充分反映出你的宽广胸襟、真诚情感和敢于承担责任的勇气。

有些时候，如果由于组织的原因或个人原因给交际对象造成一定的物质上、精神上的损失或增加了心理上的负担，在道歉的同时还可赠送一些纪念品、慰问品以示诚心道歉。

5.祝贺语

在交际过程中，如果你想与交际对象建立并保持友好的关系，你应该时刻关注着交际对象，并与他们保持经常性联系。例如：当你的交际对象过生日、加薪、晋升，或结婚、生子、寿诞，或是你的客户开业庆典、周年纪念、有新产品问世或获得大奖等，你可以以各种方式表示祝贺，共同分享快乐。

祝贺用语很多，可根据实际情况需要进行选择。如节日祝贺语："祝您节日愉快"（Happy the festival），"祝您圣诞快乐"（Merry christmas to you）；生日祝贺语："祝您生日快乐"（Happy birthday）；当得知交际对象取得事业成功或晋升、加薪等，可向他表示祝贺："祝贺你"（Congratulation）。常用的祝贺语还有："恭喜恭喜""祝您成功""祝您福如东海，寿比南山""祝您新婚幸福、白头偕老""祝您好运""祝您健康"。

此外还可通过贺信，在新闻媒介刊登广告等形式祝贺。如："庆祝大连国际服装节隆重开幕！""××公司恭贺全国人民新春快乐！"等等。总之，在当今社会，适时使用祝贺用语，对交际来说有百益而无一害。

6.道别语

交际双方交谈过后，在分手时，人们常常使用道别语，最常用的道别语是"再见"（Goodbye），若是根据事先约好的时间可说"回头见"（See you later）、"明天见"（See you tomorrow）。中国人道别时的用语很多，如"走好""慢走""再来""保重"等。英美等国家的道别语有时比较委婉，常常有祝贺的性质，如"祝你做个好梦""晚安"等。

7.请托语

在日常用语中，人们出于礼貌，常常用请托语，以示对交际对象的尊重。最常用的是"请"，其次，人们还常常使用"拜托""劳驾""借光"等，在英美等国家，人们在使用请托语时，大多带有征询的口气。如英语中最常用的"Will you please……""Can I help you？"（你想买点什么？）"Could I be of service？"（能为您做点什么？）以及在打扰对方时常使用"Excuse me"，也有征求意见之意。日本常见的请托语是"请多关照"。

8.称呼，拉近人与人的距离

在生活中，一句恰当温柔的称呼往往能拉近人与人之间的距离。亲切的称呼可以很好增进人与人之间的感情，也可以促进有效地沟通与交流。不懂称呼或不会称呼的人，称呼的名称或语气很生硬，甚至让人引起反感。

中国素有"文明古国、礼仪之邦"的美称，自古以来，在使用称呼时十分讲究。人际交往，礼貌为先；与人交谈，称呼在前。正确、恰当地掌握和运用称呼，是交往中不可忽视的一个重要环节。

在人际交往中，无论各国、各民族的习惯有差异多大，以礼相待总是相通的。当商界人士互相见面或被他人介绍时，依照常例，应起身站立，热情认真地向对方打个招呼，这是最普通的礼节。如果我们使用尊敬的亲切、儒雅的称呼，可以使交往的双方感情融洽、心灵沟通，并会缩短彼此间的距离。

在日常生活中，我们除了亲属外，还需要与社会上不同年龄、不同性别、不同行业、不同职务和职称的人交往。恰如其分、恰到好处地称呼别人，会给对方留下好印象。为此，我们首先需要了解有关称呼的礼仪规范。

工作中的称呼庄重而规范

在职场上，我们应当采用正式的称呼，以显示出庄重而规范。一般说来，在实际的工作中，大致有以下几类称呼：

1.职务性称呼

职务性称呼是工作中最为常见，它以交往对象的行政职务相称，以示身份有别并表达敬意。如，"董事长""总经理"等。这种只称呼行政职务的方式多用于熟人之间。

如果是在行政职务前加上姓氏，则适用于一般场合。如，"汪经理""李秘书"等。如果在行政职务前加上姓名，则多见于极为正式的场合。如，"王刚董事长""林荫主任"等。

2.职称性称呼

当我们在工作中遇到有中高级技术职称者，可用职称性称呼。尤其是在需要强调对方的技术水准的情况，更应这么做。

一般的，熟人之间经常仅称技术职称。如"总工程师"；在技术职称前加上姓氏，多用于一般场合。如，"严律师"；在行政职务前加上姓名，则常见于十分正式的场合。如，"李静伟研究员"。

3.学衔性称呼

学衔性称呼以示对对方学术水平的认可和对知识水准的强调。它适用于一些有必要强调科技或知识含量的场合。熟人之间仅称学衔，例如，"博士"。一般性交往常常在学衔前加上姓氏，例如，"侯博士"。较为正式的场合常在学衔前加上姓名，例如，"侯钊博士"。

4.行业性称呼

当我们在不了解交往对象的具体职务、职称、学衔，有时不妨直接以其所在行业的职业性称呼或约定俗成的称呼相称。

一般情况下，常以交往对象的职业称呼对方。例如，可以称教员为"老师"，称医生为"大夫"，称警察为"警官"，等等。此类称呼前，一般均可加上姓氏或姓名。

当然也可以其约定俗成的称呼相称。例如，对公司、服务行业的从业人员，人们一般习惯于按其性别不同，分别称之为"小姐"或"先生"。在这类称呼前，亦可冠以姓氏或姓名。

正式场合的称呼避免有失尊敬

有时候，我们在称呼对方时要尽可能地使用较为正式的称呼，尤其是在较为严肃的场合，更应如此，以示尊重对方。如在公务交往中称呼不当，将有失敬于被称呼者。因此，我们要切记不可犯了下面几类忌称：

1.错误的称呼

有些人在称呼对方时往往是粗心大意、用心不专，结果导致错误地称呼。常见的有误读，由于之间不认识被称呼者的姓名，而念错了对方的姓名。我国人名中的一些姓氏本身就是多音字，很容易被人误读。

2.不适当的称呼

不适当的称呼多是在正式场合使用了不当的称呼。如有人在正式场合，以"下一个""12号"等替代性称呼去称呼他人；如同事之间使用的非正式的简称应用于正式场合也不够恰当，如把"范局长"简称为"范局"，把"周校长"简称为"周校"等，均不可使用于正式场合。

3.不通行的称呼

有一些称呼，仅仅适用于某一地区，或者仅仅适用于国内。一旦超出一定范围，就有可能产生歧义。如，北京人称别人为"师傅"，山东人则习惯于称呼别人为"伙计"，这类地区称呼在其他地区往往难以"畅行无阻"。

另外，在国内，"同志"是常用的称呼，但绝对不宜用于称呼一般的外国人。

4.庸俗性的称呼

在公务交往中，一些庸俗而档次不高的称呼，绝对不宜使用。在正式场合，不论对外人还是自己人，最好都不要称兄道弟。动辄对他人以"朋友""兄弟""死党""哥们儿""姐们儿"相称，往往只会贬低自己的身份。张口闭口"张哥""李姐""王叔"，不仅不会使人感到亲切，反而会让别人觉得称呼者的格调不高。

5.绰号性的称呼

一名有教养的人绝对不可擅自以绰号性称呼去称呼别人。尤其是一些对他人具有侮辱性质的绰号，则更是应被禁止使用的。因此，不管是自己为别人起的绰号，还是道听途说而来的绰号，都不宜使用。

涉外交往中的称呼根据对象区别对待

由于世界上各国的文化差异及习俗、宗教等方面的差异，在称呼上往往与国内常用的称呼有所不同。在与国际友人交往时，准确地称呼是对对方最基本的尊重。

在一般性的涉外交往中，根据交往对象的职业或其他属性的不同，对对方的称呼应有所区别。

1.商界人士

称呼商界人士时，多以"女士"或"先生"来称呼对方，同时加上对方的姓氏或姓名。例如，"玛丽小姐""比尔·盖茨先生"，等等。需要注意的是，在有些国家，人们并不习惯于称呼交往对象的行政职务。

2.政界人士

与政界人士打交道时，一般称呼行政职务，还可同时加上"小姐""女士"或"先生"等称呼。如果对方的职务较高，也可称呼为"阁下"。例如，"总理先生阁下"。但在美国、德国、墨西哥等国家，却并无"阁下"之称。

3.军界人士

与军界人士交往时，多习惯于称呼其军衔，而不称呼其职务。有时只称呼军衔，例如，"将军"等；也可在军衔之后加上"先生"，如，"少校先生"；也有的是在军衔之前加上姓氏，如，"朱可夫元帅"；如果将军衔与姓氏、"先生"一起相称最为正规，如，"布莱德雷上将先生"。

4.社交界人士

"小姐""女士""先生"等称呼适用于一切社交场合。在一些国家称呼妇女时须谨慎：已婚者应称之为"夫人"，未婚者应称之为"小姐"，在不知其婚否的情况下多以"女士"相称。

在大多数情况下，"小姐""夫人""女士""先生"均可与姓氏或姓名一并称呼。与姓氏合称，适用于一般场所。与姓名合称，则显得非常正式。

5.王公贵族

称呼来自君主制国家的王公贵族时，必须采用其规范性称呼。"陛下"是对国王、王后的称呼；对国君之母，应称之为"王太后"或"太后"；"殿下"通常用来称呼王子、公主及国王的兄妹；对拥有爵位、封号者，则必须直接以其爵位、封号相称。例如，"大公""勋爵""爵士"等。在某些国家，拥有爵位的贵族亦可被称为"阁下"或"先生"。

6.社会主义国家或兄弟党人士

对此类人士，一般可以称之为"同志"。"同志"这一称呼，大都可与姓氏或姓名构成合称。需要注意的是，"同志"这一称呼不宜滥用。

7.其他人士的称呼

对宗教界人士，一般只宜称呼其神职。对教育界、科技界、卫生界、司法界人士一般应以其职称、学衔为主要内容。

握手礼仪，尊重从掌心传递

据说早在人类的远古时代，握手礼仪就产生了。当时，人类的生活还处于狩猎和战争环境中，人们手上经常拿着石块或棍棒等武器。当他们遇见陌生人时，如果大家都无恶意，就要放下手中的东西，并伸开手掌，让对方抚摸手掌心，表示手中没有藏武器。这种习惯逐渐演变成今天的"握手"礼节。

握手：从掌心开始的交流

在现代交往中，握手是一种礼仪，通常是在相见、离别、恭贺或致谢时相互表示情谊、致意的一种礼节，双方往往是先打招呼，后握手致意。

一般说来，握手往往表示友好，是一种交流，可以沟通原本隔膜的情感，可以加深双方的理解、信任，可以表示一方的尊敬、景仰、祝贺、鼓励，也能传达出一些人的淡漠、敷衍、逢迎、虚假、傲慢。

人与人之间、团体之间、国家之间的交往都赋予这个动作丰富的内涵。握手的次数也许数也数不清，印象深刻的可能只有几次：第一次见面的激动，离别之际的不舍，久别重逢的欣喜，误会消除、恩怨化解的释然，等等。

握手时，双方距离1米为宜，双腿立正，上身略略前倾。手掌和地面垂直，手尖稍稍向下，从身体的侧下方伸出右手。伸手时，四指并拢，拇指适当张开，再以手掌与对方的手掌相握（拇指根部相抵）。

握手的礼仪细节：

（1）握手时注意力度，过轻或过重都是失礼的，一般以上下摇动1~3次为准。握手时最佳的做法是稍微用力，但不能太狠。有的人为了表示自己的热情而刻意用力握手，其实握手无力确实是一种缺乏热情的体现，但是每个人本身握手的自然力度其实可以在其外表个性和自然表现中察觉，过于刻意的用力握手是完全可以轻易被人察觉，这样的力度不但不会为"热情"加分，反而有些失礼会减分。

（2）一般和人家握手时间不能太短也不能太长，所谓"过犹不及"。一般和人握手最佳的做法是三到五秒钟，当然也不要一碰就跑，如果是表示鼓励、慰问和热情，而且又是熟人的情况，时间可以稍微延长，但最长也不应长过30秒。跟任何人握手，时间是很重要的一个点。例如，不太懂礼仪的男士握着女士的手长时间不放，这反而是一种不尊重。

（3）在社交场合，握手时谁该先伸出手是礼仪规范的重点，通常应该按照以下的次序：应由职位或身份高者先伸出手；女士先向男士伸手；已婚者先向未婚者伸手；年长者先向年幼者伸手；长辈先向晚辈伸手；上级先向下级伸手；主人先向客人伸手；客人告辞时，应先伸出手来与主人相握。

（4）握手时双目应注视对方，微笑致意或问好。与别人握手时不能三心二意、东张西望；不要用左手与他人握手；不要在握手时争先恐后；不要在握手时戴着手套；不要在握手时戴着墨镜；不要在握手时将另外一只手插在衣袋里；不要在握手时面无表情，不置一词。

如果在抽烟时需要与人握手，千万不要换手持烟去握手，而是应该把烟放下，再伸手相握。在任何情况下拒绝对方主动要求握手的举动都是失礼的。

握手的手位方向

握手礼仪之中，手位也是有讲究的，就是手伸出来的伸法。一般情况下，标准化的手位应该是手掌与地面垂直，无论是掌心向下还是向上的手位都是禁忌而不可取的：

（1）掌心向下：掌心向下给人一种傲慢的感觉，自认为是大人物，"俯视芸芸众生"。掌心向下只有交警指挥交通时才会见到。

（2）掌心向上：一般情况下掌心向上是表示谦恭。但平时最好别伸，搞不好就成"乞讨状"。一双手同时握住对方的手的手位在专业讲法叫"手套式握手"，又叫"外交家握手"。除非是熟人之间表示故友重逢、认真慰问或者热情祝贺，外人不用这种方式，尤其是对异性。一般而论，我们是用一只手去握对方的一只手，手掌握着对方的手掌，而不是握人家的手腕，除非人家没有手掌，但也不要仅仅握对方的手指部分。

应当握手的场合

握手原本是一种动作问候的方式，它多以配合语言问候为主，可以进一步加深双方感情。但握手的时机和场合不当，也会产生误会，以造成不必的麻烦。因此，握手的场合也有讲究，一般来说，下列场合应当与别人握手：

1. 见面的场合

遇到较长时间未曾谋面的熟人，应与其握手，以示因久别重逢而万分欣喜；

在社交性场合，偶然遇上了同事、同学、朋友、邻居、长辈或上司时，应与之握手，以示高兴与问候；

被介绍给不相识者时，应与之握手，以示结识对方的高兴心情，并为此深感荣幸。

2. 道别的场合

在比较正式的场合同相识之人道别，应与之握手，以示自己的惜别之意以及希望对方珍重之心；

拜访他人之后，在辞行之时，应与对方握手，以示"再会"；

在重要的社交活动，如宴会、舞会、沙龙、生日晚会开始前与结束时，主人应与来宾握手，以示欢迎与道别。

3.表达感谢时

当他人给予自己一定的支持、鼓励或帮助时，握手，以示衷心感激；

他人向自己表示贺喜、祝贺之时、赠送礼品或颁发奖品时，应与之握手，以示谢意；

应邀参加社交活动，如宴会、舞会、音乐会之后，应与主人握手，以示谢意。

4.传递情感时

向他人表示恭喜、祝贺之时，如祝贺结婚、生子、晋升、升学、乔迁、事业成功或获得荣誉、嘉奖时，应与之握手，以示贺喜之诚意；

对他人表示理解、支持、肯定时，应与之握手，以示真心实意；

向他人赠送礼品或颁发奖品时，应与之握手，以示郑重其事；

得悉他人患病、失恋、失业、降职、遭受其他挫折或家人过世时，应与之握手，以示慰问。

不宜握手的场合

握手双方原本是在表达一种友好热情的态度，但如果在不宜的场合，反而给人造成不便。让对方处于在下述这些时刻或场合，因种种原因，不宜同交往对象行握手礼。

1.对方不能握手

当对手是手部残缺或者手部有伤时，都不应与对方行握手礼，否则只能让对方处于尴尬的境地，从而给对方造成不同程度的伤害。另外，当对方手部负重或者携带物品时也不宜行握手礼。此时，可采用对方理解的方式向其致意。

2.对方忙碌中

如果对方正在忙于工作或者其他事务，如打电话、用餐、喝饮料、主持会议、与他人交谈等场合下都不宜行握手礼。另外当对方所处环境不适合握手时，如对方与自己距离较远一时又难以近距离接触时，可向对方点头致意等。

握手次序遵循"尊者决定"的原则

日常生活中，我们在与人见面或道别时，总会习惯性地与对方握手，却不知道握手也有讲究。根据礼仪规范，握手时双方伸手的先后次序，应当在遵守"尊者决定"原则的前提下，具体情况具体对待。

"尊者决定"的意思是说，通常应由位尊者首先伸出手来，即尊者先行。位卑者只能在此后予以回应，而绝不可贸然抢先伸手，否则就是违反礼仪的举动。因此，当两人握手时，首先应确定握手双方彼此身份的尊卑，然后由此而决定伸手的先后。

在握手时，之所以要遵守"尊者决定"的原则，因为握手往往意味着进一步的交往的开始，如果位尊者不想与位卑者深交，便大可不必伸手与之相握。换言之，如果位尊者主动伸手与位卑者相握，则表明前者愿意与后者有下一步的交往。

握手次序遵循"尊者决定"的原则，既是为了恰到好处地体现对位尊者的尊重，也是为了维护在握手之后的寒暄应酬中位卑者的自尊，从而可以使双方避免不必要的尴尬。

个人和群体握手的顺序：

（1）由尊而卑：如果在场的人是一个单位的或一个家的人的话，地位高低是很容易分清的。握手由地位高的开始依次往下排。

（2）由近而远：周围有四五个人，或者在宴会厅门口排队，领导排队迎候客人，就不能跳越，应该伸手和最近的人开始握手。群体和个体握手，个体没有伸手，群体的同志就不能先伸手。（举例：某个体到一个公司去作报告，主人派一个司机和一个女办公室主任随同专车来接，个体应该先和女士握手,但司机却先伸手了,这让个体很尴尬。)

（3）顺时针方向前进:围在一个圆桌上,或者坐在一个客厅里面,四面都有人,握手的标准化做法是主人先和自己右手的人握手(右手的人一般是主宾),然后按顺时针方向前进。顺时针方向前进从国际上来讲是一种比较吉利的方向。一般在社交场合人们不喜欢倒时针走,除了运动会入场式或轿车在酒店大堂停车(交通规则要求)、追悼会或遗体告别等情况外。

握手的不雅姿势与禁忌

正确的握手姿势不仅是联络感情,加深理解的一种有效的问候方式,而且还有利于双方从利用肢体语言来沟通心灵。在社交中,如果我们误用了不正确的握手姿势和对方握手,势必会造成对方的反感,从而影响交往的正常进行。

1.双手迎握

双手迎握,即用双手握住对方的一只手,它能让被握的人感觉受到特别的重视。常出现在领导人照相的场合。但也成为一种"社交自杀行为",因为如果你和一个刚刚认识的人这样握手,往往会被对方认为你有些虚伪。

如果你与一个深入交谈过并互生好感的人在即将分开时这样握手,则会给对方留下非常深刻的印象。但对于异性,最好不要这样握手。

2.死鱼式握手

死鱼式握手也叫轻微式握手,是说在握手时只轻轻握住对方的手指部位,而不是把对方的整个手掌握住。这样会给人敷衍之嫌,尤其是当眼睛又不注视对方,随便轻轻碰一下对方的指尖就松开,是一种不尊重对方的握手方式。

3.折筋断骨式握手

有人在握手时，习惯用力紧握住对方的指关节。这种握手方式表露出专横、傲慢和盛气凌人的信息。容易被人误认为挑衅，好像表示你要在气势上压倒对方。当一个人采取这种方式与他人握手时，他的双臂往往也是僵直的，这同样说明了他希望与对方保持一定距离。

还有人在握手时，用一只手扶住对方的肘部，这个动作会让人觉得你是一个过分热情、神经紧张的人。同样会让人感到有点虚情假意。

除了握手的不雅姿势外，还有一些握手禁忌需要掌握：

（1）最重要的禁忌，心不在焉：不看着对方，心不在焉的握手不如不握。

（2）除非没有右手，否则必须伸出右手：一般握手，尤其跟外国人握手，如印度人，左右两只手往往有各自的分工，只用右手行使礼节；另外在英语文化中"右"是上位，是好的位置；而"左"是下位，是不好的位置。

（3）握手时戴手套：国际惯例只有女士在社交场合戴着的薄纱手套可以不摘。此外一般用的御寒的手套一定要摘。

（4）在国际交往中，尤其是到西方国家去，握手要避免所谓双手交叉握着对方的双手，即所谓"交叉握手"。

特殊场合下的问候

寒暄问候多作为交谈的"开场白"来被使用的。寒暄问候可以有效地在人际交往中打破僵局，缩短人际距离，向交谈对象表示自己的敬意，或是借以向对方表示乐于与结交之意。

寒暄问候：打破商务往来中的尴尬

寒暄问候得体与否，往往是能否给对方一个良好心理暗示的重要因素。因此，在与他人见面之时，若能选用适当的寒暄语，往往会为双方进一步的交谈，做好良好的铺垫。反之，在本该与对方寒暄几句的时刻，反而一言不发，则是比较无礼的。

寒暄语的使用应根据环境、条件、对象以及双方见面时的感受来选择和调整，没有固定的模式，只要见面时让人感到自然、亲切、没有陌生感就行。寒暄问候态度要真诚，语言要得体，客套话要运用得妥帖、自然、真诚，言必由衷，为彼此的交谈奠定融洽气氛。要避免粗言俗语和过头的恭维话。

寒暄问候还要看对象，对不同的人应使用不同的寒暄语。在交际场合，男女有别，长幼有序，彼此熟悉的程度也不同，寒暄时的口吻、用语、话题也应用的不同。

第三章
中餐礼仪：开席前的讲究

中餐就座礼仪：座次体现高低尊卑

一次，小西参加别人的70岁大寿的生日宴会，由于堵车迟到，小西到现场时参加宴会的人已经来得差不多了，小西想趁着没人注意，闪进场再找个空位坐下来，可是目光所及之处都是人，根本不见有空位。突然，小西看到一个空座，他赶紧三步并作两步走，以迅雷不及掩耳之势入座，并与同桌的客人打招呼，同桌的客人尽管都给予了回应，但表情都十分勉强。小西只当那不过是别人不认识自己的正常反应，也就不多想了，安下心来等待开席。过了一会儿，小西感觉众人都将目光转向他，心里正纳闷儿呢，这时，有一位先生指了指他身后，小西转过身一看，只见后方墙壁上竟挂着巨大的红色"寿"字，原来小西情急之下竟坐了寿星公的位置，他顿时感到脸上火辣辣的，尴尬地站了起来，在好心人的指点下找了个角落的位置坐下。小西心想："唉！要是有个地洞，我一定钻进去。万众瞩目啊！脸丢大了！"

小西由于疏忽大意，一不小心，喧宾夺"座"，惹来众人"关注"的眼光，场面好不尴尬。尽管小西此举是无心之过，可在场的其他与宴者不会这么认为，他们只会觉得小西是个不懂座次之礼的人。何为座次之礼呢？在我们参加宴会时，除了要知道自己当天所扮演的角色外，还要了解男、女主人在餐桌上的位置，男女主宾的位置，以及其他男女陪客的位置，然后再按照自己所扮演的角色入座，切不可像小西一样做出喧宾夺"座"的行为来。那么，到底怎么坐才不会失礼呢？饭桌上的排位礼仪是怎样的呢？

座次的安排，看似简单，却在中国传统的"食礼"中占有重要的地位。自古在饭桌上就有"英雄排座次"的说法。直到今日，餐桌、餐椅的形状已经演化得更加美观大方，西式风格更加流行，但传统的座次礼仪仍然受到人们的尊崇。

1. 宴会桌次排列的礼仪

在中餐宴请活动中，往往采用圆桌布置菜肴、酒水。排列圆桌的尊卑次序，有小型宴请与大型宴会两种情况。

（1）小型宴会的桌次排列。由两桌组成的小型宴请是比较常见的宴请模式。这种情况，又可以分为两桌横排和两桌竖排的形式。当两桌横排时，桌次是以右为尊，以左为卑。这里所说的右和左，是由面对正门的位置来确定的。当两桌竖排时，依距离正门的远近而定，离门越远的桌次为尊，而离门越近的桌次则越低微。

（2）大型宴会的桌次排列。如果宴会的规模较大，桌次达到三桌或三桌以上，在安排桌次时，除了要注重"面门定位""以右为尊""以远为上"等规则外，还应兼顾其他各桌距离主桌的远近。通常，距离主桌越近，桌次越高；距离主桌越远、桌次越低。

此外，在安排桌次时，所用餐桌的大小、外形要基本一致。除主桌可以略大外，其他餐桌都不要过大或过小。

（3）设置桌次牌。为了确保在宴请时赴宴者及时、准确地找到自己所在的桌次，可以在请柬上注明对方所在的桌次、在宴会厅入口悬挂宴会桌次排列示意图、安排引位员引导来宾按桌就座，或者在每张餐桌上摆放桌次牌（用阿拉伯数字书写）。

2. 座次排列的基本原则

宴请宾客时，每张餐桌上的具体位次也有主次尊卑的区别。排列位次的基本原则有五条，它们往往会同时发挥作用。

（1）主人大都应面对正门而坐，并在主桌就座。

（2）举行多桌宴请时，每桌都要有一位主桌主人的代表在座。位置一般和主桌主人同向，有时也可以面向主桌主人。

（3）各桌位次的尊卑，应根据距离该桌主人的远近而定，以近为上，以远为下。

（4）各桌距离该桌主人相同的位次，讲究以右为尊，即以该桌主人面向为准，右为尊，左为卑。

（5）每张餐桌所安排的用餐人数应限在10人以内，最好是双数。比如，六人、八人、十人。如果是比较重要的宴会，最好让餐厅准备备用桌次。否则人数过多，宾客都挤在一起，既不舒服，也不体面。

不同情况下的座次排列如下：

（1）每桌一位主宾的排列方法。

这种排列的特点是每桌只有一名主人，此时，主宾在右首就座，每桌只有一个谈话中心。

（2）每桌两位主宾的排列方法。

这种排列的特点是主人夫妇在同一桌就座，以男主人为第一主人，女主人为第二主人，主宾和主宾夫人分别在男女主人右侧就座。每桌从客观上形成了两个谈话中心。假如主宾身份高于主人，为表示尊重，也可以安排在主人位子上坐，而请主人坐在主宾的位子上相陪。

中餐环境礼仪：如何布置良好的就餐环境

现代人讲究"吃文化"，所以宴请看重的不仅仅是"吃什么"，更重要的是吃的环境。要是用餐地点档次过低，环境不佳，即便菜肴再有特色，也会令宴请效果大打折扣。因此，在尽可能的情况下，一定要争取选择清静、幽雅的用餐地点，要让与宴者吃出档次、吃出身份。宴请贵宾，可以到具有古朴装修以及精致菜品的高档饭店，不管是那里的环境、服务还是口碑应该都会让其感受到你对他的重视；宴请川西情节颇浓的客人，具有巴蜀风情的旗舰店更能让人印象深刻；宴请喜欢欧式装修的客人，精致的西餐厅是个不错的选择；宴请喜欢清静、对菜品也十分讲究的客人，典雅的农家食府就可以了；想让客人在平和中感受一分大气，满庭芬芳的酒楼他应该会喜欢；想给客人呈上一次视觉盛宴，花园式的餐厅是个好去处；如果客人对传统文化感兴趣，"御膳房"既能让人感受宫廷的大气，又能享受到各种御膳；要是客人非常注重商务宴请的私密性，高级酒店很适合；如果客人比较小资，喜欢时尚，那么尽可以邀请他到时下流行的餐厅或饭店就餐。

商务宴请中菜品也是十分重要的。宴请喜欢葡萄酒或是对葡萄酒有讲究的客人，可以选择领地庄园；宴请喜好海鲜的客人，选择红高粱这样的海鲜酒楼是最适合不过的了；要是客人想吃到最具专业精神的生蚝，不妨到最好的海鲜馆。

除此之外，宴请客人还有一些其他注意事项，比如：

（1）官方正式、隆重的宴会一般应安排在政府的宴会场所或客人下榻的酒店内举行。

（2）举行小型正式宴会，宴会厅外应另设休息厅，供宴会前宾主简短交谈用，待主宾到达后一起进宴会厅入席。

（3）选择一处大家都喜欢的地点就餐，让聚会中的每个人都有宾至如归的感觉。

（4）请熟悉的人去不熟悉的饭店，请不熟悉的人去熟悉的饭店。对熟人（包括家人朋友），可以去以前没去过的饭店尝尝鲜、探探路，熟人在一起就不必拘束，可随意问价、临时调换地点等。而请不熟悉的和重要的客人则要求对饭店的菜点、服务质量等了然于胸，这样才能更好地为请客的目的服务，所以应该去一个熟悉的、信誉好的饭店。

中餐菜肴选择礼仪：菜品的选择

宴请选菜不应以主人的爱好为准，而应主要考虑主宾的喜好与禁忌。宴请点菜有不少讲究。

像专业点菜师那样点菜

要想成为点菜高手，不是那么容易的事情，可是秘书谢小姐，却是个点菜行家，她总是能够像专业的点菜师一样点得让人满意。她是怎么做到的呢？

谢小姐是公关部经理的秘书，她的工作性质决定了她得常常负责饭局宴会的筹备工作，领导一般只会交代她去办一桌席，而不会具体交代怎么办的细节，谢小姐每次都能顺利完成这个任务，办出一桌漂漂亮亮的宴席来，她说：

点菜其实并不难，知己知彼方可百战不殆，掌握同席之人的口味是第一步。

如果是两人共餐，其中有女性，可以点一荤一素两个冷菜，或加上一个卤水菜肴，再点一个高档的蔬菜、一个海鲜、一个荤素小炒即可。如果是那些注重美食、营养的人，各自再加一个小炖盅就可以吃得风光而体面了。

如果是与生意上的客户共进晚餐，在双方不熟悉的情况下，点菜点得恰到好处，凉热荤素、鸡鸭鱼肉搭配得当是非常关键的问题。一般工作餐会是三五成群，所以点的冷菜不仅要有海鲜、卤水，最好还要有一些别致的小菜。而热菜要有一道高档海鲜，外加两道荤素小炒，一道带肉主菜，一道清口蔬菜，汤煲、点心、水果各一道即可。

当然，在点菜前一定要先问问桌上同餐者有没有什么人有特殊忌讳，比方说素食者、不食牛羊肉者、不吃辣椒者、不吃海鲜者等。做到心中有数，点菜时就可以兼而顾之，不会有人大快朵颐，有人停箸默然。

另外，从营养的角度来看，要注意膳食平衡，即注意谷、果、肉、豆等各类食物品种齐全、比例适当。根据就餐者的年龄、个人嗜好、身体状况及就餐季节，点菜时应注意以下方面：

首先是荤素搭配：对海鲜、畜肉、禽肉、豆类及其制品、蔬菜及水果等应全面考虑，但要注意肉类不宜太多。在重视饮食营养的今天，一定数量的素菜是必不可少的，菜肴中应有1/3以上是绿色蔬菜和豆制品。这样可以通过荤素搭配保证营养平衡，在色泽和口感上也有新鲜感。若是担心素菜显得不够"高档"，可配些草菇、香菇、虾仁等增加"美食感"。

其次是软硬搭配：这主要是考虑照顾好老人和小孩，且注意油炸食物不宜太多。

再次是菜色搭配：即整体色彩搭配效果清爽诱人。

最后是口味搭配和冷热搭配：即酸、甜、苦、辣、咸各种口味菜肴的搭配要尽量照顾到大多数就餐者的喜好。如果就餐者中有病人，如患有高脂血症、糖尿病等疾病者，应注意点一些低脂、无糖、高纤维素的菜。并且注意冷菜及冷食不宜过多。

也许要我们一下子达到谢小姐点菜的境界有点强人所难，毕竟我们既不是专业的点菜师，也不是天天琢磨研究点菜之道，但我们可以学习谢小姐点菜的方法，了解点菜的一些注意事项，在点菜前多了解即将参加宴会者的喜好与忌讳，相信用不了多久我们也可以像专业的点菜师那样点出令众人满意的菜品。

点菜前你该想些什么

点菜是餐饮活动中最关键的一环。如果菜品安排太少，就有怠慢客人之嫌；反之，安排得过多，又会造成浪费。如果所安排的菜品，色泽一致，口味一样，盛器相同，又会得到单调无奇的评语。尽是荤菜，有肥腻之嫌；尽是素菜，有清淡之嫌。

芳芳过生日请两个好朋友吃饭，到了餐馆之后，芳芳让两个朋友点菜："别客气啊，随便点，今天我生日，图的就是高兴，想吃什么点什么。"两个朋友便开始点菜。文娟很体谅芳芳的实际收入水平不高，又考虑到现在正是月末"粮紧"的时候，便随意点了两个一般价位的菜，但丽丽听了芳芳的话后却毫无顾忌，专点自己喜欢吃的，有的菜价格很贵。芳芳看了菜价后，表面上不动声色，心里却想："以后请客吃饭再也不叫她了，还真'实在'，跟我一点也不客气，专挑贵的点，再请她几回还不得吃死我啊！"

丽丽或许是真实在，或许原本就是抱着"宰"她一顿的想法来的，不管怎样，她点菜的"功夫"已经把芳芳吓到了，相信很难再有下一次了。在宴会中，点菜相当重要，菜点得好不好，直接关系到宴会的后续发展。为了让大家成为点菜的高手，下面向大家介绍几种点菜的"硬功夫"，相信对大家会有所帮助。

1.明确宴请的目的

宴请的目的多种多样，有正规待客的，有好友相聚的；有两情相悦的，有闲极无聊的；有论功行赏的，有联络感情的，林林总总，不一而足。总之，不同的目的决定了不同的菜品和菜质，所以点菜首先要明确宴请的目的。

2.要看人来点菜

俗话说，知己知彼，方可百战不殆，因此掌握同席之人的口味乃点菜之先。选菜不应以主人的爱好为准，而要考虑宾客的喜好与禁忌。餐桌上的你要记住：你自己的口味是次要的，对方喜欢就好。

3.注重特色

特色菜又叫招牌菜，一般是餐厅用来吸引客人的拿手菜，味道不错，价钱也不会太贵。每到一个不熟悉的餐馆，不妨先问问有什么特色菜，这样就可对该餐馆的整体素质心中有数，点菜有底。

4.巧妙搭配

点菜时要注意巧妙搭配菜色。以中国菜为例，并不要求每个菜都出色精彩，但讲究一桌菜的五味俱全，且要搭配合理，咸淡互补，鲜辣不克，让每种味、每道菜都发挥到极致。

菜肴应强调荤素，浓淡、干湿等多种烹调方法搭配，菜品原料尽量不重复。如果有人让你点一桌菜,要求一道鲁菜,一道淮扬菜,一道湖南菜,一道徽菜。应该这样搭配:鲁菜点炒豆腐脑,以鲜嫩之味来清淡开胃;湖南菜点一道"东安子鸡",又麻又辣又烫,实为下酒好菜;徽菜点一道蟹粉狮子头,此物亦可下酒,亦可当主食,还可解辣,妙极!淮扬菜点个汤菜鸡汁煮干丝收尾,亦汤亦菜,也好解酒。

点菜时也要注重高、中、低不同档次菜肴的搭配。根据经验来看,10个人聚餐,高档的菜肴只要2~3个就可以了,而且其中最好有一个是其他饭店不常做的菜。在低档菜中选取该饭店的一些特色菜,这样能给与宴者留下深刻印象,主人也不失体面,从而达到宾主尽欢的目的。

5.尊重埋单的人

如果是别人做东,要记得为对方留点余地,多为对方着想,不要点太贵的菜,不能因为是别人付钱,就尽情地点,这是很不礼貌的行为,还会造成铺张浪费。改天若是换成自己做东,别人一定也会存有报复你的心态,那就得不偿失了。另外,当对方问你要点什么的时候,必须先将自己的决定告诉对方,而不是服务员,否则对方会觉得不被尊重,场面也会很尴尬。

谁来点菜更合适

假如把餐桌比喻成战场,那么"点菜"绝不亚于战前的"点兵"。点菜是个人饮食文化的集中表现,融合了地域风格、个人品味,其中大有学问。在餐桌这个战场上,到底谁来点菜更合适呢?这就要具体情况具体对待。

一般情况下,可以有以下几种选择:

1.主人点菜

宴请之前,主人一定要了解客人的口味。国内客人的口味特征大致为东辣、西酸、南甜、北咸,香港人一般要求清淡。宴请时要根据客人的具体情况点菜。

点菜时,我们一般都会有礼貌地征求一下客人的意见,但怎么问大有讲究。一般来说，主要有两种问法：一种是封闭式问题。比如："来条草鱼还是鲤鱼？"如此在两者之间进行选择，大大缩小了选择的余地。又如："喝茶还是喝咖啡？"就是告诉对方，你不要喝酒。而另外一种问法则是问开放式的问题。比如，"您想喝什么酒？"由被问者自由选择。此外，需要注意的是，一定要了解客人不吃什么，尤其注意不要犯宗教禁忌或民族禁忌。

2. 客人点菜

入席后，主人往往把优先点菜的权力让给客人，这是出于礼貌而为。一般来说，客人不好意思点价格较贵的菜品。如果你看出客人有些为难，可以从侧面来提醒和帮助他。例如，可用以下问题来打破僵局："这里的咖喱牛肉比较有特色，你可以试试看"，或者"咱们共同点道海鲜浓汤吧，这里的海鲜比较新鲜，值得一尝"等。用轻松的语气向客人提出建议，意思是这样的价位你可以接受，客人尽管依此类推来点菜，不必感到拘束。

3. 领导点菜

和领导一起吃饭时，往往是领导一个人说了算，决定大家吃什么菜，而部下通常异口同声说"都行都行""什么都行"，将选择权拱手让出。当然，也有那种宽厚的领导，让大家群策群力，想吃什么就说，或者索性放手让手下人去点菜，毕竟吃饭不是什么原则问题，轻松一点才好。不过，和领导一起吃饭还是应该优先让领导点菜，这也是职场中的一门艺术。

4. 女宾点菜

在当今世界，除了少数地方外，在一些较正式的场合，"女士优先"这句话可以说是放诸四海皆准。男女在餐馆、饭店约会，点菜时应让女士先点，尊重女士的意见。在西餐厅，如果女士对吃西餐已经轻车熟路，那就大大方方点好了。当然，要不时征询一下在场男士的意见。但如果不熟悉西餐的点法，菜单又全是英文，女士可以坦率而诚恳地说："你来点吧，你熟悉，我相信你点的菜很美味。"

5.轮流点菜

亲朋好友一起吃饭，大多是一人点一个菜。不过，如果大家都不爱吃你点的那道菜的话，你就有责任吃掉2/3。点菜吃饭是个人行为，和工作不一样，每个人都有自己的机会和选择权，不必有太多的顾虑。

6.职业点菜师代劳

如今，社会上出现了一种职业——点菜师，如果你对饭店的菜实在拿不准，不妨请个职业点菜师。实际上，上档次的饭店都会培养一些训练有素的点菜师，当客人面对菜单无所适从时，点菜师会为客人配出一桌好菜。

如果当着客人的面，不方便讲要花多少钱时，可以通过特定的词汇，比如"来点家常菜""来点清淡爽口的"，这是暗示点菜师自己不想高消费，而"有什么山珍海味""来点海鲜"，则是暗示点菜师你请的是贵宾，并不在乎花费多少。这样点菜师会让你既有面子，又不会"荷包大出血"。

点菜切勿捡了芝麻丢了西瓜

有些人请客吃饭，喜欢贪图小便宜，进门就问："今天有什么又好又便宜的特价菜啊？"弄得一旁随同前来的客人直皱眉，客人心里想："难道说，我在他心目中是那种只配吃特价便宜菜的人？还是说，他原本就是个贪图小便宜、目光短浅、又毫无生活质量的人？看来我的重新考虑跟他合作（交往）的事情了。"这场饭局才开头，你就让对方心里有了疙瘩，那么，接下来你原本想通过饭局进一步与对方加深关系的目的也就落了空。

勤俭节约，拒绝铺张浪费是宴会一贯主张的原则，但是，这需要讲究技巧，而不适宜大张旗鼓地表现出来，或是让对方察觉出来，否则就成了小气吝啬的表现，直接影响对方对你的看法，甚至会打消对方原先打算与你交往的想法，可能因小失大，得不偿失了。

约会那天，天空下着零星小雨，蔡锦和女友都没有打伞，沿着林间小路边走边聊。从学生时代一直聊到现在的工作，后来雨越下越大，两人便走进了路边的一家餐厅。这是一家西餐厅，看那装潢设计就知道价格不会便宜，翻开菜单一看果然如此，蔡锦连忙对姑娘说："这家餐厅太贵了，咱们在这吃不划算，不远的一条街上有很多家常菜馆，经济又实惠，要不咱们去那边吃吧？"姑娘皱皱眉说："话是不错，可是外面的雨太大了，一出门咱们都得湿透了，还是就在这里吃吧。反正就这一回，也不是天天来，就当奢侈一回了。"姑娘说完还故意眨眨眼，笑了笑。

于是，蔡锦只好心不甘情不愿地开始点菜，他问服务员说："这个牛排怎么那么贵啊？没有便宜的吗？"服务员说："对不起，先生，我们这是上等的菲力，您吃了一定会觉得物超所值的。""那这个浓汤呢？量有多少啊？""这……"蔡锦一个一个地问，服务员一个一个地答，而姑娘的脸色愈来愈难看。最终蔡锦点了最便宜的面包和浓汤给自己，给姑娘点了一份牛排。接着，在吃饭的过程中，蔡锦一直在念叨"亏了、不划算"之类的词，听得姑娘火了："你别念了行吗？不就是贵了点吗？咱们AA不就得了吗？至于一直念叨吗？"蔡锦见姑娘误会了，赶紧解释说："我不是这个意思，我只是觉得这样有点浪费。"姑娘说："算了，你这个人太小气，别不承认了，你不就是觉得咱俩还没交往，你请我吃大餐太亏吗？算了，这顿咱们AA，以后也别见了，难怪你一直找不到对象呢！"姑娘说完放下钱起身就走了。

蔡锦只是太过勤俭节约，觉得这样浪费没有必要，结果却捡了芝麻，丢了个西瓜，实在是一桩"亏本"的"买卖"啊！

请客吃饭不同于平常吃饭，节约是应该提倡的美德，但请别人吃饭，你必须考虑对方的感受，对方喜欢什么，想吃什么，只有让对方吃得开心、吃得尽兴，你才有可能达到宴请的目的，否则很有可能落得上述案例中蔡锦的下场——竹篮打水一场空，还可能影响你的形象给对方留下"小气吝啬"的印象。

中餐上菜的礼仪：吃饭有规矩，上菜有程序

在宴会正式开始之前，大家都会对即将出炉的美味佳肴翘首以盼。当服务人员或主人将一盘盘菜肴端出来的时候，就宣告着宴会的正式开始。

中餐上菜的礼仪自古就很讲究。清朝乾隆年间的才子袁枚，在其著名的《随园食单》上，就曾对上菜程序做过如下论述："上菜之法，咸者宜先，淡者宜后。浓者宜先，薄者宜后，无汤者宜先，有汤者宜后。度客食饱则脾困矣，需用辛辣以振动之；虑客酒多则胃疲矣，需用酸甘以提醒之。"袁枚的这段话，总结了中餐宴会上菜的一般程序。

1. 上菜的一般原则

中餐宴会上菜掌握的原则是：先冷后热，先菜后点，先咸后甜，先炒后烧，先清淡后肥厚，先优质后一般。

（1）开胃菜。

无论是正式的宴会还是随意的家宴，首先要上的是开胃菜。开胃菜通常是四种冷盘组成的大拼盘。有时种类可多达10种。最具代表性的是凉拌海蜇皮、皮蛋等，简单一点可以选择老醋花生或拍黄瓜之类的凉菜。

（2）热盘。

有时冷盘之后，接着出4种热盘。常见的是炒虾、炒鸡肉等。不过，在现代的宴会中，热盘多半被省略。

（3）主菜。

在开胃菜之后，就要开始上主菜了。主菜又称为大件、大菜。在中国传统中，偶数是吉数，所以主菜的道数通常是四、六、八等的偶数。在豪华的餐宴上，主菜有时多达16或32道，但普通的是6~12道。这些菜肴使用不同的材料，配合酸、甜、苦、辣、咸五味，以炸、蒸、煮、煎、烤、炒等各种烹调法搭配而成。其出菜顺序多以口味清淡和浓腻交互搭配，或干烧、汤类交配列为原则。最后通常以汤作为结束。

（4）点心。

主菜结束后，众人大多已"沟满壕平"，此时可以供应甜点，如馅饼、蛋糕、包子等，最后则是水果。

由于中国的地方菜系很多，又有多种宴会种类，如著名的燕菜席、燕翅席、鱼翅席、鱼唇席、海参席、全羊席、全鸭席、全鳞席、全素席、满汉全席等。可见，地方菜系不同，宴会席面不同，其菜肴设计安排也就不同。在上菜的顺序上，也不会完全相同。例如，全鸭席的主菜，北京烤鸭，就不作为头菜上，而是作为最后一道大菜上的，人们称其为"千呼万唤始出来"。而谭家菜燕翅席，因为席上根本无炒菜，所以在主菜之后上的是烧、扒、蒸、烩一类的菜。又如上点心的时间，各地习惯亦有不同，有的是在宴会进行中上，有的是在宴会将结束时上；有的甜、咸点心一起上，有的则分别上。这都是根据宴席的类型、特点和需要，因人因事因时而定；既不可千篇一律，又要按照中餐宴会相对稳定的上菜程序进行。

2.菜肴的摆放礼仪

菜肴端上席面，不可随便摆放，应按一定的格局摆放好，摆菜的基本要求是要讲究造型艺术，注意礼貌，尊重主宾，方便食用。

（1）摆菜的位置要适中。

在上菜时，菜盘要相对集中，但相互之间要留有一定间隔。中餐酒席摆菜，一般从餐桌中间向四周摆放，不可随意将菜肴摆在某人的面前。

（2）大菜的摆放要讲究"看面"。

中餐酒席中的大菜、头菜，一般要摆在桌子中间。看面要先正对主宾。所谓看面，就是最宜于观赏的一面。各类菜的看面是：整形的有头的菜肴，如烤乳猪、冷碟子、孔雀开屏等，其头部为看面；而头部被隐藏的整形菜，如烤鸭、八宝鸡、八宝鸭等，其丰满的身子为看面；冷碟中的独碟、双拼或三拼，如有巷缝的，其巷缝为看面，无巷缝的，其刀面为看面；盅菜类的花纹最精细的部分为看面；有"喜"字、"寿"字的造型菜，其字画的正面为看面；一般的菜看面，其刀工精细、色调好看的部分为看面。另外，汤菜如砂锅、暖锅、烛盅等，一般也摆在桌子中间。其他主菜、高档菜，一般也应摆在中间左右的位置上。

（3）风味菜肴的摆放。

比较高档的菜，有特殊风味的菜肴，或每上一道新菜，要先摆到主宾位置上，在上下一道菜后再顺势撤摆在其他地方，将桌上菜肴作为叠土的调整，使台面始终保持美观。

（4）菜肴摆放要讲究造型。

各种菜肴要对称摆放，要讲究造型艺术。菜盘的摆放形状一般是两个菜可并排摆成横一字形；一菜一汤可摆成竖一字形，汤在前，菜在后；两菜一汤或三个菜，可摆成品字形，汤在上，菜在下；三菜一汤可以汤为圆心，菜沿汤内边摆成：半圆形；四菜一汤，汤放中间，菜摆在四周；五菜一汤，以汤为圆心摆成梅花形；五菜以上都以汤或头菜或大拼盘为圆心，摆成圆形。

（5）菜肴摆放应注意对称。

除了讲究造型，菜肴的摆放还应注意对称。在我国传统中，在很多领域都讲究对称之美，菜肴的摆放也不例外。一般来说，要以菜肴的原材料色彩、形状、盛具等几个方面讲究对称。如鸡可对鸭，鱼可对虾等。同形状、同颜色的菜肴也可相间对称摆在餐台的上下或左右位置上；一般不要并排摆在一起，摆放时注意荤素、颜色、口味的搭配和间隔，盘与盘之间距离相等。

3.上菜人员的标准礼仪

在宴席中，上菜人员无论是餐厅服务生，还是主人在家办席请来的服务人员，都是除了主人之外与客人接触最多的人，上菜人员的言谈举止和仪容仪表都是宴席成功中的重要因素。

（1）上菜人员的衣着要整齐。

上菜人员要讲究着装，衣服要合身得体，不能挽袖、卷裤。有些餐厅服务人员需要带领带或领结，注意要与衬衫领口吻合，紧凑且不能系歪。衣裤要整洁，不能有污垢、油渍和异味，尤其是领口和袖口要保持干净。衣着的款式要简练、高雅，便于进行服务工作。

（2）上菜人员的言谈要谨慎。

上菜人员和主人的身份不同，招呼客人是主人的职责，所以上菜人员不可代行主人之职，与客人攀谈，应有礼有节地主动与客人打招呼。当客人从自己面前经过时，应目视客人，微笑着点头致意，或说"您早""您好"等礼貌用语。如果在宾客中遇到自己熟知的朋友，除主动打招呼外，应向他说声："对不起，哪天到我家做客？"再去做好自己的服务工作。

（3）上菜人员的举止礼仪。

上菜人员虽然不用体现出多么绅士，但起码要表现得潇洒自如，如站立的姿势要挺直、自然，行走的姿势要协调而有精神，上菜盘和撤菜盘动作要干净利落、有条不紊，给宾客以亲切舒服的感觉。

端菜礼仪。上菜的时候，所用托盘不可在宾客头顶之上端过，而应在自己身体的一侧。上菜时，速度要适中。并注意轻拿轻放，将菜肴摆放在正确的上菜位置。上菜一般选在副主人的右边，或在男主人右侧，或女主人左侧。要注意的是，上菜不能在来宾之间进行，否则不利于男女主人向大家介绍菜名和口味。上菜时要轻托上桌，做到平稳到位。正确的上菜姿势能迅速而优雅地将菜端上或端走，以免发生意外或发生碰撞状况。

撤盘礼仪。撤菜盘时，应在宾客提议下撤走。如果宾客中无人注意席面上的菜盘时，上菜人员发现无法再上菜、摆菜时，可征求一下客人的意见，问他们是否可以撤盘了，然后再行动，不要按照自己的意愿撤菜，也不要因为没有地方就随意将新的菜肴摆在尚未吃完的菜肴中。在收盘子时要一只一只收走，不能将菜全倒到一个盘子里，然后把空盘叠起来撤走，这种方式速度固然快，但在客人面前非常不雅观，是对客人的不礼貌。

（4）上菜人员要注意摆放的传统忌讳。

上菜的时候，上菜人员还应注意一些传统忌讳。如有的地方有"鸡不献头，鸭不献尾，鱼不献脊"的说法。即这些部位不能对着客人；另外，茶壶嘴不能冲着人，否则就是对对方的不尊重。

另外，上菜人员还可以根据顾客的特殊要求进行服务，如，送茶水、毛巾等，及时做好主人或厨师的联系工作，如，菜点做得快慢、口味咸淡的调整，等等。

中餐餐具使用礼仪

筷子是中餐中最主要的进餐用具。握筷姿势应规范，取餐需要使用其他餐具时，应先将筷子放下。

在一般情况下，筷子要妥善放好，例如放在筷笼里，不能放在杯子或盘子上，还则容易碰掉。如果不小心把筷子碰掉在地上，可请服务员换一双。在用餐过程中，已经举起筷子，但不知道该吃哪道菜，这时不可将筷子在各碟菜中来回移动或在空中游弋。不要用筷子叉取食物放进嘴里，或用舌头舔食筷子上的附着物，更不要用筷子去推动碗、盘和杯子。有事暂时离席，不要将筷子插进饭碗里，应该将筷子妥善地放置好。

席间谈话时，要注意筷子的朝向，不要拿着筷子说话，更不可随意乱舞；或是用筷子敲打碗碟桌面，用筷子指点他人。每次用完筷子要轻轻地放下，尽量不要发出响声。

使用筷子的礼仪

中国有着悠久的历史，使用筷子也很有讲究，"筷子"又称"箸"，远在商代就有用象牙制成的筷子。《史记·宋微子世家》中记载"纣始为象箸"。用象牙做箸，是富贵的标志。做筷子的材料也不同，考究的有金筷、银筷、象牙筷，一般的有骨筷和竹筷，现在有塑料筷。湖南的筷子最长，有的长达两尺左右；日本的筷子短而尖，这是由于吃鱼片等到片状食物的缘故。筷子传入日本是唐代，现在它是世界上生产使用筷子最多的国家，平均年产130亿双筷子，其中90%是只用一次的"剖箸"。日本人还把每年的8月4日定为"筷子节"，并且在使用筷子时讲究"忌八筷"。

中国使用筷子，是一项让后世骄傲的创举。李政道论证中华民族是一个优秀种族时说："中国人早在春秋战国时代就发明了筷子。如此简单的两根东西，却高妙绝伦地应用了物理学上的杠杆原理。筷子是人类手指的延伸，手指能做的事，它都能做，且不怕高热，不怕寒冻，真是高明极了。比较起来，西方人大概到16世纪、17世纪才发明了刀叉，但刀叉哪能跟筷子相比呢？"日本的学者曾测定，人在用筷子夹食物时，有80多个关节和50条肌肉在运动，并且与脑神经有关。因此，用筷子吃饭使人手巧，可以训练大脑使之灵活，外国人对这两根神奇的棍状物能施展出夹、挑、舀、撅等功能钦羡不已，并以自己能使用它进食而感到高兴。

在长期的生活实践中，人们对使用筷子也形成了一些礼仪上的忌讳：

1.忌长短不齐

所谓"长短不齐"，是指在不经意间，用餐过程中，将筷子长短不齐地放在桌子上。通常我们管它叫"长短不齐"，是很不吉利的说法，其意思是代表"死亡"。因为中国人过去认为人死以后是要装进棺材的，在人装进去以后，还没有盖棺材盖的时候，棺材的组成部分是前后两块短木板，两旁加底部共三块长木板，看起来长短不齐，所以说这是极为不吉利的事情，要极力避免。

2.忌指手画脚

虽然叫"指手画脚"，但在北京人看来，这种用大拇指和中指、无名指、小指捏住筷子，而食指伸出的拿筷方式，是"骂大街"的意思，是极为不能被人接受的。因为在吃饭时食指伸出，总在不停地指别人，北京人一般伸出食指去指对方时，大都带有指责的意思。所以说，吃饭用筷子时用手指人，无异于指责别人，这同骂人是一样的，是不被允许的。另外，吃饭时用筷子指着对方说话，也是非常不礼貌的。

3.忌品箸留声

所谓"品箸留声"，俗语中成为"吧唧嘴"，筷子在嘴里来嘬，并不时地发出咝咝声响。这种行为被视为是一种下贱的做法。从古至今，讲究礼仪的人家都会管教其子女吃饭时杜绝这个动作。因为在吃饭时用嘴嘬筷子的本身就是一种无礼的行为，再加上配以声音，更是令人生厌。这种情况，大家都会认为他非常没素质。

4.忌击盏敲盅

在旧时，乞丐沿街乞讨，就是一边在大街上闲逛，一边用筷子敲击盘碗。有乐善好施的人一听到这样的声音，就会施舍一些食物。而酒楼里的伙计只要一听到这个声音，马上会警觉起来，生怕乞丐进入酒楼使客人生厌。直至今日，这种用筷子敲盘碗的做法仍是被人们所厌恶的一种饮食陋习。

5.忌挑三拣四

这种做法是手里拿着筷子，旁若无人状地用筷子来回在桌子上的菜盘里寻找，不知从哪里下筷为好。此种行为是典型的缺乏修养的表现，且目中无人极其令反感。

6.忌"迷箸刨坟"

手里拿着筷子在菜盘里不住地扒拉，以求寻找菜肴中自己爱吃的部分，就像盗墓刨坟的一般。这种做法也属于缺乏教养的做法，令人生厌。

7.忌泪箸遗珠

用筷子往自己盘子里夹菜时，手里不利落，将菜汤或菜肴流落到其他菜里或桌子上。这种做法被视为严重失礼，同样是不可取的。所以在夹离自己比较远的菜肴的时候，一定要谨慎。

8.忌颠倒乾坤

用餐时将筷子颠倒使用，给人的感觉是饥不择食，以至于都不顾脸面了，将筷子都拿倒了，这种做法是非常被人看不起的。

9.忌定海神针

在用餐时，用一只筷子去插盘子里的菜，是绝对不可以的。这是对同桌用餐人员的一种羞辱。在吃饭时做出这种举动，无异于在欧洲当众对人伸出中指的意思是一样的，弄不好还会招致别人的误会。

10.忌直插饭碗

有些人吃饭的过程中，好心替别人盛饭，但为了方便省事，把一副筷子插在饭中递给对方。这种行为会被人视为大不敬，因为在传统中，这是为死人上香时的做法。如果把一副筷子插入饭中，将被视同于给死人上香一样，所以说，把筷子插在碗里是绝不被接受的。

11.忌交叉十字

这一点往往不被人们所注意，在用餐时将筷子随便交叉放在桌上，同样是不礼貌的。一般来说，在饭桌上将筷子交叉，相当于打个"×"，是对同桌其他人全部否定，除此以外，这种做法也是对自己的不尊敬，因为过去吃官司画供时才打叉，这也是在否定自己，这样做也是不行的。

12.忌掷地有声

所谓"掷地有声"的意思是指失手将筷子掉落在地上，这也是严重失礼的一种表现。传统认为，祖先们全部长眠在地下，不应当受到打搅，筷子落地就等于惊动了地下的祖先，这是大不孝，所以这种行为也是不被允许的。但就现代意义来说，筷子掉在地上是吃饭不专心的表现，同时也会惊动其他正在吃饭的人。

勺子的使用礼仪

与筷子相比，勺子的使用礼仪简单了许多，但同样需要在进餐时注意。勺子内主要作用是舀取菜肴、食物。有时，用筷子取食时，也可以用勺子来辅助。但需注意的是，尽量不要单用勺子去取菜。另外，用勺子取食物时，不要过满，免得溢出来弄脏餐桌或自己的衣服。在舀取食物后，可以在原处"暂停"片刻，汤水不会再往下流时，再移回来享用。

暂时不用勺子时，应放在自己的碟子上，不要把它直接放在餐桌上，或是直接插入饭菜中。用勺子取食物后，要立即食用或放在自己碟子里，不要再把它倒回原处。而假如取用的食物太烫，不可用勺子舀来舀去，也不要用嘴对着吹，可先放到自己的碗里等凉了再吃。不要把勺子塞到嘴里，或者反复吮吸、舔食。

盘子的使用礼仪

盘子有菜盘与食碟之分。食碟比盘子小，主要用来盛放自己食用的食物，在使用方面和碗相似。菜盘一般由上菜人员直接摆放好后，就不要乱动了，切忌不要将自己喜欢吃的菜拉到自己面前"吃独食"。

需要着重介绍的是食碟。食碟的主要作用，是用来暂放从公用的菜盘里取来享用的菜肴的。用食碟时，一次不要取放过多的菜肴，看起来既繁乱不堪，又像是饿鬼投胎。不要把多种菜肴堆放在一起，弄不好它们会相互"窜味"，不好看，也不好吃。不吃的残渣、骨、刺不要吐在地上、桌上，而应轻轻取放在食碟前端，放的时候不能直接从嘴里吐在食碟上，要用筷子夹放到碟子旁边。假如食碟放满了，可以让服务生换。

水杯使用礼仪

生活中，很多细节的东西都需要礼仪，小小的水杯也不例外，水杯主要用来盛放清水、汽水、果汁、可乐等饮品时使用。盛酒要根据不同的酒种使用不同的杯子。如白酒通常用酒盅，而洋酒通常选用高脚杯来盛放。另外，水杯不要倒扣，也不能将喝进嘴里的东西再吐回水杯。

毛巾的使用礼仪

中餐用餐前，在比较讲究的餐厅里，服务人员会为每位用餐者递上一块湿毛巾，用来擦手。擦手后，应该放回盘子里，由服务生拿走。有时候，在正式宴会结束前，会再上一块湿毛巾。和前者不同的是，它只能用来擦嘴，却不能擦脸、抹汗。

牙签的使用礼仪

当众剔牙是非常不礼貌的，非剔不行时，用另一只手掩住口部，剔出的东西，不要当众观赏或再次入口，也不要随手乱弹，随口乱吐。剔牙后，不要长时间叼着牙签，更不要用来扎取食物。

第四章
西餐礼仪：刀叉传递文明信号

基本西餐礼仪：吃西餐的细节

作为客人，有些细节在进餐时要特别注意，尤其是吃西餐时。主人招呼进餐后，取食物时，不要盛得过多。盘中食物吃完后，如不够，可以再取。如由招待员分菜，需增添时，待招待员送上时再取。对不合口味的菜，勿显露出难堪的表情。

吃东西时不要发出声音。应闭嘴咀嚼食物，喝汤不要啜。太热的汤和菜，可稍待凉后再吃，不要用嘴吹。

作为陪客或宾客，在交谈时不要只同几个熟人或一两个人说话，如果邻座不相识，可先自我介绍。在社交场合，无论天气如何炎热，不能当众解开纽扣脱下衣服。小型便宴会，如主人请客人宽衣，男宾可脱下外衣搭在椅背上。

西餐的餐具主要是刀、叉、盘子。吃西餐时右手持刀，左手持叉，将食物切成小块，然后用叉送入嘴内。就餐时按刀叉顺序由外往里取用。每道菜吃完后，将刀叉并拢排放盘内，以示吃完。如未吃完，则摆成八字或交叉摆，刀口应向内。

吃鸡、龙虾时，经主人示意，可以用手撕着吃，也可用刀叉把肉割下，切成小块吃。不管切什么菜，都要注意不要用力过猛撞击盘子而发出声音。不容易叉的食品，可用刀把它轻轻推上叉。汤用深盘或小碗盛放，喝时用汤匙由内往外舀起送入嘴，即将喝尽，可将盘向外略托起。除喝汤外，不用匙进食。吃带有腥味的食品均会配有柠檬，可用手将汁挤出滴在食品上去腥味。

有时宴会中难免遇到意外情况，如刀叉撞击盘子而发出声响、餐具摔落地上、酒水被打翻等，不应手忙脚乱。餐具碰出声音，可轻轻向邻座或主人说一声"对不起"。餐具掉落可由招待员再送一套。酒水打翻溅到邻座身上，应表示歉意并协助擦干；如对方是女士，则应递上干净纸巾。

在宴请中，喝酒前要做好准备，比如作为主宾参加国外举行的宴请时，应了解对方的祝酒习惯。碰杯时，主人和主宾先碰，人多可同时举杯示意。祝酒时注意不要交叉碰杯。在主人和主宾致辞、祝酒时，应暂停进餐，注意倾听，也不要借此机会抽烟。宴会上相互敬酒表示友好，但切忌喝酒过量。

喝茶或咖啡时，牛奶和糖可自取加入杯中，用小茶匙搅拌后，茶匙仍放回小碟内。喝时右手拿杯把，左手端小碟。

吃水果时，不要整个拿着咬，应先用刀切成四瓣或六瓣，再用刀去皮、核，方可用手拿着吃，削皮时刀口朝内，从外往里削。香蕉先剥皮，用刀切成小块吃。橙子用刀切成块吃，橘子、荔枝等则可剥了皮吃。西瓜、菠萝通常都去皮切成小块，用叉取食。

在宴席上，如果送上一小水盂，水上漂有玫瑰花瓣或柠檬片，注意，这是供洗手用的（有人曾误以为是饮料，因此闹笑话）。洗时两手轮流沾湿指头，轻轻刷洗，并用餐巾或小毛巾擦干。

西餐的就座礼仪：你该坐在哪一端

如果你是设宴者，那么餐会开始前半小时就应先到场，预先安排座次。正式的西餐礼仪，男女主人分坐长桌两头，女主人右手边的第一个位子为第一男主客的座次，左手边的第一个位子为第二男主客座次。反之，男主人右手及左手边的第一个位子，也是第一及第二女主客的位子。在座次安排好之后，最好能在每人的位子前放置标有姓名的牌子，以免造成混淆。

这种牌子，一般在比较讲究的西餐厅里都有，以方便顾客就座。

西方餐饮礼仪的特点，首先是主与客角色分明，而且特别强调主人的角色。其次，男士坐一排，女士坐一排，大家排排坐好像开辩论会，是不恰当的，男女一定要交叉间隔着坐。此外，夫妻俩通常要隔开来坐，以便于各自交谈，而使全桌气氛融洽，皆大欢喜。

如果是一男一女同去餐厅，男士应请女士坐在自己的右边，但要注意不能让她坐在人来人往的过道边。若只有一个靠墙的位置，应请女士就座，男士坐在她的对面。如果是两对夫妻就餐，夫人们应坐在靠墙的位置上，先生则坐在各自夫人的对面。如果两位男士陪同一位女士进餐，女士应坐在两位男士的中间。如果两位同性进餐，那么靠墙的位置应让给其中的年长者。西餐还有个规矩：每个人入座或离座，均应从坐椅的左侧进出。

举行正式宴会时，同一桌上席位的高低也是依距离主人座位的远近而区分。西方习俗是男女交叉安排，即使是夫妻也是如此。非官方接待时，以女主人的席位为准。主宾坐在女主人右首；主宾夫人坐在男主人右首。假如是商业性或公务性的餐宴，男士因有公事要谈，理应坐在相近的位子；而女士们可乘机聊天，亦应坐在相近的位子。

举行两桌以上的西式宴会，各桌均应有第一主人，其位置应与主桌主人的位置相同，其宾客也依主桌的座位排列方法就座。

一字形长台宴席安排有两种方式：一是将主人席位安排在餐台横向的上首中间，副主人（女主人）席位在主人席对面，即横向下首中间；另一种方式是将主人和副主人（女主人）席位安排在长台纵向的两端，这种安排可提供两个谈话中心，避免客人坐在末端受到冷落。在参加西餐宴会时，客人进门后，都有领台人员引领座位。这时候客人要走在领台员的后方，不可超前。男女一同赴宴，男士必须走在女士左后半步的位置，以展现其绅士风度。

西餐进餐礼仪：先吃鱼还是先喝汤

西餐最能体现一个人的礼仪修养，正式的全套餐点进餐顺序是：

（1）头盘。西餐的第一道菜是头盘，也称为开胃品。开胃品的内容一般有冷头盘和热头盘之分，常见的品种有鱼子酱、鹅肝酱、熏鲑鱼、鸡尾杯、奶油鸡酥盒、焗蜗牛等。因为是要开胃，所以开胃菜一般都有特色风味，味道以咸和酸为主，而且数量少，质量较高。

（2）汤。和中餐不同的是，西餐的第二道菜就是汤。西餐的汤大致可分为清汤、奶油汤、蔬菜汤和冷汤4类。品种有牛尾清汤、各式奶油汤、海鲜汤、美式蛤蜊汤、意式蔬菜汤、俄式罗宋汤、法式焗葱头汤。冷汤的品种较少，有德式冷汤、俄式冷汤等。

（3）副菜。鱼类菜肴一般作为西餐的第三道菜，也称为副菜。品种包括各种淡、海水鱼类、贝类及软体动物类。通常水产类菜肴与蛋类、面包类、酥盒菜肴品都称为副菜。因为鱼类等菜肴的肉质鲜嫩，比较容易消化，所以放在肉类菜肴的前面，叫法上也和肉类菜肴主菜有区别。西餐吃鱼菜肴讲究使用专用的调味汁，品种有鞑靼汁、荷兰汁、酒店汁、白奶油汁、大主教汁、美国汁和水手鱼汁等。

（4）主菜。肉、禽类菜肴是西餐的第四道菜，也称为主菜。肉类菜肴的原料取自牛、羊、猪、小牛仔等各个部位的肉，其中最有代表性的是牛肉或牛排。牛排按其部位又可分为沙朗牛排（也称西泠牛排）、菲利牛排、"T"骨型牛排、薄牛排等。其烹调方法常用烤、煎、铁扒等。肉类菜肴配用的调味汁主要有西班牙汁、浓烧汁精、蘑菇汁、白尼斯汁等。

禽类菜肴的原料取自鸡、鸭、鹅，通常将兔肉和鹿肉等野味也归入禽类菜肴。禽类菜肴品种最多的是鸡，有山鸡、火鸡、竹鸡，可煮、炸、烤、焖，主要的调味汁有黄肉汁、咖喱汁、奶油汁等。

（5）蔬菜类菜肴。蔬菜类菜肴可以安排在肉类菜肴之后，也可以和肉类菜肴同时上桌，所以可以算为一道菜，或称为一种配菜。蔬菜类菜肴在西餐中称为沙拉。和主菜同时服务的沙拉，称为生蔬菜沙拉，一般用生菜、西红柿、黄瓜、芦笋等制作。沙拉的主要调味汁有醋油汁、法国汁、千岛汁、奶酪沙拉汁等。

沙拉除了蔬菜之外，还有一类是用鱼、肉、蛋类制作的，这类沙拉一般不加味汁，在进餐顺序上可以作为头盘。

还有一些蔬菜是熟的，如花椰菜、煮菠菜、炸土豆条。熟食的蔬菜通常和主菜的肉食类菜肴一同摆放在餐盘中上桌，称为配菜。

（6）甜品。西餐的甜品是主菜后食用的，可以算作是第六道菜。从真正意义上讲，它包括所有主菜后的食物，如布丁、煎饼、冰淇淋、奶酪、水果等。

（7）咖啡、茶。西餐的最后一道是上饮料，咖啡或茶。喝咖啡一般要加糖和淡奶油。茶一般要加香桃片和糖。

点菜要考虑的禁忌

点菜时，我们要考虑来宾的个人禁忌，不要根据自己的喜好和对别人的喜好来猜测应酬宴请。

有些人由于种种原因，在饮食上有一些与众不同的特殊要求。比如，有的人不吃肉，有的人不吃鱼，有的人不吃蛋等。对于这些人的饮食禁忌，亦应充分予以照顾。不要明知故犯，或是对此说三道四。出于健康方面的原因，有的人对于某些食品有所禁忌。比如，心脏病、脑血管、动脉硬化、高血压和中风后遗症的人不适合吃狗肉，肝炎病人忌吃羊肉和甲鱼，胃肠炎、胃溃疡等消化系统疾病的人也不合适吃甲鱼，高血压、高胆固醇患者要少喝鸡汤等。对此也应加以考虑。

点菜时要考虑来宾的职业禁忌。有些职业，出于某种原因，在餐饮方面往往也有特殊禁忌。例如，驾驶员在工作期间不得饮酒等。要是忽略了这一点，就有可能使对方犯错误，甚至造成事故。

点菜时要考虑来宾的国际禁忌。如果你经常有机会宴请外国朋友的话，最好了解一下他们的饮食禁忌，以免引起不必要的麻烦。以下几点应特别注意：切不可点动物内脏及肥肉制作的菜肴。如果你要宴请外国客户，千万不要点一些由动物内脏烹制的。虽然法国名菜煎鹅肝很受欢迎，但是这不意味着他们能接受用地道的中式方法烹制的其他动物内脏食物。另外，部分外国人也不吃肥肉。尽量不要点有骨头的菜。外国人吃鸡鸭鱼肉一般都是把骨头剔得干干净净才拿来做菜，吃起来完全不费半点工夫。所以，请外国人吃饭要尽量尊重他们的习惯为好。

西餐餐具的使用礼仪：用好餐桌上的刀叉

虽然不同国家或地区餐具的摆放位置不同，但具体的放置方法大致相似。西餐中常见的餐具可以狭义地理解为刀、叉和匙三大件。刀分为食用刀、鱼刀、肉刀、黄油刀、水果刀，均有其专门的应用；叉分为食用叉、鱼叉、肉叉、龙虾叉；匙则有汤匙、甜食匙、茶匙。公用的刀、叉、匙规格明显大于宾客用餐的刀、叉、匙。正规的宴会上，每一道菜均配有一套相应的餐具，并按菜单中设计的上菜顺序由外向内依次排列。

一般来说，西餐餐具摆放的规矩是：展示盘（垫盘）或叠好的餐巾摆放于餐位正中，盘前横匙，左叉右刀。展示盘两侧的刀、叉、匙要排列整齐，或平行或直线，距桌边距离相等，刀刃要一律朝向垫盘的一侧，一般刀均放在垫盘的右侧。各类匙放在餐刀的右边，匙心朝上，餐叉则放在垫盘的左边，叉齿均朝上。一个席位一般摆放三副刀叉。面包刀又称黄油刀，专供抹奶油、果酱用，而不是用来切面包的，它被放在客人左边的面包碟上，只放一把，不可与竖放的刀、叉发生交叉现象。餐具与菜肴相配，根据食用菜肴的先后顺序，从里至外依次摆放。

第五章
商务拜访接待礼仪：做客有礼，待客有道

明白接待的规格和级别

接待客户，在某些情况下，不能一视同仁，要根据其身份来准确掌握接待的规格和标准，切莫唐突了客人。

根据来访者确定接待规格

小贺刚刚被提拔为办公室主任，其他工作都做得挺顺手，但只有一件事情是特别令他头疼的，那就是不知道该如何区分来人的重要程度，但因为这影响到接待规格，所以他必须解决这个问题。幸好小贺脑袋灵光，没过多久，还真就让他从老总跟人握手这事上，琢磨出了名堂：凡是特别重要的人物来了，老总老远就满脸堆笑地迎上去，双手紧紧握住对方的手，好久都舍不得松开；比较重要的客户来了，老总跟对方握手时，另一只手则拍拍对方肩膀；而如果是普通客户的话，老总就只是礼节性地握握手，时间不会超过三秒钟……

得出这个结论之后，小贺把接待规格分成了三档，一档是规格最高的。按照这个原则判断，基本上能十拿九稳。有一天，来了一个中年人，看到中年人，老总喜出望外："哎呀，老同学，好久没见面了，今天你咋想起我来了？"说着就扑上去跟中年人热情拥抱。

一见这情景，小贺就明白了，赶紧对秘书说："中午照一档标准安排。"快12点时，小贺敲开老总办公室的门："到用餐时间了，咱们请客人去宜兴轩吧。"老总一听这地点，脸上闪过一丝不易察觉的不悦。

中午用餐时，虽然老总依然谈笑风生，但小贺感觉到老总的情绪有那么

一点不对头，弄得小贺心里一直七上八下。下午一上班，他就被叫进老总办公室训话："你以前做事挺妥当的，今天这人又不重要，为什么把规格搞得那么高？"

小贺支支吾吾说了自己的判断标准。老总一拍桌子："太笨了你！我这同学刚调到报社当记者，我怕他是来公司暗访的，担心他身上带了微型摄像机之类玩意儿，我扑上去就是为了检查他带没带这类东西！"

小贺就是因为没有搞清楚来访者的身份，弄错了接待的规格，所以才引得老总一阵不快，可见，根据不同的来访者确定不同的接待风格是很重要的。因为很多时候，接待规格过高，会影响领导的正常工作；接待规格过低，影响上下左右的关系。

一般而言，接待有以下三种规格：

1.高格接待

所谓的高格接待，是指主要陪同人员比来宾的职位要高的接待。如上级领导派一般工作人员前来口授意见或兄弟单位领导派人商谈要事，或下级因重要事宜来访，或者兄弟企业派人来商量要事等，都是需要高格接待的。

2.低格接待

低格接待，是指主要陪同人员比客人的职位要低的接待。如遇到上级领导来本地了解情况、老干部或上级领导路过本地，陪同任务主要由有关工作人员去完成。

3.对等接待

对等接待，就是主要陪同人员与客人的职位同等的接待。这也是最常见的接待规格。

实际当中，最普遍的还是对等对待，也就是陪同人员和客人职务、级别基本一样。

除了身份有所差距之外，接待规格也要做到中外有别，对于不同类型的访客，也有不同风格的接待方式。

1.内宾接待

如果来的访客是中国人，那么首先要清楚客人的身份、人数、来意和大致停留时间，还要清楚到达时间及所乘交通工具的情况，安排有关人员和车辆前往接站，并安排食宿。

等到来宾下车以后，接站人员要热情迎上前，并致简短的欢迎词，然后请客人上车。客人住下后，要和客人根据其具体来访意图商议安排好活动日程。同时，还要根据单位领导的意见通知有关领导人来宾馆或饭店看望客人。接待人员要事先安排好会见场所和陪同人员，并向该领导人介绍客人的情况。在客人来访的公务闲暇时间，可以适当安排访客游览一下当地的风景名胜古迹。

2.外宾的接待

接待外宾的时候，当务之急是要事先了解清楚客人的身份——尤其是其国籍、民族和宗教信仰等，然后派出和外宾身份相当的人员前往指定地点迎接。

见到外宾之后，陪同的翻译人员要先向对方介绍我方主要人员的姓名、职务。然后与对方行握手礼。握手时应当谨遵国际握手礼仪，主人应先向客人伸手，轻握对方的手，面带微笑，双目注视对方。

和外宾会见，切忌"突然袭击"，应该至少提前半天预约，约见时间定好后，没有特殊情况就不要改变。如有因为突发事件实在无法参加，可以在征得外宾同意的前提下，由身份较低的人出面参与会谈。

在会见外宾的时，一般位置次序是外宾居右，我方人员居左。第一主宾在我方主谈人员右侧第一个位置，第二主宾在第一主宾的右侧，其他陪同人员就可随便就坐。翻译人员一般安排在我方主谈人的右侧，也可在其后方。

如果在会谈的时候使用了长桌，则以门口方向为准，面朝门的一面为上方，背门的一方是下方。让外宾坐在上方。我方主谈人和主宾分别坐在自己一方的中间。

在谈话的过程中，态度要和蔼、仪态要大方、声音要适中，不要用过多的手势。要注意倾听对方发言，不要左顾右盼，或随时打断对方谈话。不能在会谈过程中打哈欠、看表等。谈话内容应事先准备充分，确定好谈话范围，不要随便答复自己不知道的事情，或者自己没把握、未经领导批准的问题。

注意不要谈论对方年龄、收入等私事。如果对方一时没有听明白你的问题，就应当让翻译再解释清楚。

根据外宾不同的生活习惯，要妥善安排好食宿事宜，切忌"一刀切"。并根据他们的活动日程，具体组织承办或者安排到有关单位会谈、参观、访问等。在外宾参观访问某单位时，该单位应照常继续工作。

在送外宾离开的时候，可以在送别会上向外宾赠送一些礼物，礼物一定要符合对方的民族宗教习惯，而且礼物的选用不要太贵重。然后，派身份和外宾相当的人员前往送行地点。当外宾乘坐的交通工具开动时，送行人员要挥手致意。在机场，一般要等飞机离地起飞后才能离开。

如果有外国工作人员同时送行，离开时要和对方告别，并且等到让他们车辆离开后自己才能离开。

用次序礼仪体现接待规格

接待过程中，最能够准确地突出来访者的身份，表达对来访者的尊重的形式之一就是次序的礼仪。接待过程中的次序礼仪一般要注意以下几点。

如果是开车送客人，则要请客人先上，打开车门，并用手示意，等客人坐稳后再上。一般应请客人坐在后排座的右侧，自己坐在左侧。如果客人有领导陪同，就请领导人坐在客人左侧，自己坐在前排司机的旁边。如果客人或领导已经坐好，就不必再要求按这个顺序调换。在客人就坐后，不要从同一车门随后而入，而应该关好门后从另一侧车门就坐。下车时，要自己先下，然后为领导或客人打开车门，等他们下车后关上车门。

迎客时，主人走在前；送客时，主人走在后。

陪客人走路，一般要请客人走在自己右边。主陪人员要和客人并排走，不能落在后面；其他陪同人员就应走在客人和主陪人员身后。在走廊里，应走在客人左前方几步。转弯、上楼梯时，要回头以手示意，有礼貌地说声"这边请"。进电梯时，有专人看守电梯的，客人先进，先出；无人看守电梯的，主人先进、后出并按住电钮，以防电梯门夹住客人。上楼时，客人走在前，主人走在后；下楼时，主人走在前，客人走在后。

到达接待室或领导办公室时，要对客人说"这里就是"或"这里是×××办公室"。如果是领导办公室，要先敲门，得到允许时再进。门如果是向外开的，应该请客人先进去；向里开的，自己先进去，按住门，再请客人进。

进门时，如果门是向外开的，把门拉开后，按住门，再请客人进。如果门是向内开的，把门推开后，请客人先进。

就座时，右为上座。即将客人安排在企业领导或其他陪同人员的右边。奉茶、递名片、握手。介绍时，应按职务从高至低进行。客人要离开时，要提前预订好返程车、船、机票。在客人事务结束后离开时，可根据情况安排一个小型送别会。安排好送客车辆，如有必要还应安排单位领导为客人送行。总之，社交场合，一般以右为大、为尊，以左为小，为次，进门上车，应让尊者先行，一切服务均从尊者开始。

如何让客人感受到尊重

1.与客人交谈中不接电话

忙碌可以理解，与客人交谈中没有电话好像不可能，但是要懂礼仪，在接电话前会形式上请对方允许，一般来说对方也会大度地说没问题。但是出于对客人尊重一般不接听电话，或者在对方允许下简短接听。

2.随身携带记事本

拜访中随手记下时间地点和客人姓名头衔；记下客人需求；答应客人要

办的事情；下次拜访的时间；也包括自己的工作总结和体会，对销售员来说这绝对是一个好的工作习惯。还有一个好处就是当你虔诚地一边做笔记一边听客人说话时，除了能鼓励客人更多说出他的需求外，一种受到尊重的感觉也在客人心中油然而生，你接下来的销售工作就不可能不顺利。

3.保持相同的谈话方式

这一点非常重要，你若思路敏捷口若悬河，说话更是不分对象像开机关枪般快节奏，碰到客人是上年纪思路跟不上的，根本不知道你在说什么，容易引起客人反感。

待客要"热情三到"

在待客礼仪中，热情是必不可少的，可以分为三个方面，我们称其为"热情三到"。

对远道而来的客人，热情地做好接站工作

我们在处理接待应酬时，对远道而来的客人，要做好接站工作。这样，既可以给客人以热情、周到的感觉，又可以使双方在感情上更加接近。

与行政或公交部门联系，按时安排迎客车辆；预先为客人准备好客房及膳食；若对所迎接的客人不熟悉，需准备一块迎客牌，写上"欢迎×××先生（女士）"以及本单位的名称；若有需要，还可准备鲜花等；还要高举迎客牌，以便客人辨认。

接站时要保证提前等候在迎接地点，迟到是不礼貌的，客人也会因此感到不愉快。客人在约定时间按时到达，接待人员应主动迎接，不应在会谈地点静候，见到客人应热情打招呼，先伸手相握，以示欢迎，同时应说一些寒暄辞令。如果客人是长者或身体不太好的人，就应上前搀扶，如果客人手中提有重物应主动接过来。

如果迎接地点不是会客地点，应热情把客人引导至事先安排的迎客车辆，前往住处。在车上接待者要主动与客人交谈，告知客人访问的安排，争取客人的意见。向客人介绍当地的风土人情，沿途景观。

接待规格要区别并热情对待

按礼仪规范，接待规格一般是遵循身份对等的原则，意思是说在安排接待人员时，根据来访客人的身份与级别，应安排身份相当、专业对口的人士出面迎送；接到来客通知后，接待方人员就要了解客人的基本信息，从而根据来客的情况和本单位的情况确定接待规格。

拜访客户，体现热情的谈话技巧

商务拜访时，我们在对客户做完打招呼、自我介绍、营造谈话氛围之后，就应该正式进入让客户当主角的时刻：让客户喋喋不休，而你专心聆听。

1. 做好开场白

提出议程，陈述议程对客户的价值，时间约定，询问是否接受。如："王经理，今天我是专门来向您了解贵公司对××产品的一些需求情况，通过了解你们明确的计划和需求，我可以为你们提供更方便的服务。我们谈的时间大约只需要5分钟，您看可以吗？"

2. 巧妙运用询问术，让客户说话

（1）设计好问题漏斗。通过询问客户来达到探寻客户需求的真正目的。在询问客户时，问题面要采用由宽到窄的方式逐渐进行深度探寻。如："王经理，您能不能介绍一下贵公司今年总体的商品销售趋势和情况？""贵公司在哪些方面有重点需求？""贵公司对某产品的需求情况，您能介绍一下吗？"

（2）运用扩大询问法和限定询问法。采用扩大询问法，可以让客户自由地发挥，让他多说，让我们知道更多的东西；而采用限定询问法，则让客户始终不远离会谈的主题，限定客户回答问题的方向。如："王经理，贵公司的产品需求计划是如何报审的呢？"这就是一个扩大式的询问法。而"王经理，像我们提交的一些供货计划，是需要通过您的审批后才能在下面的部门去落实吗？"这是一个典型的限定询问法。商务人士千万不要采用封闭话题式的询问法来代替客户作答，以造成对话的中止，如："王经理，你们每个月销售产品大概是六万元，对吧？"

（3）对客户谈到的要点进行总结并确认。根据会谈过程中记下的重点，对客户所谈到的内容进行简单总结，确保清楚、完整，并得到客户一致同意。如："王经理，今天我跟您约定的时间已经到了，很高兴从您这里听到了这么多宝贵的信息，真的很感谢您！您今天所谈到的内容一是关于……二是关于……是这些，对吗？"

3. 结束拜访时的再次确认

在结束初次拜访时，商务人士应该再次确认一下本次来访的主要目的是否达到，然后向客户叙述下次拜访的目的，约定下次拜访的时间。如："王经理，今天很感谢您用这么长的时间给我提供了这么多宝贵的信息，根据您今天所谈到的内容，我将回去好好地做一个供货计划方案，然后再来向您汇报。我下周二上午将方案带过来让您审阅，您看可以吗？"

做好上面三点，你就没有抢客户的风头，从而完成了一次成功的商务拜访。

宴席上的接待礼仪

1. 商务宴请的类型

宴请是国际公务交往中最常见的交际活动形式之一。各国宴请都有自己国家或民族的特点与习惯。国际上常用的宴请形式有宴会、招待会、茶话会、工作进餐等。

（1）宴会。宴会是较为隆重的正餐，可分别在早晨、中午、晚上举行，以晚宴最为隆重。

（2）国宴。国宴是国家元首或政府首脑为国家的庆典或为欢迎外国元首、政府首脑来访而举行的规格最高的宴会。宴会厅悬挂国旗，安排乐队奏国歌及席间乐，席间有致辞、祝酒。

（3）正式宴会。正式宴会安排与国宴大致相同，但不挂国旗、不奏国歌，宴席的规格也不同。宾主均按餐桌上写有姓名的席卡入座。正式宴会讲究排场，它对来宾、服务员的服饰、仪容、仪表、仪态，以及餐具、酒水和菜肴的道数，均有一定的要求。

（4）便宴，即非正式宴会。这种宴会形式简单，可不排席位，不安排正式讲话，菜肴道数可酌减。西方人的午餐有时不上汤，不上烈性酒。便宴较随便、亲切，宜用于日常友好交往。

（5）家宴，即在家中没便宴招待客人。西方人喜欢采用这种形式，以示亲切友好。家宴往往由主妇亲自下厨烹调，家人共同招待。

（6）招待会，招待会是指各种不备正餐、较为灵活的宴请形式，备有食品、酒水、饮料。通常不排席位，可以自由活动。

（7）冷餐会。这种宴请形式可在室内外举行，参加者可坐可立，并可自由活动。菜肴以冷食为主，酒和菜均可自取，亦可请服务员端送。

（8）酒会。它以酒水招待为主，略备小吃，不设坐椅，以便客人随意走动，自由交往。酒会举行的时间较为灵活，上午、下午、晚上均可。客人到达和退席时间不受限制。近年国际上举办大型活动采用酒会的形式渐趋普遍，1980年起我国国庆招待会也改用酒会形式。

（9）茶话会。茶话会是一种更为简单的招待方式，它一般在客厅举行，不排座位，请客人一边品茶一边交谈。

（10）工作进餐。工作进餐是现代国际交往中经常采用的一种非正式宴请形式，它不请配偶，只请与工作有关的人员，利用进餐时间，边吃边谈问题。

宴请采用何种形式，主要取决于惯例。通常正式的、高级别的、小范围的以举行宴会为宜，人数多时采用冷餐会或酒会，女士聚会多采用茶话会形式。

2.宴会的桌次、座位的安排及席间布置

宴会桌次的安排最为讲究。中国人习惯用圆桌。两桌和两桌以上桌次的安排有横、竖、花三种方式，可根据餐厅的不同形状来确定，长方形餐厅采用直排或横排利用率较高，而正方形餐厅采用花排则更为美观。

西式宴会则一般采用长桌。桌形的各种变化，以参加人数的多少和餐厅的大小形状而决定。但不论是中式宴会还是西式宴会，不论是二桌还是十桌、百桌，桌次大致原则基本相同，即主桌排定以后，其余桌次的高低以离主桌位的远近而定，离主桌越近的桌次越高，离主桌越远的桌次越低。平行桌以右桌为高，左桌为低。

桌次排定以后，更重要的是排定每一桌上就餐人员的席次，这项工作既复杂，礼仪要求又十分严格。

（1）中式宴会席次安排。

中式宴会席次的安排相对容易。席次的高低与桌次的高低原理基本相同，即右高左低，先右后左。主宾应安排在第一主人的右侧，副主宾应安排在第二主人的右侧，以此类推。如有夫人同桌就座，按国际惯例，应将男女穿插安排，第一主人的右侧和左侧安排主宾夫妇，第二主人的右侧和左侧安排副主宾夫妇，依次类推。我国的习惯是以个人本身职务排列，以便谈话，如夫人出席，常把女方排在一起，主宾夫人坐女主人的右侧。如遇一些特殊情况时便要灵活掌握。比如主宾身份高于主人，为表示对他的敬重，可以把主宾排在第一主人的位置，而主人则坐在主宾位置上，第二主人坐在主宾的左侧。假如需要配译员时，一般应将译员安排在主宾的右侧；同一桌上需安排第二译员时，可将其安排在第二主人右侧与第三宾客隔开的座位上。

（2）西式宴会席次安排。

西式宴会席次的安排有两种。这与圆桌席次的安排原理如出一辙。但要注意，不要把宾客排在桌端，如果有译员，自然也安排在第一或第二主人的右侧，与主人席间隔一席，以便主客交谈。也有译员不上席的，为便于主客交谈，可安排其坐在主人和主宾的背后。

冷餐台的菜台一般都用长方桌，靠餐厅四周或摆在餐厅的中央都可以。

就餐者通常是自由走动用餐。如需坐下用餐，也可摆四五人一桌的方桌或圆桌，座位略多于全体客人数，以便与席者自由就座。

酒会一般摆小圆桌或茶几，以放置些花瓶、烟缸、干果、小吃等。无坐席时，参加者可自由选择对象交谈。

3.客人抵达和离去时间及其他注意事项

宴请大都要发出请柬，事先口头约定的也要补发，这既是礼节、礼貌上的需要，也是起提醒、备忘之用。请柬要在宴请前1~2周发出，以便被邀请者有所准备。国际上习惯对夫妇两人发一张请柬，我国习惯每人发一张。宴请的时间应对主、客双方都合适。

决定接受邀请前去赴宴，要做的第一件事就是搞清楚宴请的时间和地点。

从时间上讲，提前一二分钟、正点，或迟一二分钟到达是最为适宜的，过早或过晚都是失礼的，同时，应对宴请所需的时间给予充裕的安排，赴宴而逗留时间过短同样是失礼的。其次，对宴请的地点以及行车的路线事先应该做到心中有底，因为这是准时到达宴请场所的重要保证。再有一点，一定要对请柬上注的桌次号码牢记在心，免得到宴请场所后东张西望，有失风度。

宴请开始，主人应在门口迎候来宾，有时还可由少数其他主要人员陪同主人列队欢迎客人。客人抵达后，宾主相互握手问候，随即由工作人员将客人引进休息厅。休息厅内安排有相应身份者接应客人，并以饮料待客。若无休息厅，可请客人直接进入宴会厅，但不落座。主宾到达后，主人应陪同主宾进入休息厅与其他客人见面。当主人陪同主宾进入宴会厅时，全体客人就座，宴会即可开始。

如果主人和主宾要发表讲话，一般安排在热菜之后，甜食之前进行。主人先讲。双方讲话有时也可安排在一入席时进行。吃水果后，主人与主宾离座，宴会即告结束。

西方习俗中客人抵达宴会厅时，有专人负责唱名。而在宴会上以女士为第一主人，人们入座、用餐、离席，均应以女主人的行动为准，不得抢先。

客人离去时，主人应送至门口，热情话别。在较正式场合时，在门口列队欢迎客人的人们，此时还应列队于门口，与客人一一握手告别，表示欢送之意。

4. 席间礼仪

一旦到了宴请场所，并找到了入座的桌次以后，要注意桌上的座位卡是否写着自己的名字，不可随意乱坐。只有确认自己的桌次、座位无误，而主人或主宾又已经入座的情况下，才可从椅子的左方入座。入座后，坐姿要端正，不可用手托腮或将双臂肘放在桌上，也不要随意翻动菜单，摆弄餐具或餐巾，这些举动都会给人以迫不及待的坏印象，最好是将双手放在自己的大腿上。尽管脚是别人看不见的，但同样也应该守规矩，要平放在自己的座位下，把脚搁在椅档上或伸出去踢着别人会使旁人和自己都感到尴尬。有时，坐定以后，服务人员还会递上一方湿毛巾，此时应礼貌地接下来并轻轻擦拭自己的双手和嘴角，不可用它擦脸，更不能用它擦颈脖或手臂。

当主人示意用餐可以开始时，便可将桌上的餐巾抖开，平摊在自己的双腿上。但要请注意，中式餐是将餐巾全部打开，西式餐的午餐也是如此，而西式餐的晚餐则是将餐巾打开到双折为止。将餐巾塞在颈脖里或系在腰带上的做法早已过时。拿餐巾来擦餐具或酒具的做法更是失礼的行为，因为这至少表明你对餐酒具的清洁持怀疑态度。假如中途需要离开一下时，可将餐巾稍微折一下放回到桌上，也有人将其放在椅子上。

正确陪行有讲究

在商务拜访与接待中，迎接客人和送别客人是有讲究的，贯穿其中，陪行也有礼仪方面的要求，细节做到位，才是能让对方感受到诚意。

迎接客人要有周密的部署

1.迎接礼仪

迎接，是拜访接待的第一个环节，也是最基本的形式和重要环节，是表达主人情谊、体现礼貌素养的重要方面。尤其是迎接，是给客人良好第一印象的最重要工作。给对方留下好的第一印象，就为下一步深入接触打下了基础。所以，在迎接客人的时候，部署要周密，对于以下事项一定要引起注意。

（1）如果对方是前来访问、洽谈业务、参加会议的外国或者外地客人，那么第一件事情是要先了解对方到达的车次、航班，安排与客人身份、职务相当的人员前去迎接。如果与来宾相应身份的主人因为某些原因不能前往，那么前去迎接的人应向客人致歉并作出礼貌的解释。

（2）主人应当提前到达到车站、机场恭候客人的到来，因为迟到而让客人久等是拜访接待礼仪的大忌。因为客人看到有人来迎接，内心必定感到非常高兴，若迎接来迟，必定会给客人心里留下阴影，事后无论怎样解释，对方心里对于接待方的失职和不守信誉的印象都很难消除了。

（3）在和客人会面之后，应当首先问候"一路辛苦了""欢迎您来到我们这个美丽的城市""欢迎您来到我们公司"等等。然后向对方作自我介绍，如果有名片，可送予对方。

（4）在迎接客人的时候，应当提前为客人准备好交通工具，如果等到客人到了才匆匆忙忙准备交通工具的话，很有可能会让客人久等从而误事。

（5）客人的住宿应当提前安排好，在帮客人办理好一切手续并将客人领进房间的同时向客人介绍住处的服务、设施，将活动的计划、日程安排交给客人，最好还能把准备好的地图或旅游图、名胜古迹等介绍材料送给客人，便于客人在此期间出行和游玩。

（6）考虑到客人一路旅途劳累，主人不宜久留，让客人早些休息。分手时将下次联系的时间、地点、方式等告诉客人。但是，也不宜在将客人送到住地后立刻就离去，应陪客人稍作停留，热情交谈，谈话内容要让客人感到满意，比如客人参与活动的背景材料、当地风土人情、有特点的自然景观、特产、物价等。

2.接待礼仪

在接待客人的时候，以下几点要注意：

（1）客人到来时，我方负责人由于种种原因不能马上接见，要向客人说明等待理由与等待时间，若客人愿意等待，应该向客人提供饮料、杂志，如果可能，应该时常为客人换饮料。

（2）如果客人来找单位负责人，而恰好负责人又不在的时候，就要明确告诉对方负责人到何处去了，以及何时回本单位。请客人留下电话、地址，并且确定下来，下次是我方负责人到对方单位去，还是客人再次来单位。

（3）诚心诚意地奉茶。我国人民习惯以茶水招待客人，在招待尊贵客人时，茶具要特别讲究，倒茶有许多规矩，递茶也有许多讲究。

3.乘车礼仪

小轿车：

（1）如果有司机的话，小轿车的座位，以后排右侧为首，以左侧次之，中间座位再次之，然后是前坐右侧，末席则是前排中间。

（2）如果由主人亲自驾驶，则首位为驾驶座右侧，次席为后排右侧，左侧再次之，而末席则是后排的中间座位，而前排中间座则不宜再安排客人。

（3）主人亲自驾车，坐客只有一人，应坐在主人旁边。若同坐多人，中途坐前座的客人下车后，在后面坐的客人应改坐前座，此项礼节最易疏忽。

（4）如果是主人夫妇驾车，则主人夫妇坐前座，客人夫妇坐后座，男士要服务于自己的夫人,宜开车门让夫人先上车,然后自己再上车。

(5)如果主人夫妇搭载友人夫妇的车,则最合乎礼节的坐法是友人坐前座,友人之妇坐后座,或让友人夫妇都坐前座。

吉普车:

在吉普车上无论是主人驾驶还是司机驾驶,都应该让客人坐在前排右座,以后排右侧为次座,后排左侧为末席。上车时,后排位低者先上车,前排尊者后上。下车时前排客人先下,再让后排客人下车。

旅行车:

我们在接待团体客人时,多采用旅行车接送客人。旅行车以司机座后第一排,即前排为尊,后排依次为小。其座位的尊卑,依每排右侧往左侧递减。

乘坐车辆,特别是轿车,座次的安排很有讲究。为轿车具体进行排座时,必须注意不同数量座位的轿车,排位方法各不相同。同一种轿车上,驾车者的身份不同,排座也不一样。位在轿车前排的副驾驶座,在由专职司机驾车时,一般被称为"随员座",它是属于陪同、秘书、翻译或是警卫人员的专座。参加社会性质的活动时,让妇女或儿童坐在那个位置,就不合适了。

(1)双排五座轿车。

这种轿车在国内最为普遍。当主人亲自驾车时,其座次从高到低依次是:副驾驶座、后排右座、后排左座、后排中座。当是专职司机驾车时,座次由高到低是:后排右座、后排左座、后排中座、副驾驶座。

(2)三排七座轿车。

当主人驾驶时:副驾驶座、后排右座、后排左座、后排中座、中排右座、中排左座。当专职司机驾驶时:后排右座、后排左座、后排中座、中排右座、中排左座、副驾驶座。

(3)三排九座轿车。

当主人驾驶时:前排右座、前排中座、中排右座、中排中座、中排左座、后排右座、后排中座、后排左座。有专职司机时，依次为：中排右座、中排中座、中排左座、后排右座、后排中座、后排左座、前排右座、前排中座。

（4）多排座轿车。

我们所讲的多排座轿车是特指四排或四排座以上的轿车，不管是谁驾车，座次都是由前而后，自右而左，依距离前门远近排定。

（5）吉普车的座次。吉普车几乎都是四座车，不管由谁驾驶，吉普车上座次由尊至卑依次是：副驾驶座，后排右座，后排左座。

（6）乘坐轿车时，应请尊长、女士、来宾上座，这是给予对方的一种礼遇。但也不要忘了要尊重客人本人的意愿和选择。上下轿车时，可以请尊长、女士、来宾先上车，后下车。

（7）在火车上，则是朝前方、靠窗的位置是最上席。如果是三人座，最外的座位是次上席，中间的是末席。如果是二人座，当然是里上外下了。不过，三人座时，如果尊者是一对夫妇，而你们仨又是三人座时，就不必非得是里上外次中下的顺序，硬要在中间作"灯泡"。

商务招待获得成功八秘诀

招待工作也蕴含着艺术的想象。商业经理人应该有这种意识。要获得业务并成功合作，必须使客户得到真正的快乐。商务招待，应该被看作一种投资，而且最好要有明确目的。明确目的指的是具体的需要。

商务招待的基本原则是，可以高消费，但是要反对浪费。

商务招待成功的秘诀在于细心，照顾到每一个客人的喜好，他们会高兴你的细心的。

商务招待是经常发生的活动，从办公室的一杯茶水到招待客人吃工作餐，再到高级别的正式宴会。好的商务招待可从以下方面去着手。

（1）在一对一的基础上去了解客人。

（2）对新老朋友都热情相待。

（3）得到帮助，真诚表达你的谢意。

（4）商业场合不要羞于推销你自己（这一点我们还做得远远不够）。

（5）得到热情招待，要在适当时机考虑回报。

（6）强化与老客户的关系（我们80%的商业利润可能就来自那20%的老客户）。

（7）在商务招待中提高公司形象。

（8）注意在招待过程中强调公司的任务，但要做得灵活而漂亮。

熟悉接待工作具体事项

（1）首先要了解清楚来宾的基本情况，包括所在单位、姓名、性别、职务、级别及一行人数，以及到达的日期和地点。

（2）填报请示报告卡片，将来宾情况和意图向有关领导报告，并根据对方意图和实际情况，拟出接待计划和日程安排的初步意见，一并报请领导批示。

（3）根据来宾的身份和其他实际情况，通知具体接待部门安排好住宿。

（4）根据实际工作需要，安排好来宾用车和接待工作用车。

（5）在国家规定标准的范围内，尽可能周到地安排好来宾的饮食。

（6）根据来宾的工作内容，分别做好以下安排：

如来宾要进行参观学习，则应根据对方的要求，事先安排好参观点，并通知有关部门或单位准备汇报材料，组织好有关情况介绍、现场操作和表演、产品或样品陈列等各项准备工作。

（7）根据对方的工作内容，事先拟订出各个项目陪同人员的名单，报请领导批准后，即通知有关人员不要外出，并做好准备。

（8）根据来宾的身份和抵达的日期、地点，安排有关领导或工作人员到车站、机场、码头迎接。

（9）来宾到达并住下后，双方商定具体的活动日程，尽快将日程安排印发有关领导和部门按此执行。

（10）在合适的时机按照大体对等的礼仪原则，安排有关领导同志看望来宾，事先安排好地点及陪同人员。

（11）根据领导指示或来宾要求，做好游览风景区和名胜古迹的安排。

（12）在条件许可的情况下，为来宾安排一些必要的文化娱乐活动，如电影、地方戏剧、晚会、书画活动、参观展览等。

（13）根据来宾要求，安排好体育活动，通知体育场馆做好场地、器材等准备，并安排陪同人员。

（14）来宾如有重要身份，或活动具有重要意义，则应通知有关新闻单位派人进行采访、报道，负责介绍情况，安排采访对象谈话，并受领导委托对稿件进行把关。

（15）事先征询来宾意见，预订、预购返程车船或飞机票。

（16）来宾离去时，安排有关领导或工作人员到住地或去车站、码头、机场为客人送行。

如何接待难缠的客户

根据最新的调查，从事面对面客户服务的工作者认为最难缠的客户是以下四类人：

（1）固执的怪人。

这种客户不关心解决问题，而是"为了投诉而投诉"。他们的座右铭是"我是对的，你是错的。"他们尽全力去证明自己是对的，而对方是不合格的客户服务者。

照片冲印店的职员就遇到过这种情况，一个客户指责没有把他的照片冲印好，曝光不足，尽管后来他承认是自己没有运用足够的灯光造成的，但依然投诉为什么不在冲洗时替他修正！固执的怪人占难缠的客户中的36%。

（2）唠叨者。

这种客户只会不停地唠叨。完全不理会什么解决方案，他们对表达自我有着异乎寻常的强烈需求。唠叨者占难缠的客户中的17%。

（3）妄自尊大者。

这类客户总是期望你立即放下所有的事情去为他解决问题。如果你已经帮他把问题提交到处理程序中,他打电话过来催问的次数比一般人多三倍。妄自尊大者占难缠的客户中的34%。

(4)我要找你老板。

这类客户遇到问题总是立即要求找你的主管,让你觉得好像自己是个白痴。"如果你不能给我想要的,那么我肯定你的老板会给我的。"他们总是问"你老板在吗?"或"你来这家公司多久了?"这类人占难缠客户中的11%。

另外,还有2%的人是在遇到某些偶发事件和非常状态时很难缠。

解决方案:

当你遇到以上这些客户时,请采用以下3个步骤:

第一步,管理对方的期望。

告诉对方需要等待一段时间,因为在他前面有事情在忙着。在迪士尼乐园,如果游乐玩具前面排起长龙,那么计时器就会显示最后一位等候者到可以玩上游戏需要等多久,而这个时间往往比真实情况多出10分钟。高级餐厅服务生在点完菜后会说:"请您稍等片刻。"在酒店里,你会被告知:"您的房间将在11点打理好。"

第二步,给他一个理由。

研究表明,人们更容易接受被告知缘由的问题,而很难接受连起因都不知道的问题。一家计算机打印机厂家的客服是这样处理一个投诉的:一个客户打电话来抱怨打印机打出的颜色不对,这种情况已经持续3天了。客服代表告诉他是因为天气的原因,客户很不满意,他要求一个明确答复,什么时候可以解决他的问题。这时客服代表继续解释道,造成这种情况是因为打印机周围的湿气太大,如果他希望尽快解决这个问题,去购买一台空气干燥机就可以了。你有这种简单易行的回答去解决客户的一般性抱怨吗?

第三步,称赞他们的耐心。

告诉对方你感谢他的合作。当你感谢某人或者称赞某人的时候,你就打开了合作的大门。

要注意避免的错误：

（1）幽默。

尽管你和对方已经慢慢熟悉起来，但只要你还没有看到能够达成双方都满意的结果之前，不要去搞笑，这有损你的专业形象。

（2）"尽人皆知"综合征。

有些事对你可能是常识，但不是每个人都和你一样。一个客户向零售店退回一部寻呼机，因为它无法正常工作。当客服代表检测时发现，它是好的。原来客户学会了打开电源，以及如何阅读信息，但是并不知道，当没有人发信息给他的时候，寻呼机不会显示任何信息。

（3）说得太多。

说得太多是客户服务的大忌。当你说呀说呀的时候，接下来会发生什么？客户开始问越来越多的问题，当客户问到连你也无法解释的问题的时候，你就会被认为是不合格的。请注意，当别人在仔细听你的时候，他也会在随后反对你。

如何应付不速之客

作为助理，难免会遇到不速之客，总会因此而影响了自己的工作。那么，我们该怎么有效应付不速之客，使之既显示出我们的礼貌，又不会而因此影响了我们的工作呢？

不速之客，可能是客户、同事。我们要根据他们的身份不同，采取不同的措施。

（1）领导的上级或客户。应该热情地请他们到会客室就座，并给他们倒上一杯茶，可以说"您稍等一下，我看一下×××在不在"，并马上告诉领导，再按领导的指示接待、安排。

（2）是领导的亲朋。请他们到会客室就座，并马上通知领导，再按领导的指示接待。

（3）是公司内部的管理人员。他们如果说有急事要见领导的话，你绝对不应该这时候拿腔拿调，要马上通报，以免误事。

（4）是推销员。这类人员我们可能遇到的最多。这时候你就要先让他们稍等，然后打电话给相关部门。如果相关部门有意向或是事先有约的话，就要指引他们过去。

如果那些推销员坚持要见领导，这有两个可能。一是确实和领导有约，二是从没约定，只是他觉得见领导可能更益于他的推销工作，而不想去考虑是否因此耽误了别人的工作（绝大部分都是这种）。这时候，也没必要黑脸推辞，可以委婉地让他们把材料留下，回头请领导过目。领导如果感兴趣，会及时主动和他们联系。

（5）是客户。有些客户来访的问题，是很简单的，根本不需要领导出面就可以解决。所以，作为助理的你，这时候就要显示出"分担领导工作"的本能了。你可以介绍他们去找相关部门的主管或相关人员交涉。你应该先替他联系一下，然后再向他指明该部门的名称、位置。如果不好找，最好能引领客人去。

（6）是其他不速之客。这种情况，你就要先请对方报上姓名、单位、来访目的等基本资料后，再去请示领导，由领导自己决定是不是会见。

由此可见，应对不速之客的基本方式，还是要多"请示"，不可以擅作主张，一不小心得罪了公司的大客户或是得罪了领导的私人关系，就没必要了。

一次性纸杯要套座托

在现代生活中，邀请朋友来家做客应该说是待人的最高礼遇了，因此，在待客的细节上也要千万小心，不要因为一点点的失礼而得罪了客人。同样，受邀的客人更应该注重做客礼节，以示对主人的尊敬与感谢。

现在很多家庭喜欢用一次性纸杯招待客人，以示干净。其实这种做法是有些失礼的，一次性纸杯只适合在家庭中举行的同龄人舞会等多人聚会中使用。对于客人的专门拜访，主人应该用好东西招待客人，用一次性的纸杯显得没把客人的来访看得很郑重，这是对客人的不礼貌。如果您和客人都觉得还是用一次性杯子放心，那么您最好准备几只漂亮的杯座托儿，这样正式一些，也显示出对客人的尊敬。

接待外商参观的注意事项

（1）外商来本地区（单位）参观时，对本地区（单位）介绍应简明扼要、实事求是；内容要真实、材料要丰富、形式要活泼多样，既不夸大成绩，也不掩饰不足。

（2）外商参观的工厂、学校不应停工、停课，工作和学习都要照常进行。当客人主动与我方人员握手、攀谈时，可热情地做相应表示。

（3）外商参观的单位不应自行悬挂标语、国旗和外国领袖像等，应听从接待单位的统一安排。

（4）陪同参观人员不宜过多，同时应做好保卫工作。指定陪同人员不应半途离去或不辞而别。

（5）介绍情况应面向全体，注意避免冷落另一些客人。对方提出的问题，应区别情况谨慎地做简明答复，不要不懂装懂，不要轻易表态，更不要随意允诺送给客人礼品、产品、资料等，注意内外有别，遵守保密规定。

（6）参观时，不仅要照顾好主宾，还应照顾好其他客人，防止队伍首尾不接。

（7）我方陪同人员应利用有益于对外宣传的事物，及时向客人介绍。

礼貌送客的程序

如客人提出告辞时，接待人员要等客人起身后再站起来相送，切忌没等客人起身，自己先于客人起立相送，这是很不礼貌的。若客人提出告辞，接待人员仍端坐办公桌前，嘴里说再见，而手中却还忙着自己的事，甚至连眼神也没有转到客人身上，更是不礼貌的行为。"出迎三步，身送七步"是迎送宾客最基本的礼仪。因此，每次见面结束，都要以将再次见面的心情来恭送对方回去。通常当客人起身告辞时，接待人员应马上站起来，主动为客人取下衣帽，帮他穿上，与客人握手告别，同时选择最合适的言词送别，如希望下次再来等礼貌用语。尤其对初次来访的客人更应热情、周到、细致。

当客人带有较多或较重的物品，送客时应帮客人代提重物。与客人在门口、电梯口或汽车旁告别时，要与客人握手，目送客人上车或离开，要以恭敬真诚的态度，笑容可掬地送客，不要急于返回，应鞠躬挥手致意，待客人移出视线后，才可结束告别仪式。

商务送礼的礼品选购

我们生活在一个讲"礼"的环境里，如果你不讲"礼"，简直就是寸步难行，被人唾弃。求人要送礼，联络关系要送礼，"以礼服人""礼多人不怪"，这是古老的中国格言，它在今天仍有十分实用的效果。

调查研究指出，日本产品之所以能成功地打入美国市场，其中最秘密的武器就是日本人的小礼物。换句话说，日本人是用小礼物打开美国市场的，小礼物在商务交际中起到了不可估量的作用。

如今商品社会，"利"和"礼"是连在一起的，往往是"利""礼"相关，先"礼"后"利"，有"礼"才有"利"，这已经成了商务交际的一般规则。在这方面道理不难懂，难就难在操作上，你送礼的功夫是否到家，不显山露水，却能够打动人心。

商务送礼其实已成了一种艺术和技巧，从时间、地点一直到选择礼品，都是一件很费人心思的事情。很多大公司在计算机里有专门的储存，对一些主要关系公司、关系人物的身份、地位以及爱好、生日都有记录，逢年过节，或者什么合适的日子，总有例行或专门的送礼，巩固和发展自己的关系网，确立和巩固自己的商业地位。

商务送礼小贴士：

特别选择受礼者想要的东西才是最好的礼物。

最好的礼物是意外的。

最好的礼物是一个忠实的友谊表示。

最好的礼物表示一种幽默感。

最好的礼物可以流露出高贵的考究和思想。

最好的礼物就是不会超出你的预算的东西。

送礼忌讳

（1）选择的礼物，你自己要喜欢，你自己都不喜欢，别人怎么会喜欢呢？

（2）为避免几年选同样的礼物给同一个人的尴尬情况发生，最好每年送礼时做一下记录为好。

（3）千万不要把以前接收的礼物转送出去，不要以为人家不知道，送礼物给你的人会留意你有没有用他所送的物品。

（4）切勿直接去问对方喜欢什么礼物，一方面可能他要求的会导致你超出预算，另一方面你即使照着他的意思去买，可能会出现这样的情况，就是："呀，我曾经见过更大一点的，大一点不是更好吗？"

（5）切忌送一些将会刺激别人感受的东西。

（6）不要打算以你的礼物来改变别人的品位和习惯。

（7）必须考虑接受礼物人的职位、年龄、性别等。

（8）即使你比较富裕，送礼物给一般朋友也不宜太过，而送一些有纪念的礼物较好。如你送给朋友儿子的礼物比他父母送他的礼物贵，这自然会引起他父母的不快，同时也会令两份礼物失去意义。

接受一份你知道你的朋友难以负担的精美礼品，内心会很过意不去，因此，送礼的人最好在自己能力负担范围内较为人乐于接受。

（9）谨记除去价钱牌及商店的袋装，无论礼物本身是如何不名贵，最好用包装纸包装，有时细微的地方更能显出送礼人的心意。

做好拜访前的预约

做客要预约，这个常识大家应该都有，只是有时候面对一些非常熟的人，可能觉得没有必要，或是太过于形式化的反而让人家觉得是见外或是摆架子，于是就不约而至。这样突然的拜访，经常会给对方带来不便和困扰，例如郭冬临、魏积安演的一个小品中，郭冬临不预约就突然来到了好友魏积安家里，恰巧魏积安夫妇正准备出去看演出，郭冬临的到来让他们很为难，直说情况又怕郭冬临误会自己要赶他走，不说的话郭冬临又一直不走。郭冬临没有眼力劲，不懂做客礼貌的形象成为了观众的笑料。然而，在现实中如果发生这样的事，影响就可大可小了，你的不礼貌也许就会损害你的形象，招致别人的厌恶，一段良好的关系就这样被抹上了污点。

做客之前先预约，可以让对方做好准备，大家时间充裕一些，玩得也更尽兴些。有的人可能认为好朋友之间还预约，显得太见外了，其实预约，并不见得是种生疏的表现，而是出于对对方的尊重。

到了别人住处之后，不要乱走，更不要乱翻乱动。如果主人正在忙，你可以自己找点事做，比如查收一下短信，参观一下客厅，但是只能看，不能碰，比如说看一下人家摆放的鱼缸、工艺品。如果刚好有别的朋友要见你，你们可以另约地方。除非经过主人同意，否则不要随便把自己的朋友叫到他人家中。

在别人家里不要待太久，以免打扰别人休息，尤其是第一次到对方家中。另外，去别人家里做客，要学会察言观色，除非对方留你一起吃饭，否则不要等到别人快吃饭或要开始做饭的时候才开口告辞，否则会给别人带来很多不便，或许人家当面不会说什么，也许心里一直在嘀咕你多么没有眼力呢。

总之，做客也有很多细节需要讲究，无论多熟，也要记得预约，要懂礼仪。商场上的会见礼仪更是如此。

事先预约：守时让对方感受尊重

拜访客户时间是最大的关键，要根据自己和客户的工作时间来选择拜访，不但能提高工作效率，还是一种礼貌问题。

和公司的其他推销员相比，麦克通过电话预约客户总是很顺利，因为麦克对客户的需要很了解。在拜访客户以前，麦克总是掌握了客户的一些基本资料，根据不同客户的特点，以打电话的方式先和客户约定拜访的时间。

从上午7点开始，麦克便开始了一天的工作。除了吃饭的时间，麦克始终没有闲过。麦克5点半有一个约会，为了利用4~5点半这段时间，他便打电话与客户约定拜访的时间，以便为下星期的推销拜访预做安排。麦克会根据客户不同的职业选择不同的拜访时间。

麦克拜访客户是有计划的。他把一天当中所要拜访的客户都选定在某一区域之内，这样可以减少来回奔波的时间。根据麦克的经验，他总是利用45分钟的时间做拜访前的电话联系，确定了拜访的具体时间，然后再去拜访客户。

在安排拜访时间时，除了要考虑自己一天的拜访路线，更重要的是要根据访问对象的特点选择不同的时间段。原则上来说，只有在访问对象最空闲的时候，才是访问最理想的时间。因此，如果在会面前需要进行电话预约，那么预约时间一定要针对不同客户而有所区别；如果是直接上门推销，更需要选择适当的时间。推销员只有在恰当的时间推销，才有可能取得成功。

其次，如果和客户事先已约定时间见面，预约的时间一旦确定，就必须遵守，在约定的时间内到达，这是必须遵守的原则。

再者，无论是预约还是见面，应尽量避开以下时间：

（1）会议前后、午餐前后、出差前后。会议前或出差前，人们需要养精蓄锐；午餐前人们往往饥肠辘辘；会议后或出差结束，人们都想解除一下全身的疲劳；午餐后，人们更是想享受一下饱餐之后的休息。你在这些时间去向其推销，结果可想而知。

（2）星期天或法定假日。商场中的人，整日忙碌，在不可多得的假日里,都想享受一下天伦之乐,在此时打扰,会让人觉得不近人情。

(3)不要选择搭乘火车、飞机前的时间。此时推销,无异于乱中添乱,自然不会有很好的效果,从而白白丧失机会。

如果因为不知道对方的情况而选择了这些不利的时间,一定要向对方道歉,说一句:"对不起,不知道您有这样的计划,如果太忙,我们改日再谈。"如此,便能给对方留下一个好印象,为下一次的拜访打下良好的基础。

时间就是金钱,推销员必须用心安排自己的访问时间,以免因择时不当而浪费时间。另外,在每一次的访问活动中,要努力达成彼此之间心与心的交流,这是推销成功与否的关键所在。

当谈话结束之后,不必急着立刻起身告辞。有的时候对方正好很空闲,希望你留下来陪他聊聊天。这时候对方会制造话题,你只要附和对方的话题就可以了。

你不必太过于顾虑对方,因为生怕起身告辞是件失礼的事,而唠唠叨叨说些不相关的话,这样反而更让对方为难。是你去拜访对方,你不主动起身告辞,对方也不能请你告辞。只是,告辞必须有技巧,最好不要自己说:"今天就到此为止吧!"你可以表示:"如果没有问题的话……"对方就会说:"没事了,那么今天就这样了。"然后你再起身告辞,这也是一种礼貌。

有的时候对方会送你到大门口,或是为你拉开大门说:"请!"这个时候你可不必礼让,就大大方方地走出去好了。有时候,对方只是意思地送你一下,所以在电梯门口或走廊上,你就可以向对方表示:"你请留步!"如果对方接受,他就会说:"那您慢走。"如果对方想要送你到大门口,他就会表示:"没有关系,我送您出去。"这时你也不必坚持,就让对方送你到大门口,再向对方致谢也无妨。

如果对方的谈话延长,眼看很可能会超出预定的拜访时间,应如何处置呢?

首先是考虑接下来预定的事情重不重要或紧急与否，若必须按时处理，只好以委婉的语气告诉此刻的拜访对象，说明自己几点钟另有要事，非赶回去处理不可。言谈之间要顾及对方的立场，别让人误以为你厚此薄彼。

如果此时所讨论的事项尚未解决，而有必要继续加以研讨，则不妨顺便约定下次的会面时间和地点。

相对地，假使接下来的预定行程不如眼前的事情重要，则必须要求暂时离开，打电话联络预定拜访对象或打电话说明自己目前的状况。

事先选好会面地点

推销员在与客户接触的过程中，选择一个恰当的约见地点，与选择一个恰当的约见时间同等重要。

在政治谈判中，为了选定一个会谈场所，不知要讨论多少次。不管谁当东道主，谈判各方总是希望他们做出有利于自己的安排，因此，最终往往选择一个中立地点谈判。对推销员而言，商务谈判或推销活动的重要性，并不亚于一场政治谈判对一个国家、一个政治集团的重要性。可是，有些推销员却经常忽略地点的重要性。

对于推销地点的选择，首选是自己容易掌控的地方，例如自己的公司、自己的办公室。个中优势，国际管理集团的创始人马克一语中的：在你的地盘上谈判，会给对方一种"入侵"的感觉，对方的潜意识中极有可能存在或多或少的紧张情绪。

如果你彬彬有礼，让对方舒服放松，他的紧张情绪就会大大减缓，而你也就赢得了他的信任——即使真正的谈判还未开始！确实，在自己的地盘上推销，有许多"主场"优势。例如可以充分利用各种有利条件，尽情地布置自己的办公室，使环境有利于推销；如果对方未接受我方提议就想离开，可以很方便地予以阻止；以逸待劳，心理上占有优势；节省时间和路费；如发生意外事件，可以直接找上司解决；可以充分准备各种资料和展示工具，迅速回答对方提出的问题，并充分展示己方的优点。

美国有一位人寿保险推销巨星，名叫约翰·沙维奇。他从来不做不管三七二十一就敲陌生人的门的事，而是全力开发客户和让朋友给介绍的客户，并极力主张邀请客户到自己办公室来商谈。许多推销员认为不能叫客户上门，对于这一点，原一平曾说："他们（推销员或经纪人）不可能要客户到自己的办公室去，可是牙医就可以。那些经纪人就是喜欢跑出去受点伤害，才觉得自己是在做行销的那种人。

我们找客户来办公室，并不是要伤害他们，所以拜托大家，做事要专业一点，想想，你的客户希望从你身上得到的是什么？他们要的，只是你的'服务'和'诚实'。"

由此可见，推销员对自己的专业能力、形象、身份信心不足，尤其是低估了自己对客户的影响力是他们不敢叫客户上门的主要原因。其实，如果推销员不开口，怎么知道客户愿意不愿意？当然，作为一名普通的推销员，不可避免地要在客户的地盘上商谈，此时也不能因此而怯场，而应该做好准备，时刻预备反客为主。

实际上，在客户的地盘商谈也有一些优势，例如，可以不受自己的琐事干扰，全心全力商谈；可以找借口说资料不全，回避一些敏感问题；必要时可以直接找客户首脑人物；让客户负责烦琐的接待工作等。

但劣势也是显而易见的：客户可能受其他工作影响，无法全心全意商谈，甚至可能随时中止商谈；资料、展示工具受条件限制，无法全力展示；在相对陌生的环境，容易感到压力，影响水平发挥；花费往返时间、支出费用。

面对优劣之势，我们能做的就是：在自己可掌控的范围充分做好物质与心理准备，以把自己的劣势降到最低，而将优势发挥到最大。

除了办公室之外，还可以选择其他地点进行推销。例如，选择在客户的接待室。这时你便有许多需要注意的问题，如应坐在靠近入口处等候，对接待人员表示好感。在对方到达以前，不要吸烟、喝茶。面谈时，不要同对方正面相对，可以坐在对方左边或右边的位子上。如果选择在客户的家中，由于气氛一般比较和谐，容易放松警惕，但你的一举一动仍会影响客户对你的信任，因此要注意应有的礼节，对客户妻小也要有礼貌。客户让你坐在哪里，你就坐在哪里。客户没到时，不要吸烟、喝茶。

如果选择在高尔夫球场、餐厅、咖啡屋等场合，则四周不应喧闹，并且应该分清宴会与推销的差别，气氛应有推销的意味，否则会给人以不庄重的感觉。喝酒时，更不可硬邀客户共饮。

总之，可供推销员选择的约见地点有客户的家中、办公室、公司场所、社交场合等。约见地点各异，对推销结果也会产生不同的影响。为了提高成交率，推销员应学会选择效果最佳的地点约见客户，从"方便客户与利于推销"为原则出发选定约见的合适场所。

约见客户，不仅仅要洽谈业务，更要注重环境的选择。环境不佳，会令会面效果大打折扣。因此，在可能的情况下，一定要争取选择清静、幽雅的地点，要让与会者感觉出邀请者的诚意，这样才能实现会面的目的。

拜访准备：了解充分才能拜访得体

拜访客户是每个销售人员最重要的工作内容，拜访客户不是简简单单地与客户见面，与客户见面后，我们要聊什么、怎么聊，都是营销人员必须提前做好的准备工作。具体有关销售员拜访客户前的准备有以下几个环节：

1.了解客户的相关信息

客户的姓名、性别、职位、大致年龄、话语权、专业知识熟练程度、联系方式、兴趣爱好等相关信息，营销人员必须提前了解。这些信息，有助于营销人员在正式拜访客户时，恰到好处地与客户进行沟通、交流，促成商业合作的达成。

2.与客户约好拜访时间

拜访客户前，一定要提前与客户约好拜访时间；如果没有预约就直接登门拜访，那是对客户的一种不尊重和非常鲁莽的行为，从而可能导致商业合作就此中断。

一般来说，上午9~10点、下午2~3点之间是非常适合拜访客户的时间。

一方面客户正处于上班时期，双方精力都很充沛；另一方面，双方都有充足的时间来进行深入的沟通和交流。

原则上，不赞同上午或下午刚上班就去拜访客户，因为这种时候，往往是客户处理杂事、安排工作的时候，客户会非常忙，其重心和关注度也不在这次商业合作上面。

3. 准备好拜访资料

销售员必须提前准备好相关的拜访资料。包括：公司宣传资料、个人名片、笔记本计算机（需配备无线网卡）、笔记本（公司统一发放，用于记录客户提出的问题和建议）等。

如果有必要，还需要带上公司的合同文本、产品报价单等。其中，包括公司提供的产品类型、单价、总价、优惠价、付款方式、合作细则、服务约定、特殊要求等。

4. 提前准备好应对竞争对手的措辞

客户在作出最终决定前，往往是"货比三家"。营销人员必须针对这些主要竞争对手，提前准备好措辞。主要包括：我们与主要竞争对手的区别在哪里？我们的优势在哪里？竞争对手的优势和弱势各在哪里？相比竞争对手，我们的比较优势是哪些？

这些措辞的提前准备，非常有助于营销人员在拜访过程中直接"攻克"客户的内心，不会处于"被动"的局面。

5. 确定拜访人数

对不同的客户，在不同的时间段内，根据客户不同的需求，营销人员的人数是不一样的。如果是一般性质的拜访，或者是不需要太多技术含量的拜访，营销人员的人数一人即可。

如果是非常正式的、重要的拜访，尤其是技术含量要求比较高的拜访，营销人员的人数至少要求是2~3人。比较科学的3人拜访团队，遵循以下分工原则：1人负责公关，沟通感情，以营销人员为主导；1人负责技术或者专业性质的谈话，主要针对那些技术含量较高的话题，给客户进行解答和回复；1人负责协调或者是助理的角色，处理客户与公司之间的协调、沟通事项。

6.提前到达拜访地点

拜访迟到的销售人员非常不受客户欢迎，而且很难成功。营销人员一定要先计算到达客户处的大致时间，并预留出一些机动时间。绝对不能让客户感到自己没有得到足够的尊重。

如果营销人员到达拜访地点的时间很早，那么营销人员可以先熟悉一下周围环境，缓解一下紧张情绪，同时整理自己形象，回顾拜访措辞。营销人员适宜在约定时间前15分钟左右的时间内给客户去电话，表示自己已经到达拜访地点，等待客户的会见。

7.遵守客户公司的规章制度

很多公司对来访人员都要求做来访登记，即使已经和客户建立了很好的伙伴关系，也要认真填写好来访登记，这是基本的职业道德素养。

在等待过程中，如果接待人员有空闲时间和兴趣，营销人员可以简单介绍自己公司情况，并郑重递上自己的名片和公司资料，同时从侧面了解客户公司的相关情况。

综上所述，拜访客户之前，必须有充分准备，了解客户的需求，在收集到重要客户的信息后，推销人员要根据具体的推销目标对客户的信息进行科学整理。在整理客户信息时，推销人员可以借助现代企业的客户漏斗管理方法对自己的客户信息进行有效管理。

常用的一种客户信息管理模型是客户漏斗管理模型，依靠这种管理模型销售人员就可以不断挖掘客户、分析客户和筛选客户，并且能够最优化的配备企业资源，将最优资源利用到能为企业带来更多利润的客户身上。依据客户漏斗管理模型，客户信息的整理过程可以分为三个阶段。

首先是归类目标市场阶段。根据产品的定位，确定出哪类客户对自己的产品会产生需求，将这一部分的客户信息再进行分析，进一步明确客户需求量的大小，最后依据完全整理好的客户信息进行有序分类。

其次是划分潜在客户。销售人员在划分潜在客户的时候，即要充分掌握客户的资料信息，也要充分利用公司的资源展开分析，最终确定那些购买意向较强的潜在客户。

最后就是锁定目标客户阶段。目标客户就是指那些已经明确表示购买产品且有购买能力，在近期内就可以达成交易的潜在客户。

商务拜访：自我介绍要简洁清晰

商务拜访时，尤其是初次前去拜访客户的时候，作好了自我介绍，才能让客户对你产生深刻的印象，甚至因此对你产生好感。

要作好自我介绍，让客户对你印象深刻，首先你要摆脱那种"千人一面"的自我介绍，寻找一种独特的方式将自己的特点介绍出来。著名相声艺术大师马三立单口相声自述式的"自我介绍"，诙谐幽默却又切中自身特色，算得上自我介绍中的经典之笔。

"我叫马三立。三立，立起来，被人打倒；再立起来，又被人打倒；最后，又立起来，但愿别再被打倒。

"我很瘦，但没有病。从小到大，从大到老，体重没超过100斤。

"现在，我还能做几个下蹲。向前弯腰，还能够着自己的脚。头发黑白各一半。牙好，还能吃黄瓜、生胡萝卜，别的老头儿、老太太很羡慕我。

"我们终于赶上了好年头，托共产党的福。我不说了，事情在那儿明摆着，会说的不如会看的。没有共产党，我现在肯定还在北闸口农村劳动。

"其实，种田并非坏事，只是我肩不能担，手不能提。生产队长说：'马三立，拉车不行，割麦不行，挖沟更不行。要不，你到场上去，帮帮妇女们干点活，轰轰鸡什么的……'惨啦，连个妇女也不如。

"也别说，有时候也有点用。生产队开个大会，人总到不齐。可队长要是在喇叭上宣布：今晚开大会，会前，马三立说段单口相声。立马，人就齐了。"

马三立大师首先将自己的名字作了一个有趣的解析，让人会心一笑的同时印象深刻。随后，他根据自己瘦削、健康、体弱、相声说得好等特点一一举以事例解析，让人们一下子就记住了他的特色。商务拜访时，商务人士若能作出一个如马三立大师这样别开生面的自我介绍，自然能给客户留下深刻的印象，更于日后的商务接洽。

独特的自我介绍更能给客户留下深刻的印象，但如若不注意自我介绍时的一些小细节，也可能让客户原本对你的好印象消失殆尽。下面的一些自我介绍时的小细节，商务人士在进行商务拜访时要格外注意。

1. 自我介绍简洁清晰

进行自我介绍，要简洁清晰，充满自信，态度要自然、亲切、随和，语速要不快不慢，目光正视对方。介绍自己的名字时可作一些较为特别的解析，例如"我叫陈华，耳东陈，中华的华"，更容易让客户记住你的名字。

2. 要有鲜明的针对性

在某些商务活动中，想要结识某人，而又无人引见，可以向对方作自我介绍。自我介绍的内容，可根据实际的需要、所处的场合而定，要有鲜明的针对性。

3. 寻找彼此的共同点

为了更好地让客户记住自己，以利于日后做进一步沟通与交往，自我介绍时除姓名、单位、职务外，还可提及与客户某些熟人的关系或与对方相同的兴趣爱好，以彼此的共同点切入。

4. 选择适宜的时间

无论你的自我介绍有多独特，如果你选错了自我介绍的时间，也只能是做无用功。当对方无兴趣、无要求、心情不好，或正在休息、用餐、忙于处理事务时，切忌去打扰，以免尴尬。若在讲座、报告、庆典、仪式等正规隆重的场合向出席人员介绍自己时，则应简短、细致，以免延误会议的流程。注意这些自我介绍时的细节，再来一个别开生面的特别的自我介绍，想不让客户记住你都难。

"不速之客"，他烦你也恼

商务场上，商务拜访是一件很常见且很重要的商务应酬方式。商务拜访不像生活中亲朋好友间的拜访那样随意，如果你没有预约贸然拜访，做一个不速之客，不仅不会让客户"喜出望外"，还会让客户"措手不及"，打心底对你产生厌恶感。

王丽是一家化妆品公司的业务员，最近她正和一家大型化妆品商场接洽，如果获得这家大型化妆品商场的订单，一年的销售计划就能提前完成，为此，她特别重视这笔单子，急着把订单拿下。尽管彼此对这个合作计划都较为满意，但商场那边一直没有答复确切的商谈日期，这让王丽十分焦急，生怕这"到手的鸭子飞了"。为了尽快确定合作事宜，在多次预约未果的情况下，王丽决定主动出击，前去拜访商场采购经理。

到了商场办公室，秘书替王丽做了通报，安排王丽在会议室等候。采购经理来和王丽寒暄了几句，让她先等一会儿，就又急匆匆地走开了。王丽这一等就等了5个小时，还不见采购经理的踪影，她气愤难耐："没有这么欺负人的！"也顾不得和秘书打个招呼，就气冲冲地回了公司。

此时，商场采购经理那边终于处理完了手边的紧急事情，赶到会议室去面见王丽，却没发现王丽的踪影，询问秘书，才知道王丽没打招呼就走了，心里顿生不悦之感。

结果自不必说，王丽的这笔单子就这么"黄"了。

王丽未经预约，自行前往客户那边，却正逢客户忙于紧急事务，无暇顾及她。她受了冷落，气愤难耐，自顾自离开。商场采购经理那边对她贸然拜访已经十分不快，再加上她不声不响地离去，更添恶感。一次贸然的拜访，给别人添了乱不说，还让自己受了委屈，苦恼不已，真是得不偿失。

商场上，人们对于时间的安排，已经到了分秒必争的地步。区区5分钟、10分钟，对你来说也许不算什么，却可能造成对方的严重困扰。例如，工作中断，或在那之后的行程无法连贯。而每个商务人士都希望自己能处理好所有的商务关系，牢牢掌控商务应酬的主动权。如果你未经预约，就前去拜访客户，只能打乱客户的"稳"，逼迫客户打一场"无准备之仗"，这只能引起他的反感和抗拒。这也就是如今许多商务人士贸然上门拜访却被拒的原因。

商务拜访之前，学会预约拜访时间，才能开启一场成功的商务拜访之旅。然而，许多时候，人们预约客户都会被拒绝，这不一定是客户对你的提议没有兴趣，而多半是你预约技巧不佳的缘故。

注意以下几点预约方法，相信会对你大有帮助。

1. 利益预约法

联系客户时，不要急着预约拜访时间，而要简要说明产品的利益，引起客户的注意和兴趣，再预约拜访。

2. 问题预约法

抓住客户关心的点进行提问，能促使客户集中精力，更好地理解你的提议，激发客户的兴趣，顺利预约。

3. 求教预约法

虚心求教的态度能轻松化解客户一开始的反感，顺利达到你预约拜访的目的。

4. 馈赠预约法

在预约拜访之前，先赠送客户一些公司的样品，以咨询客户反馈意见的名义，也能顺利预约下次的拜访时间。

5. 连续预约法

古语说得好："精诚所至，金石为开。"在一次预约拜访失败之后，你不要灰心，而要消化客户信息，寻找新的亮点，多次和客户交流，最终顺利达到预约拜访的目的。

要想不做让彼此都尴尬的"不速之客"，陷入他烦你也恼的应酬窘境，你需要在预约方式上出奇出新，从而顺利获得对客户的预约拜访，走出合作的第一步，为以后的成功打下基础。

饮茶礼仪：斟茶与敬茶体现修养

中国有句老话："茶是话博士。"这是说待客以茶可以活跃交际气氛，增加宾主交谈的兴致。

在中国的商务应酬中，接待客户时，沏茶、上茶是一种必不可少的待客礼节。若是缺少这一礼节，或在奉茶的某些细节上掉以轻心，就是明显地对来宾失之于恭敬。往往会让客户感觉到不受尊重，让本来就微妙的商务关系陷入尴尬的局面。

李美所在的公司是中国香港一家实力雄厚的外企，看准了中国内地潜在的巨大商机，想要在中国内地开拓新的市场。公司在内地寻求代理商的消息一出，许多商贸企业纷纷来电来函联洽，公司经过多方考核，最终确定了为数不多的几个名额，派出李美作为洽谈代表，前往内地对几个商贸企业进行实地考核，以确定最终合作伙伴。

方庆在深圳的公司就是这入选的其中之一。为了迎接李美的到来，方庆事先列出了详细的接待流程单，一一做了十分周全的安排，尽全力赢得这个合作的机会。

很快，李美来到方庆在深圳的公司进行实地考察，对方庆的公司的专业性和强大的市场拓展能力极为满意。随后，在方庆的引领下，李美来到方庆的办公室对合作协议进行进一步的会谈。事情进行得这么顺利，方庆高兴得满脸红光。一进办公室，方庆就张罗着为李美沏茶。他从柜子里取出一个透明的玻璃罐子，一边用手从里面抓茶叶出来，放到茶杯里，一边对李美说："这是我朋友送我的上好的碧螺春，你可一定得尝尝。"看到这一幕，李美心里很不是滋味，对方庆的印象一下子从90分跌到了50分，冷却了合作的热情。

在接下来的谈话中,李美一改先前热切的口吻,对方庆提出的市场拓展方案中的许多弊病都缄口不言,一味顾左右而言它。最终,由于方庆提出的方案不符合李美公司的思路,方庆的公司被淘汰出去。

方庆怎么也想不到,让他错失这个事业良机的,居然只是一个小小的奉茶细节。面对李美,他不注重奉茶之道,奉不好茶,也让"话博士"口难开,让李美心生恶感,也渐渐关上了合作的心门。

商务应酬中,人们很容易忽略奉茶中的一些小细节,从而扼杀了合作的良机。在为客户奉茶的时候,主要注意这些小细节,才能引出客户商谈的欲望,让"话博士"顺利开口。

1.多备几种茶

对于茶,不同的客户有不同的喜好,有人喜欢绿茶,有人喜欢红茶,有人喜欢花茶……要想让客户满意,不妨绿茶、红茶、花茶、乌龙茶等各类常见茶叶都备上一点,因人而异,恰当奉茶。

2.茶具要专业

现在许多人为了方便,常常用一次性纸杯沏茶。生活之中这无可厚非,然而这在商务应酬场上,却显出了你对客户的极端不尊重,也让客户自此轻视你。为客户奉茶,最好备有专业的茶具,才能更好地发挥茶的香味,营造商谈的和谐氛围。

3.茶水要清淡

茶水要清淡,除非客户主动提出浓茶要求。一般认为,饮茶不宜过浓,否则极有可能使饮用者"醉茶"(因摄入过量的咖啡因而令人神经过分兴奋,甚至惊厥、抽搐)。

4.左后侧奉茶

奉茶多是在主宾交谈之时,这时为了不打扰客户商谈的情绪,尽量从客户的左后侧奉茶,条件不允许时也可从右后侧奉茶,切不可从其正前方奉茶。

5.上茶不过三杯

中国人待客有"上茶不过三杯"这一说法，第一杯叫作敬客茶，第二杯叫作续水杯，第三杯则叫作送客茶。如若一再劝人用茶，却又无话可讲，则有提醒来宾"打道回府"的意味，在面对较为守旧的客户时切忌多次劝茶和续水。

注重奉茶的细节，才能给客户留下一个好印象，才能营造一种和客户商谈的融洽气氛，顺利进行自己的商业计划。要想做商务应酬高手，必须要通晓奉茶之道。

饮咖啡礼仪：轻缓啜饮不出丑

接待客户喝咖啡已经成为最通行、最简单的一种待客方式。

如果特意请客人喝咖啡，则应约定见面时间并大致估计一下约会要持续多长时间。约会地点既可以是办公室，也可以是比较考究的咖啡馆。

在这种约会之前，女性通常会为穿什么衣服而头疼。服饰应搭配和谐，简单而又大方，装饰不可过多。

如果是在晚上，除咖啡之外还可用些含酒精的饮料：上等白兰地和甜酒。但即使是最上等的葡萄酒也不适合喝咖啡时饮用。可以用些饼干、蛋糕、冰淇淋、核桃、巧克力、糖果以及水果。如果在咖啡馆约会，可要些热的甜食，例如鸡蛋饼、小煎饼、油炸饼、苹果馅饼、布丁以及烤菜青等。

如果是在办公室约会，应事先准备好餐具。最好能有一套茶具、咖啡具和酒具。喝甜酒用小高脚杯，喝白兰地用大高脚杯。咖啡勺和茶匙、糖块、钳子、水果刀、餐叉、碟子和漂亮的餐巾都是不可少的。最好不要让秘书负责服务，应雇一个"侍者"专门负责待客。

另外，在与客户聊天时，要注意，咖啡要趁热喝完，不必客气。如果只顾聊天而让咖啡冷却，就会有违邀请者的一番诚意。小匙是用来搅拌的，用后要放在碟子边上，不要用来舀咖啡。也不要一口气把咖啡喝完，而要慢慢啜饮。咖啡要全部喝完，才显得有礼貌。

喝咖啡是与客户沟通合作的过程，因此，喝咖啡也有不可忽视礼节。

1. 怎样拿咖啡杯

在餐后饮用的咖啡，一般都是用袖珍型的杯子盛出。这种杯子的杯耳较小，手指无法穿过去；但即使用较大的杯子，也不要用手指穿过杯耳再端杯子。咖啡杯的正确拿法，应是拇指和食指捏住杯把儿，再将杯子端起。

2. 怎样给咖啡加糖或牛奶

饮用咖啡时，也可根据自身的喜好和口味，添加牛奶或者糖块，而在添加这些配料的时候，也应该有所注意，尤其是以下：应当注意的是，咖啡爱好者对是否加糖和奶往往十分讲究，最好让客人自便，主人不必代劳。另外，主人还要为懂得喝咖啡的行家另备一杯冷开水，使之与咖啡交替品尝，口味更显清纯。

添加配料的时候，最好自己动手。因为添加的配料是要根据自己的喜好来定的。所以，不可自作主张地为别人添加，否则，会造成别人的一种抵触情绪和不快感。若是他人为自己添加配料，则不宜责怪对方，而应该真诚地向对方表示感谢。

给咖啡添加牛奶时，可以直接操作，但是，切记要动作稳当，不要慌慌张张，避免出现将牛奶洒出的错误。给咖啡添加方糖时，应先用夹子把方糖夹放在咖啡碟上，以避免直接夹取咖啡放入杯中时的咖啡的溅出，然后再用勺子将方糖放入杯中。

如果是添加砂糖，可以直接用小勺舀取，放入杯中。

3. 怎样用咖啡匙

咖啡匙是专门用来搅咖啡的，饮用咖啡时应当把它取出来，而不是用咖啡匙舀着咖啡一匙一匙地慢慢喝，也不要用咖啡匙来捣碎杯中的方糖。

咖啡太热怎么办？刚刚煮好的咖啡太热，可以用咖啡匙在杯中轻轻搅拌使之冷却，或者等待其自然冷却。用嘴试图去把咖啡吹凉，是很不文雅的动作。

4.杯碟的使用

盛放咖啡的杯碟都是特制的，它们应当放在饮用者的正面或者右侧，杯耳应指向右方；饮用时，可以用右手拿着咖啡的杯耳，左手轻轻托着咖啡碟，慢慢地移向嘴边轻啜。不宜满把握杯、大口吞咽，也不宜俯首去就咖啡杯；喝咖啡时，不要发出声响；添加咖啡时，不要将咖啡杯从咖啡碟中拿起来。咖啡馆的环境较好，因此，咖啡馆是与客户沟通或洽谈的选择地之一。因此，喝咖啡的过程，其实就是销售谈判的过程，喝咖啡时所要求的一些不成文的礼仪，也成了销售人员必须注意的细节。

咖啡的讲究比较多，那么在饮用时，我们应该注意什么呢？

在西餐中，无论什么饮料，都只能作为陪衬，咖啡也是如此。所以，饮咖啡也有自己应该注意的三点细节：

（1）有专业素养的商务人士在正式场合上喝咖啡，只是将其作为一种休闲或交际的陪衬。所以，咖啡最多不超过3杯，正所谓"过犹不及"，喝咖啡自然也要懂得"适可而止"。

（2）喝咖啡时，不要双手端杯，不要啜饮出声，更忌用小勺舀取饮用。

（3）在普通情况下，一杯咖啡也得喝上十几分钟，所以，在喝咖啡的时候，我们需要慢慢品味，小口品尝。才能表现出举止的优雅和风度。

正确的拿咖啡杯的动作应该是，右手拇指与食指捏住杯耳，以此来端起杯子。

置于咖啡杯下的碟子，不仅是用来放置咖啡杯和咖啡匙，同时也可以承接溢出来的咖啡。当碟子上已经有溢出的咖啡时，应用纸巾吸干，不可随意泼洒。

饮用咖啡时，是根据具体情况来看是否要同时端起杯子和碟子的。如果离桌子较近且不走动，那么只要端杯就可；如果是需要四处走动或离桌子较远，则需要把杯碟同时端起，放置齐胸的位置。

送客礼仪：做好"身送七步"

在商务接待中，许多人对客户的迎接礼仪往往热烈隆重，却常常忽视了对客户的欢送礼节，这样就常常给人以"人一走茶就凉"的悲凉感，无形中引起别人的反感，为自己的成功增加了阻力。在中国的商务应酬，许多的知名企业家都深知"身送七步"的重要性，也格外注意送人的礼节，中国商业的巨人李嘉诚就是其中一个绝佳的典范。

一位内地企业家在接受电视采访时谈到了他去李嘉诚办公室拜访李嘉诚的经历。

那天，李嘉诚和儿子一起接见了他。会谈结束之后，李嘉诚起身从办公室陪他出来，送他到电梯口。更让人惊叹的是，李嘉诚不是送到即走，而是一直等到电梯上来，他进去了门，再举手告别，一直等到电梯门合上。身为亚洲首富的李嘉诚日理万机，可他依旧注重送客礼节，严格遵循"身送七步"的礼仪，亲自送客，没有一丝一毫的怠慢之举。这位内地企业家面对着电视机前的亿万观众动情地说："李嘉诚这么大年纪了，对我们晚辈如此尊重，他不成功都难。"

"身送七步"，商业巨人李嘉诚都不忘的待客礼仪，商务人员更要铭记在心，以实际行动给客户贴心之感，才能拉近和客户的心理距离，促成、促进合作。

作为商务人员，不仅要认识到迎接客人的重要性，更要明白送客礼仪的重要性。不要做到了"迎人三步"，却忘记了"身送七步"，就可能给客户留下"虎头蛇尾"的印象，甚至造成前功尽弃、功亏一篑的悲惨局面。

因此，送客时应注意以下两点：

1. 让客户先起身

当客户提出告辞时，要等客户起身后再站起来相送。

2. 晚一步关门

许多时候，商务人士将客户送出门外，不等客户走远，就"砰"一声将门关上，往往给客户类似"闭门羹"的恶劣感觉，并且很有可能因此而"砰"掉客户来访期间培养起来的所有情感。因此，商务认识在送客返身进屋后，应将房门轻轻关上，不要使其发出声响，最好是等客户远离后再轻声关上门。

心理学上不但有首因效应，也有"末因效应"——"最初的"和"最后的"信息，都能给人们留下深刻印象，"最初的"印象尚可弥补，而"最后的"信息往往无法改变——"送往"的意义大于"迎来"。

做到"出迎三步"，你的商务应酬级别只能属于初步及格水准，做到"身送七步"，你才能迈入商务应酬优秀者的行列。商务应酬场上，"身送七步"，你做到了吗？

拜访客户需要注意的事项

拜访是日常交际维护关系中常见的交往现象，懂得应酬的人往往都十分注重拜访的时机，这样不管是日常应酬，还是求人办事，都会收到不错的效果。那么，年轻人应该如何选择拜访的时机呢？

拜访应选择适当的时间，如果双方有约，应准时赴约。万一因故不得不迟到或取消拜访，应立即通知对方。

到达拜访地点后，如果与接待者是第一次见面，应主动递上名片，或作自我介绍。对熟人可握手问候。

如果接待者因故不能马上接待，应安静地等候，有抽烟习惯的人，要注意观察该场所是否有禁止吸烟的警示。如果等待时间过久，可向有关人员说明，并另定时间，不要显得不耐烦。

谈话时开门见山，不要海阔天空，浪费时间。

如与接待者的意见相左，不要争论不休。对接待者提供的帮助要致以谢意，但不要过分。要注意观察接待者的举止、表情，让自己的拜访适可而止。当接待者有不耐烦或有为难的表现时，应转换话题或口气；当接待者有结束会见的表示时，应立即起身告辞。

在交际应酬中拜访他人时，尤其是在进行较为正式的拜访时，要懂得控制在对方的办公室或私人居所里停留的时间的长度。

一般而言，时间宜短不宜长。如果是礼节性的拜访，尤其是初次登门拜访，应控制在15~30分钟之内。如果是到私人居所拜访通常不宜超过2小时。

如果是非常重要的拜访，拜访时间往往需要宾主双方提前商定，一旦确定了拜访时间，客人要控制好时间，务必要严守约定，绝不能单方面延长拜访时间。

自己提出告辞时，尽管主人表示挽留，仍须执意离去，多数情况下，主人只是在表达一种礼节。离开时要向对方道谢，并请主人留步，不必远送。

在拜访期间，若遇到其他重要的客人来访，或发生重要事件，或主人一方表现出厌客之意，应当机立断，知趣地告退。

如果是重要约会，拜访之后给对方谢函，会加深对方的好感。

公务参观需要注意的事项

公务参观是指有计划、有准备地对特定的项目进行的实地观察。参观的具体项目，应当在一定的程度上同自己的业务范围相关。

参观计划的主要内容大体上包括下述几项：

（1）参观项目；

（2）参观人数；

（3）负责人以及工作人员；

（4）起止时间；

（5）交通工具；

（6）饮食住宿；

（7）安全保健；

（8）费用预算。

在外出参观之前，应当重点做好以下准备工作：

（1）了解背景，参观项目的历史、现状、发展前途，参观项目的主要特色、优点与不足，参观项目在本地区、本行业以及在国内外的反响，等等。

（2）详细分工，把领队、带路、接洽、应酬、翻译以及交通、膳宿、安全、保健等各个方面的具体工作，都落实到个人，在参观之前，还可结合每位参观者的个人所长，把提问、记录、录音、拍照、摄像等具体任务分配下去。要安排专人，提前准备好。在必不可少的礼仪性场合，如东道主迎送参观者时，要出面与对方进行应酬、寒暄，以免到时候群龙无首或是万籁无声。要确定在必要之时进行即席发言的相关人选，不要届时推来推去，或是随便找人胡诌一通。要为东道主预定具有象征意义、纪念意义的礼品，以酬谢对方的盛情款待。

（3）规定明确。要对参与者的装束、装备提出明确要求。参观者参观时要全力以赴：集中注意力，最重要的是要看好，听好，问好，记好。个人服从集体。

机关公务出国访问，除进行会谈交流外，邀请方通常安排一些参观游览项目，请客人实地考察了解当地的风土人情，增进相互了解，是出国访问礼宾工作的重要内容。由于各国和各地情况的不同、出国访问的团体性质不同，邀请方的安排也有很大差异。但是参观游览文明礼仪也有共同特点。

1.尊重邀请者的安排，"客随主便"

为了增强参观考察的针对性，通常是由受邀请者提出意向，再由邀请方根据实际做出具体安排。重要代表团的参观考察，邀请方要考虑参观者的身份、兴趣、参观考察单位或部门的接待能力，甚至时间、地点等诸多因素，筛选确定后，还要与对方再进行确认。因此，机关公务参观考察，首要的礼仪就是要尊重邀请方的安排，一旦确定不要轻易改变，更不要提出与参观访问的宗旨没有联系、没有参观考察价值、或对邀请方很困难、甚至与当地法律法规和风俗习惯相冲突的要求。

2.要先"务虚"，做好充分的准备

参观考察对象确定后，不要让邀请方感到参观是可有可无。要事先详细了解参观对象的背景，明确参观考察的目的和重点，以便参观考察收到更好效果。视情况，可进一步了解对参观考察内容限制或传播的要求，人数、人员的要求，携带物品的要求，以免现场发生不愉快的事情。

3.做好必要的礼仪准备

重要代表团，要了解活动抵达和离开的时间，参观考察的行走或行车路线，陪同和参观单位出面接待人的姓名、职务甚至背景，主要程序，是否要讲话，习俗禁忌等，并做好相应准备。参观方通常也要将名单通报对方，如需赠送礼品，也要做好相应准备。重要代表团的参观考察，有时主人或接待单位可能提出，请客人题词或签名，要事先有所准备。不要临时编写，或反复推辞。如习惯用自己的笔，事先也要做好准备。

4.注意着装

参观考察属正式访问活动，通常都要求着正装。如有必要，事先了解对着装的要求。有些参观考察项目对着装有特殊要求，特别是一些卫生等环境要求严格的地方，一般接待单位会为参观者准备专门服装，参观者应服从着装要求，不要违反规定。

5.现场礼仪

抵达现场后，要主动向迎接人员握手表示感谢，相机介绍参观人员情况,听从邀请方的安排。在参观考察过程中,要精力集中,认真观看或记录,仔细听讲,热情提问,不要心不在焉、东张西望、扎堆聊天;交流要有针对性,不要漫无边际、东拉西扯,但也要注意不要提出对方不易回答、甚至给对方难看的问题。不要闯入标有危险或谢绝参观标志等未经允许的参观地点。

代表团人多时,要注意集中行进。有要事或去卫生间,要向其他人打招呼。不要擅自离队或中途离开,让别人不知去向。在参观考察过程中,拍照要遵守现场规定,不该拍的地方不要拍,更不要偷拍。

参观考察结束,要主动向接待单位陪同和讲解人员表示感谢,对所参观考察内容表示赞赏。如备有礼品,可在此时赠送。如要与邀请方合影,也可在此时选择合适地点合影留念。上车离开,要主动在车内招手致意一直到看不到为止,不要一上车就冷了热情陪同参观并在热情送行的主人。重要代表团车辆多时,主宾最后上车,其他人可先行上车,等主宾上车后按顺序离开。

6.游览礼仪

游览过程中,要与陪同、导游、其他游客等外方人员,友好礼貌;人多时,要注意排队等候;拍照不要影响别人,特别是热点景观,不要占时过长。要注意安全,特别道路崎岖的地方,要相互提醒。注意掌握时间,队伍不要走散、人员不要走丢。要注意爱护环境,不要乱丢废弃物,严禁随意吸烟吐痰。

第六章
商务会议礼仪：注重礼节体现效率

召开会议通用的六个要素

会议是现代管理的一种重要手段，通过总结、商讨、传达、沟通等方式解决工作问题和调节工作进程。会议是一种群体沟通，展现了一个组织运作的事实。会议过程有利于进行思想、经验的交流与分享，有利于今后工作的达成，对解决跨部门的协调问题尤其方便。恰当的组织、主持和参会礼仪将促进会议目标的达成，进而实现企业商务目的。

一般来说，会议有6个主要要素，即：与会者、主持人、议题、名称、时间、地点。

1.与会者

与会者就是参加会议的正式成员，包括主持人，也包括秘书，但不包括在会场上的其他服务人员。与会者应具有必要性、重要性、合法性。

（1）必要性。这是指与会者必须是与会议直接有关的人员，也就是符合会议确定范围，有权了解会情、提出意见、表示态度、作出决定的人；或是能提供信息、深化讨论、直接有助于会议达到预期效果的人。

（2）重要性。这里指的是与会者虽与会议没有必然的、直接的关系，却有利于会议的进展或扩大效果的人员。这些人员通常是临时邀请的。

（3）合法性。这是指有些重要的会议，与会者必须具有合法的身份和法定的资格。公司董事会或股东大会的与会者必须是按照公司组织法和公司章程正式确定的董事或股东，等等。有些会议组织者不注重与会者的必要性、重要性和合法性，而只顾壮场面，或是利用会议拉关系，造成开幕式、闭幕式、拍照、宴请、发纪念品、参观游览时轰轰烈烈，而正式会议时反而稀稀拉拉、冷冷清清。这样的结果是：不仅造成很大的浪费，甚而冲淡或干扰了会议的主题。

2.主持人

主持人是会议过程中的主持者和引导者，也往往是会议的组织者和召集者，对会议的正常开展和取得预期效果起着领导和保证作用。

会议主持人通常由有经验、有能力、懂行的人，或是有相当地位、威望的人担任。一般有两种情况：一种是当然主持人，是由其职务和地位，也就是由组织的章程或法规决定的。如：单位的工作例会由单位领导人主持，党组织的会议由党的书记主持，董事会由董事长主持。主持人因故不能主持会议时，也可委托副职或其他相应的负责人主持。另一种是临时的主持人，比如，各种代表会议，或几个单位、几个地区的联席会议，则由代表们选举或协商产生。特别重大的会议，则需产生相应人数的主席团，由主席团成员集体或轮流主持会议。除了小型会议之外，大中型会议的主持人主持会议时通常需要秘书长或秘书协助。

3.议题

议题是会议所要讨论的题目，所要研究的课题，或是所要解决的问题。议题既要具有必要性和重要性，又要具有明确性和可行性：会议围绕这样的议题展开讨论、进行研究，才容易取得共识或最后表决通过。因此每次会议的议题应该尽可能集中、单一，不三过多，不宜太分散，尤其是不宜把许多互不相干的问题放在同一会议上讨论，使与会者的注意力分散，这样不利于解决问题。

议题的产生通常有两种情况：一种是根据需要指定的；另一种是秘书调查研究、综合信息后提出，再经领导审定的。

有些重大的代表会议，先由代表提出"提案"，并由秘书或秘书处汇总，再提交主席团或专门的"提案审查委员会"审议通过，才能成为列入会议议程的正式议题。因此，议题还必须具有合法性。

4.名称

正式会议必须有一个恰当、确切的名称。会议的名称要求能概括并能显示会议的内容、性质、参加对象、主办单位或组织、时间、届次、地点或地区、范围、规模等。

会议名称必须用确切、规范的文字表达。它既用于会前的"会议通知",使与会者心中有数,做好准备;又用于会后的宣传,扩大会议的效果;更用于会议过程中使与会的全体成员产生凝聚力和影响力。

5.时间

会议时间有3种含义:一是指会议召开的时间;二是指整个会议所需要的时间、天数;三是指每次会议的时间限度。

(1)会议召开时间。选择合适的时间要考虑多种因素,首先是需要,如每周一次的工作例会,通常放在周末的下午,一周即将结束,下一周就要开始,利于承上启下。一年一度的职工代表会议,宜在年初召开,既利于总结上年的工作、生产成果,又利于讨论、部署新一年的工作、生产计划,通过各种预算等。其次是可能,即最好是每位与会者都能参加的时间。如日本的有些企业召开各部门干部汇报会,常定在下班前半小时,而不是安排在刚上班时。再次是适宜,即要考虑气候、环境等自然因素和社会因素。

(2)会议需要时间。少则几分钟、几十分钟;多则几天、十几天。会议组织者应尽可能准确地预计需要的时间,并在会议通知中写明,这样便于与会者有计划地安排。

(3)会议时间限度。每次会议时间最好不超过一小时。如果需要更长时间,应该安排中间休息。

6.地点

会议地点,又称"会址"。它既是指会议召开的地区,又是指会议召开的具体会场。为了使会议取得预期效果,选择会议的最佳会址也需考虑多种因素。

国际性或全国性会议，要考虑政治、经济、文化等大因素，一般在首都北京或其他中心城市如上海、广州、西安等地召开。

专业性会议，应选择富有专业特征的地区召开，以便结合现场考察。小型的、经常性的会议就安排在单位的会议室；选择会址，还要考虑会场设施、交通条件、安全保卫、气候与环境条件等因素。

主持会议需注意的事项

有人认为，主持会议很容易，其实这是一种误解，要真正主持一场会议，充分调动与会者的积极性，达到完美的效果，是很不容易的。

主持会议的忌讳

主持会议涉及如何开场、如何联结、如何驾驭、如何总结等诸多环节，无论哪个环节处理得不好，都会影响会议的效果。那么，下面就介绍一下主持会议时有哪些忌讳：

1. 准备不周

我们不管做什么事，都需经过一个准备的阶段。主持会议也如此。准备不周，是主持会议的一个误区。现在有些人也不知是因工作太忙，时间紧张，还是因自己太懒，会前的准备工作总做不好，但这无疑就是影响会议成功的因素。如果准备工作做得好，那么我们在以后的过程中就做得顺手，而且省时又省力，俗话说得好，"磨刀不误砍柴工"。

2. 照本宣科

有些会议主持者在会上拿着事先准备好的讲稿一字一句地读，照本宣科，既在语言上显得机械呆板，又影响了会议气氛。其实，主持者应尽量把讲稿上的内容变成自己的语言，即使庄重会议的重要报告，虽不宜擅自离稿、穿插、解释，也应带有丰富的感情色彩，读得有轻重缓急，抑扬顿挫，给人以鲜明、生动的感觉，而不至于使与会者听得味同嚼蜡、昏昏欲睡，看起来更像在念教科书，而不是在讲话。

3. 大喊大叫

会议主持者的任务是诱导而不是强迫。主持者主持会议时不重视语言艺术，或者是机械地说教，或者是以势压人，总想把自己的观点强加给别人，这些也都是主持会议时需要斟酌的。所以，主持者只要词语、技巧运用得当，完全不需大喊大叫，如果发现与会者的注意力有所分散，不必提高声音，相反有时候把声音压低更能吸引他们的注意力，运用巧妙的语言艺术，比任何方法都能更有效地吸引听众。

4. 呆板呆滞

懂得讲话艺术的讲话者是善于以肢体语言辅助讲话的。面对听众，讲话者传递给听众的不仅仅是话语，其脸上的表情、身体的姿势、手势也无不影响着听众。因此，主持会议者运用无声的语言艺术和与会者建立起融洽的关系往往至关重要。主持者在主持会议时将有深刻内容有感染力的话语、丰富而得体的表情、灵活而适当的姿势融为一体，不但能给听众以思想上的启发，还能给其以审美的享受。它们是会议讲话的重要组成部分。如在领导者布置工作时要表现出沉着、冷静、坚定的神态；在庆祝胜利的大会上讲话，要表现出喜悦而自豪的情绪；在追悼会上致悼词时，要表现出悲痛；在致欢迎词时要表现出热情等等。只有这样，才能感染听众，使讲话人与听众处于融洽的气氛中。

开场白精彩夺人

开场白给人的印象是深刻的，能起到先入为主、吸引听众的作用。因此在主持会议时开场白要做到精彩夺人。会议的开场白要陈述的内容，包括会议的主题、目的、意义、议程和开法，其语言要简明扼要、条理清晰，语调与表情都要与会议气氛一致。一个好的开场，有利于吸引与会者的注意力，增强他们对该会议的兴趣。所以，一般的主持人都非常注意开场。好的开场有三条：一是直入点题，提纲挈领、要言不烦地把会议的内容主题讲明白；二是借题发挥，调动全场情绪，使与会者亢奋起来，造成适宜会议开展的气氛；三是出口成章，富于启示性和诱导性，引导全场迅速进入境界。要尽力避免那种陈旧死板、千篇一律的格式。例如，"现在开会了，请×××同志作报告，大家欢迎……""××晚会现在开始，第一个节目……"等。而是要根据会议的实际，或说内容，或讲形式，或道特点，或提要求，或谈历史上的今天，或讲别处的此时此刻，总之因境制宜，灵活设计。

那么，如何才能做好主持工作，让开场白精彩夺人呢？

1.充分准备好自己要说的话

作为主持人，可供你说的时间非常短，几乎不超过一分钟，如果你不知道搜集事实：包括讲话人的题目，他讲这个题目的资格，以及他的名字这三方面的内容，那又如何会引起听众的特别兴趣呢！

当我们看电影时，就希望是自己熟知且喜爱的明星的影片。

当我们听相声，就喜欢是冯巩、牛群等。

总之，我们要确知下面的内容是否吸引人，而主持人就是要把这方面的信息反馈给听众。"我们大家都以兴奋无比的心情等候××先生的光临，我们从他的著作里似乎已经像个老朋友般地认识他了。事实上我想我并不夸张，他的大名在本城已经家喻户晓，非常荣幸地邀请到他，到这个会上来跟大家见面……"

做主持人最大的毛病就是说得太长，搞得听众烦躁不安，有些人则纵情于雄辩的幻想中，想使听众深深记住自己。还有些人的错误，则是喜欢扯些笑话，有时品位并不怎么高，有心想使自己的口才发挥效力，却反而适得其反。所以一定要记住，你不是中心，你只是配角或绿叶，你的任务是突出别人、衬托别人。

2.热诚且真心真意

介绍程序及讲演人时，态度和讲辞同等重要，你应该尽量友善，不必说自己多高兴，只要在介绍时表现出真心的愉快。另外，当你宣布演讲者的名字时，请切勿转身向他，而应展目望向听众，至最后一个音节说出为止，然后才转向演说人；这样顺势把听众的视线带到表演者的身上，然后悄然退下。

人类心灵最深挚的渴望是要求认可。我们都想一生与人和睦相处，我们都想受人称赞、推崇。所以别人的推荐，哪怕是很短的一句话，内心都会很敏感，很关注。如果主持人能真心真意地推介一个人，我想一定会给予他莫大的鼓舞和力量，同时也给予他一定的信心。

3.言之有度，把握分寸

主持会议要讲究分寸，说话的分量要适度，不能不到位，也不能太过，不然会使人产生歧义和误解，影响会议效果。语言的分寸主要由词意和态度来决定。词意是指语言的本意，态度是指表达时所持的表情和情绪。分寸是衡量语言分量的尺度。我们通常说讲话要注意分寸，主要从两个方面理解。

第一是注意词意上的差别，尤其是同义词、近义词之间的细微差别。这就要求遣词造句要字斟句酌，确切地表情达意，恰如其分地反映客观事物。说一个人的工作能力时，用很强、较强、强、一般、可以等词来表述，其程度和分寸是不同的，使用时要斟酌。再如说一个人工作中取得成绩时，用成绩、成果、成就来表述，其分量和程度也不一样，要根据不同情况来使用，不能乱用。领导在会议上批评下级时更要讲究分寸，不能信口开河。如果是个别的、一般性的差错，而批评分量过重，就会有小题大做之嫌，本人不高兴，大家不满意，甚至影响工作；如果是较大的失误，而批评的分量过轻，轻描淡写，既达不到教育本人的目的，也给大家一种文过饰非之感；当然，不分青红皂白，不做具体分析，不是以理服人，而是无限上纲，乱批一通，也不会有好的效果。

第二是注意态度和语调的区别，这种分寸也会影响到分量、态度和语调的变化，有时会更直接、更明确地反映语言的分量。和风细雨与声色俱厉其分量和效果有很大差别。我们批评人，是为了弄清问题，分清责任，分析原因，达到教育人的目的。批评人要指出问题的严重性，进行严肃的批评教育，但不一定非要大嗓门，大声呵斥。常言道：有理不在声高，语言尖刻，态度粗暴，甚至出口伤人，挖苦、讽刺、嘲笑别人，必然会引起对方反感和抵触，不利于问题解决。因此，领导者在讲话中不论是提要求、分任务，还是批评人，都要注意自己的态度和语调，以免引起大家的误会和反感。

4.牵线搭桥，连接巧妙

会议主持者的一项重要职责就是负责搭桥连接，过渡照应、承上启下，把整个会议边缀成一个有机的整体。这个连接过程也是主持人发挥其机智和口才的过程，它将显示主持人的组织能力和概括能力。

例如，有人主持"我是一名共产主义战士"的报告会，其中第一位讲了《人与共产党人》，第二位讲《要有艰苦奋斗的创业精神》。主持人在这两篇演讲之间说："共产党人是人，但又不等于一般的人，共产党人要无私无畏，要经得起风吹浪打，这就离不开艰苦奋斗。下面请听××同志的演讲。"短短几句话，使两篇演讲连接无痕，毫无造作之感。

主持者所用的连接语言，不外乎承上启下。首先对前面的发言或讲话中最精华的东西给予概括和肯定，画龙点睛，做好铺垫；然后根据后面议题的特点，渲染蓄势，呼之欲出，让听众感到贴切自然，顺理成章。当然，由于会议类型不同，语境不一，用不用这样的连接，连接话语长还是短，要根据具体情况而定，不能生搬硬套。若需用连接语，既可顺带，也可反推；可以借言，也可直说；可以设疑，也可问答。总之要使其别开生面，恰到好处。

幽默生动的语言，对于活跃会议气氛、打破沉默的局面、调动与会者的情绪具有重要的作用。幽默型的主持人主持会议，会议气氛一般比较活跃，与会者参与的积极性较高；缺乏幽默感的主持人主持会议，会议气氛一般比较严肃、沉闷，与会者参与的积极性较差。在主持会议时，适当插入幽默语言，能增强讲话的生动性、趣味性，使与会人员在紧张的会议中获得放松，促使大家在轻松愉快的氛围中完成会议任务。

5.引导会议进程得体

会议在研究讨论过程中,出现偏离主题、意见分歧、无谓争辩等现象,都是很正常的。要使会议顺利地进行,达到预期目的,离不开主持者的正确引导。这个过程能够充分显示主持者的知识水平、应变能力、领导艺术。主持者要善于提问,积极引导,从不同角度、不同层面上发现和提出问题,让与会者深入思考。

6.耐心倾听

真正耐心听取别人发言,是充分发扬民主、集思广益、尊重别人的具体体现。兼听则明。主持者要创造条件让大家讲话,即使是刺耳的话也要让人讲完,不满的牢骚话也要让人发泄,不要随意打断别人发言,除非他的发言又偏又长。在实际工作中,许多主持者都非常注意倾听别人发言,在听别人的发言时,总是集中精力倾听每一个细节,倾听其中的每个观点和意见。甚至在对问题已经有了一定的看法以后,仍然善于听取别人的意见。

7.学会劝说

在研究工作、讨论问题时,当与会者不同意你的意见时,主持者应以理服人,切实拿出令人信服的论据来证明自己的观点,说服对方改变态度。要摆事实,讲道理,运用大量可靠的事例、数据来说服人。要学会克制,避免同与会人员发生争执,不要强迫他人接受自己的看法,更不要炫耀自己,应心平气和地讲道理,不能冲动、发怒。在意见不统一的情况下,应搁置再议,不可盲目决策。

其次,主持者应善于对各种意见进行比较、鉴别和综合分析,正确集中大家的意见,并从诸多的意见中归纳、提炼出合理的正确的部分,从更高层次上形成和完善自己的观点。这样即使原来持不同意见的人,也会在心理上产生认同感,从而能够接受你的意见。

8.学会插话

主持者要善于插话。精彩恰当的插话,不仅能活跃会议气氛,引起与会者的注意力，还能起到画龙点睛、升华主题的作用。而突兀生硬、无关痛痒、不合时宜的插话，则会形成画蛇添足之笔。插话是利用当时的语境，针对发言者表达的内容，在其表达过程中，插入适当的语句，表示赞同、符合或反对，起补充、调节作用，达到调节会议氛围，推进会议进程的目的。插话一定要选好"插缝"，把握时机。有的主持者在插话时不太注意选择时机，只是觉得自己有话想说憋不住，不管该不该说，就往外倒。这样不但起不到补充作用，反而会冲击正常的发言，使主讲的人不知所云，听众也会产生逆反心理，让人觉得"主持者老是打断别人的话，我们到底听谁的呢？"所以，插话一定要选准机会，只有到了应该补充几句才足以说明问题的时候再去插话。插话不仅要选好时机，更要插到点子上。插话插不到点子上，就会引起听众的反感，认为多此一举。插话时首先要考虑好话题，所要插的话必须是会议精神的组成部分，是主讲人没有讲够、讲深、讲透的内容。插话一定要准确、精练。插话水平高低，是否精彩，不在于说话长短。话虽不多，但条理清晰，切中要害，一言九鼎，说得好，说得妙，就会收到好的效果。插话要顺其自然，切合时境，不要刻意雕琢，应达到呼之欲出的境界。好的插话也不能太多，除非是非插不可，否则不要轻易去插。

随机应变，灵活驾驭会议

　　主持会议并能控制会议的顺利进行是一门重要的管理艺术。主持者主持会议时，遵照会议规则是最基本的要求，但由于在会议进行过程中常会因情况的不同发生一些不同的变化，所以根据不断变化着的情况，主持者可灵活地采用各种措施和方法，有针对性地调整各种关系，解决各种随机性问题。为此，会议主持者需要掌握会议中经常出现的现象，以便有的放矢地控制会场情况。那么会议中常见的情况有：

　　现象一：沉默。主持者在主持会议的过程中，经常会遇到无人发言或某一部分人毫无反应的现象。

　　现象二：离题。会议活动过程中，常会有一些发言者出现离题、跑题的现象。

现象三：无谓争辩。在对某个问题进行讨论时，与会者往往会各持己见，据理力争。

会议上出现沉默、冷场、无谓争辩等情况时，主持人应该怎么办？

当在讨论中，遇到无人发言或无任何反应，陷入沉默状态或出现冷场时，主持人应分清沉默的原因，分别采取相应的对策措施。

如果是与会人员因为胆小害羞、缺乏经验而保持沉默，主持人应该主动鼓励他们发言，也可以进行启发或提问，并告诉他们说错了没有关系。当他们发言时，应从表情上显示对他们发言很感兴趣，同时对他们发言中合理的方面及时给予肯定，打消其害羞沉默状态，增强发言的信心和勇气。

如果是与会人员有顾虑、怕言多必失而保持沉默，主持人就应努力创造一种民主、宽松的会议气氛，打消他们的思想顾虑，鼓励他们畅所欲言，敢于发表自己与众不同的观点，敢于讲真话、讲实话。

如果是与会人员清高闭守、不肯多言而保持沉默，这一类人往往阅历较深，处事比较严谨，有自己的见解。他们一方面想表现自己，另一方面又摆出一副清高不凡的架子。对这类人，主持者应该多给他们一些鼓励和尊重，让他感觉到自己的意见很重要。比如："老张，你对这个问题很有研究，是这方面的专家，大家都想听听你的看法。"这样，老张受到鼓励和尊重，就很难再次推托。

如果是个别与会人员持不同政见、抱敌对情绪而保持沉默。这类人要么是对议题有不同意见不想说，要么是对主持人有意见不愿说。主持人应从团结的愿望出发，不计个人恩怨，以亲切的感情和语气使他们改变态度，可以向他们主动发问，并对他们的发言持重视态度，使他们讲出自己的真实看法。

如果是大家都不愿意第一个发言而保持沉默，主持人可以用幽默风趣的话语打开与会者的话题，也可以点名让性格外向、胆子较大或资历较深的人先带头发言，以此带动大家的发言积极性，从而打破沉默的局面。比如说:"老王,你大概早就考虑好了发言内容,大家都等着听你的高见,你带个头吧!"万事开头难,有人带了头,下面就有人跟上。

当讨论中遇到一些发言者不着边际、没完没了、脱离主题,主持者出于对发言者的尊重,不好当面直接打断他的话,就应寻找机会做出巧妙的暗示,引其转入正题。可以就其发言中一句贴着议题边缘的话,顺势向着议题讨论的方向引导,使发言回到主题上来;可以通过插话去直接引导;也可以对一些与议题关系较密切的问题,表示放到以后再作讨论,婉转地告诉发言人要转到中心议题上来;还可以对一些小事即行表决,快刀斩乱麻,摆脱此类琐事的干扰,使讨论转入正题。

由于学识、专业、看问题的角度不同,与会者各持己见,据理力争,是深入讨论的表现,应该说是一种好现象。但在观点已经趋向集中、明确时,仍然在无原则地辩论,就会产生负面影响,主持者应该及时中止辩论。遇到较为激烈的辩论,甚至会出现争吵、纠纷影响同志间的团结造成不良的后果时,主持者应立即去制止和平息,不能视而不见,任其发展。但在制止时,要讲究方式方法,以冷静的态度处置,千万不可恼火,大发脾气,也不要在纠纷的细枝末节上妄加裁判,以免失去主持人的权威。

如何做好会议发言

所谓会议就是一群人聚集在一起讨论、争论或进行决策。而且它会引发各种问题。任何会议都是事先进行计划、考虑并着眼于如何使之顺利进行来加以引导。

在会议发言的时候,为了让你的发言能够理解,你一定要做到以下三点:

(1)使用清晰的路标。如"我今天主要讲三方面的内容"等。

(2)采用明晰的结构。要有头有尾,不要不着边际。

(3)遵循逻辑顺序。

在讲话的过程中，为了人有所学，有所获，有所求，有所悟，能给人思想认识上以启迪，精神境界上以升华，你要需要注意把握语言表达的几个关键环节：

（1）要有的放矢。把自己的"箭"对准听众心中的目标。在讲话时，首先考虑听众的成分，并根据讲话对象的文化层次、知识水准、年龄性别、人数多少等因素，来考虑自己的讲话角度，把握讲话的理论深度和听众的接收程度，以抓住多数人的视听心理来组织安排，提高讲话对象的针对性。

（2）要协调得体。讲话不看对象，不注重场合，甚至还会闹出笑话。正是因为领导在讲话、报告、请示、汇报、演说、谈心、讨论、谈判、表态、贺喜、治丧等众多场合有千差万别，所以在语言表达的手法、技巧、用词、语气、表情、风度等方面，要协调得体，择机而行。

（3）要一鸣惊人。把握好听众情绪，就是成功的开端。一般来讲，在领导讲话的最开始，听众的心理和注意力都比较集中，期望值和好奇心也很高涨，在这个黄金时间讲好开头语是很重要的。只有这样才能吸引听众。

要开好头，从常规上讲，一是开头不要讲多余的话，不要过分地自责、自谦，最好是单刀直入，开门见山，把主要内容、主要观点、基本要求和大致事由，用简练语言告诉大家。二是善于应用新颖的手法，引起群众的好奇、入胜。根据内容、环境、场合破除千人一腔的模式，以新颖的开头，达到一鸣惊人的效果。

（4）要中心突出。讲话不能跑题，不能离开中心，这是讲话的要诀。要善于围绕主题突出中心思想，尤其是长篇报告和限时讲话，不能东扯西拉，信口开河。要做到中心突出，除了讲话要条理清楚外，一定要主次分明，详略得当。对先讲什么，后讲什么，重点是什么，做到心中有数，游刃有余。

（5）要分寸有度。任何一个发言者，在不同的场合、不同的环境、不同的岗位、不同的对象，所扮演的角色也是不同的，故讲话的分寸也是有讲究的。为此要善于把握各类情况下，自己的身份、地位、讲话的角度、分寸以及用时多少。从级别上看，是上级、是同级还是下级；从主次上看，是主角还是配角，是主讲还是辅讲；从时间顺序上看，是先讲还是后讲，是多讲还是少讲；从内容上看，是对上请求还是对下要求，是表态还是发言，是讨论问题，还是交心谈心，是对等谈判还是就职演说，是保密范围还是家喻户晓；就场合、气氛上看，是庄重严肃还是活泼喜庆。诸如这些，在讲话之前，一定要找准切入点，明确自己的身份，讲究讲话的策略，注意讲话的分寸。防止出现：不对、不妥、不当、不够等有失分寸的情况。

（6）要长短适宜。讲话精练受人欢迎，讲话啰唆使人恶厌。领导者在讲话时，要根据内容、主题、环境、对象、场合、时间等因素，注意把握讲话的篇幅。该长则长，该略则略，该省则省，宜简则简，宜细则细。

无论长话或短话，都要注意语言的净化与纯化，善于把握时机和听众的心理。不说与题无关、重复啰唆的废话，不说言之无物、无的放矢的空话，不说违背事实、言不由衷的假话，不说"穿靴戴帽"的套话。在现实生活中，长篇大论，洋洋万言、重复啰唆的讲话，使听众要么昏昏欲睡，要么窃窃私语、交头接耳的场面是屡见不鲜的。大力提倡一种讲真话，说实话；讲新话，说短话的"话风"，倒是群众所期望的。

（7）要留有余味。一篇好的讲话，绝不是虎头蛇尾，前紧后松。要想达到完美的效果，精彩的结尾也很重要。当然，文无定法，各种结尾的方式也很多，达到言犹尽而意无穷的境界，就是好结尾。

要使结束语给人以深刻印象，有人认为，就是在讲话内容达到高潮时，再以简洁、有力、感人、寻味的语句结束讲话，留余韵，而不留悬念；留启示，而不留疑惑，就像关窗户一样：用力一拉，"砰"的一声也就完了。

讲话发言，懂得说话的技术是一个层次，而懂得说话的艺术就是另一个更高地层次了，那么，如何让你的语言表达能够达到艺术的高度呢？以下"八有"可以作为参考：

（1）言之有情。古人曰："感人之心，莫先乎情。""情"是做好思想政治工作的起点，是协调人际关系的动力。因此企业领导干部在做思想工作时，语言要富有人情味、感染力，要以情感人，以情动人，这样就会拨动他们的心弦，充分调动其积极性。

（2）言之有理。理是贯穿于思想政治工作全过程的红线。作为一个领导干部，在做思想政治工作时，语言要富有哲理，逻辑性要强，深入浅出，言简意赅，给人以启迪和深思。

（3）言之有物。领导干部讲话时要有血有肉，注意材料和观点的统一，理论与实际的结合，不要高谈阔论，故弄玄虚。

（4）言之有度。领导干部讲话一定要实事求是，不能添油加醋，任意拔高，使人疑不可信；批评也要恰如其分，不可节外生枝，言过其实。

（5）言之有美。在做思想政治工作时，领导干部语言要高雅，给人一种亲切美好的感觉，使人听后心情舒畅，乐于接受。

（6）言之有信。俗话说："言必信，行必果。"领导干部讲话要守信用，言行一致，表里如一，以自己的一言一行，一举一动来塑良好的人格形象，树立领导者的威信。

（7）言之有趣。相互之间要建立一种和谐宽松的人际关系。因此领导干部谈话时，要言谈随和，语言诙谐，以达到寓教于乐的目的。

（8）言之有新。领导干部是党的路线方针和政策的宣传者，因此谈话时要有时代感、新鲜感，能够带来新的信息、新的知识和新的内容以增强讲话的力度和吸引力。

若是能够做到以上的"三点""七要""八有"，相信你的发言肯定会非常精彩。

会议位次，体现尊重与风度

排列位置座次是商务会议礼仪中很关键的一个环节。小型会议，一般指参加者较少、规模不大的会议，它的主要特征是全体与会者均应排座，不设立专用的主席台。一般情况下，会议室中是长方形的桌子，包括椭圆形，这可以体现主次。在这种会议中，特别要注意座次的安排。

如果只有一位领导，那么他一般坐在这个长方形的短边的一侧，或者是比较靠里的位置。就是说以会议室的门为基准点，里侧是主人的位置。如果是由主客双方来参加的会议，一般分两侧来就座，主人坐在会议桌的右边，而客人坐在会议桌的左边。

除此之外，还有以下几种设座的方式可以参考：

（1）自由择座。它的基本做法，是不排定固定的具体座次，而由全体与会者完全自由地选择座位就座。

（2）面门设座。它一般以面对会议室正门之位为会议主席之座。其他的与会者可在其两侧自左而右地依次就座。

（3）依景设座。所谓依景设座，是指会议主席的具体位置，不必面对会议室正门，而是应当背依会议室之内的主要景致之所在，如字画、讲台等。其他与会者的排座，则略同于前者。还有一种是为了尽量避免主次分明的安排，以圆形桌为布局，在这种会议中，可以不用拘泥这么多的礼节，主要记住以门作为基准点，比较靠里面的位置是比较主要的座位，就可以了。

根据商务会议一般规定，当领导面向会场时，左为上，右为下。当领导人的数量为奇数时，1号领导居中位，2号领导排在1号领导的左边，3号领导排在右边，其他依次分别排列；当领导同志的数量为偶数时，1号、2号领导同时居中，1号领导排在居中座位的左边，2号领导排右边，其他依次排列。

商务会议"九个不可"

1.发言时不可长篇大论，滔滔不绝

会议不是你的一言堂，不是一个人的演讲，而是与会者之间的交流，所以，每个人的发言时间都要控制好，原则上以3分钟为限，切忌滔滔不绝。

2.不可从头到尾沉默到底

与此相对应的，会议上也不宜一直沉默。会议需要好的听众，但更需要有想法的参与者。只有所有人都踊跃参与，才能在会议上碰撞出思想的火花来。

3.不可取用不正确的资料

在甄选资料的时候一定要谨慎，求实，如果选用了不正确的资料，往往会导致会议开偏题，轻则会议无法正常展开，重则对会议产生误导倾向。

4.不可做人身攻击

在美国的罗伯特议事规则中，有一些细节规则后面的逻辑原则是十分有意思的。比如，有关动议、附议、反对和表决的一些规则是为了避免争执。原则上，现在在美国的国会、法院和大大小小的会议上，在规范的制约下，是不允许争执的。如果一个人对某动议有不同意见，怎么办呢？

他首先想到的是，按照规则是不是还有他的发言时间以及是什么时候。其次，当他表达自己的不同意见时，要向会议主持者说话，而不能向意见不同的对手说话。在不同意见的对手之间的你来我往的对话，是规则所禁止的。

5.不可打断他人的发言

无论在何种场合之下，打断他人发言的行为都是极不礼貌的，而在会议的场合之下，更有可能因此引起发言者思路的中断，或者引起听众的思维中断，从而打断整个会议进程。

6.不可不懂装懂，胡言乱语

会议是一个畅所欲言的地方，但畅所欲言不是胡乱发言，每一个人都应该为自己的发言负责，即使是在私下里说话都应该斟酌自己说出来的每一句话，更何况是在会议这种严肃的场合。

7.不要谈到抽象论或观念论

在会议中，为了避免"务虚"，应当尽量以务实的态度探讨实际需要解决的问题，而把抽象的理论或者观念放在一边，因为这种东西是很难讨论出结果的，最终很有可能导致无效会议的产生。

8.不可对发言者吹毛求疵

对每一个发言者都应该保持应有的尊重，你可以不同意其观点，但应该有理有礼有节地提出你的反驳，而不是在细枝末节的问题上揪住不放，这样既打乱了会议安排，又影响了发言者的情绪，而且也会让其他与会者对你产生不良的印象。

9.不可中途离席

善始善终是一项传统美德，参加会议不要迟到，更不要无故早退，这样即使对会议参与者的不尊重，也会影响你的形象。

第七章
商务谈判礼仪：礼仪也是谈判资本

如何确定谈判的日期和场地

谈判，是商务活动中最重要的部分，谈判的结果将直接影响到交易的成功与否。在商务人士看来，谈判不仅是一场口才与策略的较量，同时也是双方心态的比拼。很多细节都可以反映出人的心态，是胸有成竹，还是心烦意乱，都会通过个人的举止、仪态表现得淋漓尽致。因此商务谈判中的礼仪是谈判中非常重要的一部分，遵循良好的商务谈判礼仪，是赢得谈判成功的关键。

1.谈判时间的选择：决定谈判成败的日期

古时打仗，讲究"天时""地利""人和"，意思是要尽可能地利用天气形势、地理特征及人心所向的优势击败对方。在当今，战火的硝烟已经转变成谈判桌上的唇枪舌剑，时间观念，仍是"快节奏"的现代人非常重视的观念之一。对谈判时间的重视，就是获得谈判成功的最基本因素。如谈判开始之前的准时到达，表示对谈判对方有礼貌。相反，无故失约、拖延时间、姗姗来迟则是不尊重对方的表现。此外，心情不佳、疲惫不堪的时候谈判，大脑处于"麻木"状态，同样也是无法在对方的谈判精英面前讨到任何便宜的。

（1）身心处于低潮时不谈判。

夏天的午饭后，以及人们需要休息的时候不宜进行谈判；这个时候大多都是昏昏欲睡，无心工作，谈判肯定没有精神。如去外乡异地谈判，或去国外谈判，经过长途跋涉后应避免立即开始谈判，要安排充分的休整之后再进行谈判。

（2）周一早上不谈判。

一般来说，周一是一周工作的第一天，应尽量避免在周一早上进行谈判，因为这个时候人们在心理上可能仍未进入工作状态，是不利于谈判的发挥的。

（3）紧张工作后不谈判。

避免在连续紧张工作后进行谈判，这时，人们的思绪比较零乱。

（4）身体不适时不谈判。

避免在身体不适时（特别是牙痛时）进行谈判，因为身体不适，很难使自己专心致力于谈判之中。

（5）最疲劳时不谈判。

避免在一天中人体最疲劳的时间进行谈判。现代心理学、生理学研究认为，傍晚4时至6时是人一天的疲劳在心理上、身体上都已达顶峰的时候，容易焦躁不安，思考力减弱，工作最没有效率，因此在这个时候进行谈判是不适宜的。

（6）对方交易高峰期不谈判。

在贸易谈判中，如果是卖方谈判者，应主动避开买方市场；如果是买方谈判者，则要尽量避开卖方市场，因为这两种情况都难以进行平等互利的谈判，不要在最急需某种商品或急于出售产品时进行谈判，要有一个适当的提前量，做到"凡事预则立"。同时要注意时间因素的重要性，如夏天买棉衣，冬天买风扇，落市时去买菜，在淡季去旅游，选择对自己最有利的时机。为这个时候人们在心理上可能仍未进入工作状态，是不利于谈判的发挥的。

2.谈判地点的选择：以逸待劳上上策

总的来说，谈判地点选择的礼仪原则是公平、互利。但在某些时候，为了使自己在谈判中获得成功，利用谈判的地点因素促进谈判的达成，也不失为一种策略。人们曾经发现动物在自己的"领域"内，最有办法保卫自己。人也是一种有领域感的动物，他与自己所拥有的场所、物品等有着密不可分的联系，离开了这些东西，他的感情和力量就会有无所依附之感。所以，一般来说，谈判地点的选择，往往涉及一个谈判的环境心理因素问题，有利的场所能增加自己的谈判地位和谈判力量。而在自己不熟悉的环境中交谈，往往容易变得无所适从，导致出现正常情况下不该有的错误。

所以，对一些决定性的谈判，如果能在自己熟悉的地点进行，可说是最为理想，但如果争取不到这个地点，则至少应选择一个双方都不熟悉的中性场所，以减少由于"场地劣势"导致的错误，避免不必要的损失。最差的谈判地点，则是在对方的"自治区域"内。如果说某项谈判将要进行多次，那谈判地点应该依次互换，以示公平。

如何确定谈判的席次

商务谈判既是一门科学，又是一门艺术。优秀的谈判者，不仅要求精通专业知识，掌握社会学、心理学、语言学等方面的知识，还要求通晓礼仪知识，这样才能在谈判中得心应手，应付自如。商务谈判是在人与人之间进行的，因此谈判的过程又是一个人际交往的过程，所以商场上的较量是文质彬彬地进行的。无论交易成功与否，注重礼仪都是十分重要的。礼仪在商务谈判中起着重要作用。

礼仪在谈判中往往起着十分微妙的作用。礼仪修养差的人和企业，是无信誉可言的，在商场上很难取得成功。而如果能够尊重对方，礼仪有加，谈判就可能取得理想的效果。因此，在谈判过程的始终都应非常注重礼仪。

在商务谈判中，交易双方可能并不了解，而个人形象往往是企业形象的代表。有这样一种常见的现象：在商务活动中，通过位次安排的细节，都会给对方留下深刻的印象，并对企业产生好感，减少谈判阻力，推动交易成功。

在各种商务谈判和会面的场合，为表示对对方的尊重，在座位、手势、动作以及语言形式上都已形成一定规范。其中位次排列的基本原则是让尊者处于安全并醒目的位置，遵循现在的国际惯例，大部分社交和商务谈判都遵循以右为尊的原则。我们新闻里面经常可以看到：涉外会议时，会见外国友人时，都会与外国友人并排而坐，并且坐在外宾的左侧，也就是请外宾坐在自己的右侧。

而政府间交往，公司间签订条约、合约之前，通常都要进行谈判，就细节性问题进行认真磋商。在正常的情况下，双方第一谈判手——主谈居中，第二号人物坐哪儿呢？第二号人物有点儿特殊。因为国际谈判有时候需要翻译，有跨语言沟通的问题。翻译一般坐在主谈的右侧。以右为上，这是对翻译的尊重，而二把手是坐在主谈的左侧。

具体说来，安排座次前要确定谈判桌，而谈判的桌子既可以是长方形的，也可以是圆形或椭圆形的，一般以长方形为佳。在席位上要放一小牌，注有入席者的名字或职务，以便导引入座。

会谈的坐席安排有几种方法：若是双边会谈，通常使用长桌或椭圆桌。宾主相对而坐以正门为标准，客人面向正门，主人背对正门而坐。双方主谈人居中坐，其他人则按职位顺序左右排列，记录员安排在后排就座。双方参加会谈的人数少，也可安排记录员坐到前边来，有时也坐在长桌两端。如果正门在会议桌的一侧，那么就以进门面对的右手一方为客方的座位，左手一侧为主方的座位。多边会谈的座位可以安排成圆形或方形的。小范围会谈可以不要桌子，只需摆几个沙发就可以了，此时主人右手一侧为客人的座位，也可以穿插而坐。

在排列涉外宴会的桌位、席次时，同样必须应用"以右为尊"原则。在宴会厅内摆放圆桌时，通常应以"面对正门"的方法进行具体定位。如果只设两桌，以右桌为主桌（这里所说的右桌，指的是在宴会厅内面对正门时居于右侧的那一桌）。如果是需要设置多桌时，在宴会厅内面对正门对位于主桌右侧的桌次，应该被看成高于位于主桌左侧的桌次。

例如，涉外会见宾客，宾主双方在沙发上就座，会见厅内呈半圆形或英文字母U形排列的沙发，其中间两个左右并列的座位，应分别是主人和主要客人的座位。主要客人右边，依次是2号、3号、4号……客人座位；主人左边则是主方人员的座位。宴会上，主要客人坐在主人的右侧。

成功商务谈判的几个关键

谈判，应当使有关各方互利互惠，互有所得，实现双赢。因此，在整个谈判进行期间，每一位谈判者都应当自觉地保持风度。

善待谈判对手，让你更大方得体

商务人士要想在谈判桌上不失分寸，举止优雅地保持风度，要做到心平气和地谈判，有妥协的心理准备。

1. 心平气和

在谈判桌上，每一位成功的谈判者均应做到心平气和、处变不惊、不急不躁、冷静处事。否则很可能造成输了利益，也失了风度，使谈判陷入尴尬的境地之中。因此，一位高明的谈判者在谈判中始终保持心平气和，言谈举止，行为方式都应保持平日的优雅风度。

2. 适当妥协

谈判的过程往往是一种利益之争的战争，谈判各方在谈判中都试图以最大限度地维护或者争取自身的利益。然而从本质上来讲，真正成功的谈判，应当以妥协即有关各方的相互让步为其结局。所以，在谈判时，一定要做适度妥协的心理准备，如果各均不让步，谈判不可能取得顺利的成功。总之，在谈判的过程中，我们既要保持心平气和的态度，又要懂得适当地让利于人。那些注意争利的一方，只顾己方目标的实现、而指望对方一无所得，既没有风度，也不会真正赢得谈判。

谈判时，人事分离不可混淆

在谈判桌上，各方为利益而争的过程中，大家彼此对既定的目标都志在必得、义不容情，有可能会发生分歧或争执。但是谈判人员必须正确认识和处理己方与对手之间的相互关系。在谈判中，谈判者在处理己方与对手之间的相互关系时，必须要做到人、事分离，各自分别而论。人事分开意思是说，谈判各方对"事"要严肃，对"人"要友好，对"事"不可以不争，对"人"不可以不敬。具体来讲，人事分离不可混淆包括两个方面的含义：

一方面，在谈判时将对手的人与事分开，是要求职员与对方相处时，务必切记朋友归朋友、谈判归谈判的道理，对于二者之间的界限不能混淆。谈判有关各方都在全力以赴地维护自身的利益，既不要指望关系不错的老朋友能够对自己"手下留情"；也不要责怪对方"见利忘义""不够朋友"。在谈判中，应当充分理解谈判对手的处境，不要对对方提出任何不切实际的要求，或是一厢情愿地渴望对方向自己施舍或回报。

另一方面，谈判并不是一场你死我活的战争。因此，职员应当就事论事，抛开私人感情的疏近，不要让自己对谈判对手主观上的好恶，来妨碍谈判中的现实问题。在职场上有句话叫作"君子求财不求气"，它告诫人们不要意气用事。同样，意气用事在公务交往的任何场合包括谈判在内，都是弊大于利的。因此，谈判各方要想在谈判中尽可能地维护己方的利益，减少损失，就应当在谈判的方针、策略、技巧上下功夫，从而名正言顺地在谈判中获得成功。要是将心思用到了其他方面，甚至指望以见不得光的歪门邪道出奇制胜，不是痴心妄想，便是自欺欺人。

做到"人""事"分离，有礼地完成谈判，不伤害个人的形象和双方的情谊，这才是成功的谈判者，才能成就成功的谈判。

第八章
求职面试礼仪：礼仪就是最好的简历

简历礼仪：你的简历会说话

书面求职：用无声的语言推销自己

下面是一则典型的求职信：

××经理：

您好！长期以来我一直期望能有机会加入贵公司，近日在招聘网站得知贵公司的招聘信息，万分高兴。给您写此信的目的是希望应聘贵公司的经理助理职位。

两年前我毕业于中南财经大学国际贸易专业，在校期间学习了国际贸易实务、国际商务谈判、国际商法、经贸英语等专业课程。毕业后，在天津市一家外贸公司就职，从事市场助理工作，主要是协助经理制订工作计划、开展一些外联工作及公司文件、档案的管理工作，具备一定的管理和策划能力，熟悉各种办公软件的操作，英语熟练，略懂法语。我深信可以胜任贵公司的经理助理一职。个人简历及相关材料一并附上，真诚希望能尽快收到您发给我的面试通知，我的联系电话：×××××××××××。

感谢您阅读此信并考虑我的应聘要求！

此致

敬礼！

>　　　　　　　　　　　　　　您真诚的朋友：×××
>　　　　　　　　　　　　　　　××××年×月×日

这样的求职信，总是会让招聘者眼前一亮，总有想让你参加面试的冲动。一封礼貌的求职信，会帮助你赢在起跑线上。其实，求职中还有很多礼貌性的问题需要注意，通过本章的学习，你将会在求职中表现得更加礼貌得体。

精简简历的字数，但要保证信息量

要想获得一份中意的工作，求职信不但要写得漂亮，还要能展示出你的个人才能。这样才能获得招聘者的青睐。此外求职信中，还要一份高质量的简历。

一般来讲，简历的字数以1000~2000字为宜，这最符合人们的阅读习惯。字数太少不能表达你的"含金量"，字数太多招聘人员没有耐心阅读。

许多人会在履历中介绍他们的兴趣，其实，这些只有在它们与目标工作有关联的时候才最好加入。例如，候选人申请的是一份棒球教练的工作，那么他就应该提到其对棒球的喜爱。另外，在用人单位没有特别强调必须注明的情况下，基本信息（指你的姓名、性别、身体素质、婚姻、户口等个人信息和社会属性内容）不一定全列出来。

决定简历篇幅的因素包括职业、企业、工作经历、教育和造诣程度，等等，求职者不需要面面俱到，因为写得越多，并不代表你越优秀，关键在于，履历中的每一个字都要能够推销该求职者。

所以，当你写简历时，不妨问自己："这些陈述会让我得到面试的机会吗？"然后，仅保留那些回答"是"的信息。

求职信帮你获得和对方见面的机会

好的求职信可以拉近求职者与人事主管之间的距离，起到毛遂自荐的作用。因此在简短的求职信中要不失时机的争取让招聘人员对还未见面的你产生好感，从而增加你的面试机会。以下要点是求职者要考虑在内的：

（1）确保求职信简短达意。绝对不要杂乱无章，言之无物。

（2）求职信应该能够引起招聘人员对你作为候选人的兴趣，并激发他们的热情。招聘者为什么要读这封信？你能够为他们做什么？

（3）必须推销你的价值，展示你突出的成就、成果、教育背景以及你独特的解决问题的技能，多使用实例、数字等具体的说明。

（4）如果你有求职单位的人事经理的姓名，那么，你可在求职信的开头定做附信。附信专门致某个特定的个人。

（5）求职信属于非正式的信函，它必须能够在双方之间建立融洽的氛围。所以，你要用热情洋溢、精力充沛和令人振奋的语言来感染对方。

（6）必须发动将来的行动。请求安排面试，或者告诉阅读者你将在一周内打电话给他们，商谈下一步进程。

求职信是专门为某一职位的求职申请而写，要有针对性，一般有三方面的内容：

1. 开头

说明你所应聘的具体职位和得到职位信息的途径，通常是简短的一两句话。例如：

"尊敬的人事经理，我近日在某某招聘网上获悉贵公司正在招聘销售部项目经理一职，特寄上简历敬请斟酌。"

2. 主体

简明扼要并有针对性地概述自己；重点叙述所具备的谋职资格和工作能力，特别是这些才能将满足公司的需要，促使招聘者进一步阅读你的简历。切勿夸大其词或不着边际；描述部分的长度可以控制在两到三个长句。

3. 结尾

表明自己希望加入公司的诚意，请求对方给予面谈机会，留下你的联系方式和预约面试的可能时间范围，亦可以礼节性的感谢对方花时间浏览简历。例如：

"我将在(时间)内与贵公司联系,看能否约定时间面谈,如果您希望提前与我联系,请打电话。"

校对求职信是一项必要的工作

求职信上面若出现问题,会使招聘人员对求职者的印象大打折扣,在投递前进行必要的检查和校对是最好的防患方法,需要校对的地方主要有:

1.拼写和语法错误

保证语法和拼写正确不仅显示了你的细心,同时还显示着你的礼貌和尊敬——意味着你没有采取应付的态度。字典可以帮助你消除语法错误,还可以指导你如何写简历和信件,因此应该成为你的常用工具。

2.格式错误

求职信的格式主要有称谓、正文、结尾、附件、署名、成文时间几部分。在校对时重点关注称谓、附件等细节。

3.形式不符

求职信要易于阅读,忌用时髦的或不常用的字体,字体型号居中;如果是通过邮政机构邮寄的话,要用优质信纸(高棉纤维的)——白色的、米黄色的,或者柔和的中性颜色。

校对求职信除了必要的修改外,还可以进行进一步的完善优化工作,比如措辞、语气等方面。

面试服饰礼仪:秀出你的职场"范儿"

英国著名心理学家莱文说:"面试犹如人们要进入职场的第一道门,跨过这道门,才能使个人获得一个展示自己的广阔舞台。"所以,大家面试时应该注意面试礼仪,其中服装礼仪是一个重要方面。

参加面试的服装要能配合求职者的身份。面试时合乎自身形象的着装会给人以干净利落、有专业精神的印象。男生应显得干练、大方,女生应显得庄重、俏丽。懂得服装礼仪,会使你在众多求职者中脱颖而出,哈佛大学总结了以下面试着装礼仪：

1.男生面试时的服饰礼仪

西装：男生应在平时就准备好一至两套得体的西装，不要到面试前才去匆匆购买，那样不容易选购到合身的西装。应注意选购整套的两件式的，颜色应当以主流颜色为主，如灰色或深蓝色，这样在各种场合穿着都不会显得失态。在价钱档次上应符合学生身份，不要盲目攀比，乱花钱买高级名牌西服，因为用人单位看到求职者的衣着太过讲究，不符合学生身份，对求职者的第一印象就会大打折扣。

衬衫：以白色或浅色为主，这样比较好配领带和西裤。平时也应该注意选购一些较合身的衬衫，面试前应熨平整，不能给人以皱巴巴的感觉。崭新的衬衣穿上去会显得不自然、太抢眼，以至于削弱了人事主管对求职者其他方面的注意。

领带：男生面试时一定要在衬衣外打领带，领带以真丝为宜，上面不能有油污，不能皱巴巴的，平时应准备好与西服颜色相衬的领带。

皮鞋：皮鞋以黑色为宜，且面试前一天要擦亮。不要以为越贵越好，而要以舒适大方为度。

袜子：袜子的颜色也有讲究，穿西服革履时，袜子必须是深灰色、蓝色、黑色等深色，这样在任何场合都不失礼。

头发：尽量避免在面试前一天理发，以免看上去不够自然，最好在三天前理发。应在面试前一天洗干净头发，避免头屑留在头发或衣服上。保持仪容整洁是取得用人单位良好第一印象的前提。

这里要提醒一点，面试时所穿的西服、衬衫、裤子、皮鞋、袜子都不宜给人以崭新发亮的感觉，原因是人事主管会认为你的服饰都是匆匆凑齐的，那么你的其他材料是不是也加入了过多人工雕琢的痕迹呢？而且太多从没穿过的东西从头到脚包裹在你的身上，一定有某些东西会让你觉得别扭，从而分散你的精力，影响你的面试表现。此外，男生要将胡须剃干净，并且注意不要刮伤皮肤。指甲应在面试前一天剪整齐。

2.女生面试时的服饰礼仪

套装是女生求职时的首选。面试时的着装款式应简洁、大方、合体，职业套装是最简单也是最合适的选择。裙子不要太长，也不要太短。春秋套装可选花呢等较厚实的面料，夏季选真丝等轻薄的面料；色彩要表现出青春典雅的风格，表现你的品位和气质，不宜太抢眼。丝袜被称为女性的第二层皮肤。一定要穿着透明近似肤色的丝袜，切忌不要出现脱线和破损的情况。

不要穿厚底鞋，最好穿式样简单，没有过多装饰的皮鞋，后跟不宜太高，颜色和套装颜色一致，切忌穿凉鞋。

求职面试时的着装有以下一些禁忌：

（1）穿着脏污、破旧、皱巴巴的服装。如此穿戴也许很"酷"，但绝对不适合去面试，因为如此装扮会让人觉得你个性随便、不严谨，没有诚意。此外，时下流行的仿脏污、故意皱褶的前卫服装，也不适合。

（2）着装可爱或太花哨。或许你无法忍受一成不变、庄重老成，特爱"与众不同"，疯狂迷恋粉红色系的娃娃装……可是请你暂时忍下来，这种让你"更可爱"的娃娃装只会让人觉得你幼稚、不稳重，对你的面试起不到一丁点儿正面作用。

（3）不化妆或过度浓妆艳抹。也许你是自然主义者，不爱化妆，但面试时，最好还是上点妆，适当遮住黑斑、雀斑和黑眼圈，让自己的气色好一点。不过太过浓烈的浓妆艳抹也不合适，这会显得你太过俗气。面试时化上适宜的淡妆，既尊重别人，又尊重自己，同时也能让自己的五官精神起来，增强自信心。

（4）穿着露趾鞋。流行的"露趾鞋"，一直是时尚圈争议的焦点。虽然很多人认为露趾鞋已可登大雅之堂，国外女星甚至还穿去赴宴呢！不过，专家还是建议能免则免，因为在面试时，不知你会不会遇上传统的面试官。中高跟皮鞋使你步履坚定从容，带给你一份职业女性的气质，很适合在求职面试时穿着。

（5）浑身名牌。参加面试，衣着装扮的确要花钱打点，但这不代表就得浑身名牌。浑身名牌，常会给人"败家""个性娇纵""不能吃苦耐劳"的负面印象。不过，拎一只材质好一点的名牌包，是被认可的。

修养是你的"无声自荐"

礼节是一个人最好的求职推荐信，面试官判断一个人修养的高低，不是看他的学识和才华，而是看他是否能以礼待人。古人有"不学礼，无以立"的话，确实如此，礼貌像个气垫，里面可能什么也没有，却能奇妙地减少颠簸。

芳和雅同时到一家著名广告公司应聘美编。仅从两个人的作品上看，水平不相上下。不过芳在思路方面略胜一筹，因为她已做过3年的美编。两个人一起被通知参加试用，但只能留下一个。

芳上班时间从来都是一身T恤短裤的打扮，甚至光脚穿一双凉拖鞋，也不顾计算机室的换鞋规定，穿着鞋就往里走，还振振有词地说："以前公司里的人都这样。"相反，雅是第一次工作，多少有点拘谨，穿着也像她的为人一样——文静、雅致之外，带着少许灵气。她从来不通过发型、化妆来标榜自己是搞艺术的，只是在小饰物上显示出不同于一般女孩子的审美观，说话也温温柔柔的，十分可爱。

有一天中午，办公室弥漫着腥臭的味道，弄得所有人都互相用猜疑的目光观察对方的脚，想弄清到底谁是"发源地"。后来，大家听见窗台下面有响声，一看，原来那里放着一个黑色塑料袋，打开一看，居然是一大袋海鲜。众人的目光不约而同地集中到芳的身上，没想到她坦坦荡荡地说："小题大做，原来你们是在找这个。嗨，这可怪不得我，这里的海鲜一点都不新鲜。"这时雅端来一盆水："芳姐，把海鲜放在水里吧，我帮你拿到走廊去，下班后你再装走。"芳红着脸把袋子拎走了。

结果，试用期结束，芳背包走人，尽管她的方案比雅做得好，但是老板不想因为留下这样一个太不拘礼节的人而得罪一大批雇员。

礼节是微妙的东西，像芳那样的人因为不重礼节而抹杀了自己能力的锋芒。有的时候，礼节往往就是对人最有用的东西。

纽约一家极具规模的百货公司里人力资源部经理谈到他雇人的标准时说，他宁可雇用一个有可爱的微笑、小学还没有毕业的女孩子，也不愿意雇用一个冷若冰霜的博士。在我们涉足职场时，一定不要忘了带好礼节这封推荐信，否则当心别人买椟还珠——纵然你是颗灿烂的宝石，也可能被埋没。

面试过程礼仪：展现最得体的自己

面试，就是当面考试，谁懂得礼仪，谁就能拿到加试分，谁就容易拿到高分，谁就最先通过，谁就最先拿到第一桶金。那么，在面试过程中，要注意的基本礼仪有哪些呢？

面试过程中的基本礼仪

不要紧张，对碰到的每个公司员工都应彬彬有礼。身体语言在人际交流中占50%以上，大家一定遇到过面试失败的例子，分析起来，专业也对口，也没说过什么不得体的话，一句话，不知道输在哪里。其实，除了职场竞争激烈是主要原因外，面试时身体语言表现不当而暴露弱点也是一个重要因素。

面试时，应试者应当与主考官保持目光接触，以表示对主考官的尊重。

在进出面试办公室时，注意进退礼仪，一定要保持抬头挺胸的姿态和饱满的精神，与人交谈时不要频繁地耸肩、手舞足蹈、左顾右盼、坐姿歪斜、晃动双腿等，这都是不好的身体语言。总之，手势不宜过多，需要时适度配合表达。

参加面试时，除了熟记自己准备的资料外，如何把握短短一个小时左右的时机，最大限度地利用自己的长处和树立良好形象，掌握良好的交谈技巧也是面试成功的重要因素。面试主考官一般较欣赏谈吐优雅、表达清晰、逻辑性强的应试者。在整个面试过程中，注意不要紧张，表述要简洁、清晰、自信、幽默，同时注意观察主考官的表情变化，也就是做到察言观色，尽快掌握主考官感兴趣的方面，再根据事先的准备做着重表述。

当与主考官的意见不一致时，不要据理力争，那会导致一时"嘴巴上的快活"而满盘皆输，要知道生死大权皆掌握在主考官手上，即使你不同意他的看法，也不能直接给予反驳，可以用诸如："是的，您说的也有道理，在这一点上您是经验丰富的，不过我也遇到过一件事……"类似的开头方式进行交流。但在下结论时不要主动说出与主考官完全相反的观点，要引导主考官自己下结论，这样就避免了与主考官发生直接冲突，又巧妙地表明了自己的观点，特别是在回答情景问题时，稍不注意，容易处理失当，过度自信而忽略了场面控制。

此外，面谈结束后，行礼、握手后再离开，离开时要先采用"后退步"的走法，然后离开。走出考场之前，再次站在门前行礼，然后再出去。

为了加深招聘人员对你的印象，增加求职成功的可能性，面试后两天内，最好给招聘人员打个电话或写封信表示谢意。感谢电话要简短，最好不要超过3分钟。感谢信要简洁，最好不超过一页。感谢信的开头应提及你的姓名及简单情况。然后提及面试时间，并对招聘人员表示感谢。感谢信的中间部分要重申你对该公司、该职位的兴趣，增加些对求职成功有用的事实内容，尽量修正你可能留给招聘人员的不良印象。感谢信的结尾可以表示你对自己的素质能符合公司要求的信心，主动提供更多的材料，或表示希望能有机会为公司的发展壮大做出贡献。面试后表示感谢是十分重要的，因为这不仅是礼貌之举，也会使主考官在作决定之时对你有印象。

面试回来后，你已经完成一次面试，但这只是完成了一个阶段。如果你同时向几家公司求职，则必须收拾好心情，全身心投入第二家的面试，因为，未有聘书之前，仍未算成功，你不应放弃其他机会。

一般来说，你如果在面试两周后或在主考官许诺的通知时间到了，还没有收到对方的答复时，就应该写信或打电话给招聘单位或主考官，询问是否已作出了决定。

面试时的自我介绍礼仪

在面试时，恰当的自我介绍礼仪可以拉近求职者与主考官之间的距离。

1.彬彬有礼

在作介绍前，要先对面试官打个招呼，道声谢，如"××经理，您好，谢谢您给我这么好的机会。现在，我向您作个简单的自我介绍"。介绍完毕后，要注意向面试官道谢，并向在场的其他面试人员表示谢意。

2.主题明确

在作自我介绍时，最忌漫无中心，东扯一句西扯一句，或者陈芝麻烂谷子事无巨细都一一详谈，让人听了不知所云。须知，面试官是没有那么多闲工夫听你乱扯的。一般来说，求职面试中的自我介绍宜简不宜繁，一般包括的要素有：姓名、年龄、籍贯、学历、学业情况、性格、特长、爱好、工作能力、工作经验等，对于这些不同的要素该详述还是略说，应按招聘方的要求来组织介绍材料，围绕中心说话。假如招聘单位对应聘人的工作能力和工作经验很重视，那么，求职者就得从自己的工作能力及经验出发作详细的叙述，而且整个介绍都是以这个重点为中心。

3.莫过多夸耀

在自我介绍中，要尽量避免过多地夸耀对自己，一般不宜用"很""第一""最"等表示极端的词来赞美自己。在面试时，对自己做过多的夸耀，意味着贬低他人，这种缺乏尊重他人的介绍方式，就是有违一般礼仪的。这样做反而会引起面试官的反感。因此在谈论自己时，应尽可能避免一些夸大的形容词，把话讲得客观真实，尽量用实际的事例去证明你所说的，最好用真实的事例来显露你的才华。

4.烘托气氛

面试场上的自我介绍，目的是获得职业，与自我标榜、自我吹嘘无关，但你必须得想办法强化自我介绍的气氛。牢记你的优点，忘记你的缺点，你就会像磁石一样吸引人。要觉得自己的声音有魅力，自己的学识广博，只有这种自我肯定，才能使自我介绍的气氛变得活跃起来。

当然，最重要的是能够立即把思绪或情感变成风趣动人的语言，只有内外表达一致，自我介绍才算完美。

自我介绍，要尽量表现出创意、直接、技巧、积极，并且尽量地找出令人欣赏的方法，不要反复使用公式化的东西，不要油头滑脑、胡乱编造，因为油头滑脑、随意编造既是对自己不负责，也是对他人不尊重、不礼貌。

面试时自我介绍的禁忌

面试者进行自我介绍的根本目的，在于使主考官对自己有个初步的了解，并尽可能给主考官留下良好的印象，以便将面试深入下去，从而最终赢得面试的成功。因此，在自我介绍的过程中，面试者应竭力避免以下情况的出现。

1.忌"我"字连篇

千万不要以为"自我介绍"最容易用上的字是"我"字。当主考官说："谈谈你自己吧！"一名应试者十分巧妙地回答："您想知道我个人的生活，还是与这份工作有关的问题？"他把应该用"我"字打头的话，变成"您"字打头。

自我介绍虽然是谈"我"，却要尽量减少"我"字的使用率。老把"我"挂在嘴边的人，易使人反感，受人轻视，被认为是强迫性的自我推销。所以，要注意把"我"字变成"您"字。"您以为如何呢？""您可能会惊讶吧？""您一定觉得好笑。""您说呢？"把"自我介绍"变成一场你与面试官之间沟通的谈话。

2.忌不着边际

介绍时通常都使用编年史法，但编年史不宜搞成"起居录"，不要过细，从最高的学历谈起，只要主考官不问，没有必要谈小学、中学甚至大学。谈学校设置什么课程，而无须谈你在学校时的成绩。谈与你目前求职有关的经历，而不要漫无边际，东拉西扯。多说事实，避免笼统、琐碎的词句。最好在3~5分钟内，停止"自我介绍"，话不能太多，也不要一谈起自己就口若悬河，关键是要显出你的不凡。

面试主考官问的话题有长有短，不要把所有的话题都当成论文题来做，"话多必有失"，话多并不能保证你把该讲的都讲清楚了。

3.忌得意忘形

当主考官问到某一话题时，即使你有很多得意的话可以说也不能得意忘形，最好的办法是在谈到某个话题时，先说一点，同时猜测出主考官表达的真意是什么，找出隐藏于赞赏言辞内的观察之心，再继续说下去。

4.忌故意卖弄

你必须给主考官这样一种印象，即认为你是一个对自己非常熟悉，对自己的特点具有概括能力的人，这里不需要丝毫浪漫色彩。当面试官说："谈谈你自己"的时候，并不是他对你一无所知。而是面试官多少知道一些你的情况，在这种场合下他未必对你的"辉煌业绩"有浓厚的兴趣。要知道，没有哪种业绩能打动他，他不过是想听你对自己的评价，或者通过谈论自己来观察你的为人、性格等方面。面试官都相信，人在谈论自己时，暴露的问题最多，因而谈论自己能促使主考官决定：是否愿意聘你为他们工作。

当你还不十分了解面试官的为人时，自我介绍最好简短、有条有理、实事求是，不要乱加补语、形容词；也不要用平铺直叙的方式，把主要经历说出来。虽然你的经历可能丰富多彩、迂回曲折，但在言论上不必表现出来。不要重复，颠三倒四。在自我介绍时，一定要给面试官留下思维清晰、反应敏捷、逻辑性强的印象。

5.忌语言空泛

参加面试就是为了推销自己，极力宣传自己的心情可以理解，不过主考官会那么天真地相信吗？相反，极力想表现的人反而容易给人一种缺乏自信的感觉。

面试时一般都会不自觉地暴露自己的弱点，朋友交往少的人，为了不让考官看出来，往往用"我交际很多"之类的语言加以掩饰，结果却弄巧成拙。

面试时如何描述离职原因

"你能否描述一下你离开以前所供职单位的原因？"这类问题在面试时经常会被问及，招聘单位能从中获得很多关于你的信息。因此，在回答这个问题时应该非常小心，要考虑到单位的感受，千万不要说得愤世嫉俗，众人皆浊我独清。

选择像"大锅饭"阻碍了发挥、专业不对口、生病、结婚等容易让人理解并接受的离职原因，千万要避免把离职原因归结为别人的主观因素，让招聘单位怀疑你的个人品行和团队合作能力。

如果你把离职原因归结到人际关系复杂方面。现代企业讲求团队精神，要求所有成员都能有与别人合作的能力，你对人际关系的看法，可能会被认为是心理状况不佳，处于自我封闭的心境之中，从而妨碍招聘单位对你的选择。

如果你说离职是因为分配不公平。现在企业中实行效益薪金、浮动工资制度是很普遍的，旨在用物质刺激手段提高业绩和效率；同时，很多单位都开始了员工收入保密的措施。如果你在面试时将此作为离开原单位的借口，一方面将使你失去竞争优势，另一方面你也会有爱打探别人收入乃至隐私的嫌疑。

最不可取的就是说上司有毛病。既然是在社会中生存，就得和各种各样的人打交道。假如你挑剔上司，说明你缺乏工作上的适应性，那么，很难想象你在遇到客户或与单位有关系的人时会不会凭好恶行事。至于像竞争过于激烈、工作压力太大都不能被当成你离职的主要原因。随着市场化程度的提高，无论是在企业内部还是在同行之间，竞争都日益激烈，需要员工能适应在这种环境下干好本职工作。而现代企业生存状况是快节奏的，企业中的各色人等皆处于高强度的工作状态下，有的单位在招聘启事上干脆直言相告，要求应聘者能在压力下完成工作，这是越来越明显的趋势。

很多招聘者建议把加入一家新公司的理由设定为事业发展的需要。例如"在原公司销售科工作了两年后，我学到了许多有关营销方面的知识。现在，我想学点别的。""现在，我想学点新东西，而贵公司是我最中意的。"不过，要是你确实因与老板发生冲突而被解聘，那么，你最好主动把事情原委告诉他们，而不要让他们问你。话要说得既明确又有艺术性。例如"在管理形式方面，我和原公司的一位新金融主管存在分歧。不过，我们双方对此表示理解。"事实上，招聘者心里完全清楚很多人离开原来的工作岗位是由于他们跟老板合不来，然而，没有多少人想提到这样的离职原因。

最后，值得一提的是，大家在面试的时候，对离职原因要避免敏感答案，并不意味着欺骗，因为你的个人素质在一言一行中都能表现出来，你自己可能注意不到，别人却能很容易地看出来。

要求薪酬时不宜讨价还价

求职面试时难免不谈起薪酬。一个人的薪酬是与其能力、作用、表现和贡献等息息相关的，在用人单位尚未了解你的上述情况时，开价过高，难以被用人单位接受；开价过低，吃亏的又是自己。

怎样与用人单位协商薪酬？首先你必须应该知道以下几点：

（1）除非用人单位已经十分明确表态要用你，否则不要讨论薪酬；

（2）切勿盲目主动提出希望得到的薪酬数目；

（3）尽可能从言谈中了解用人单位给你的薪酬是固定的还是有协商余地的；

（4）面试前设法了解该行业的薪酬福利和职位空缺情况。

在协商过程中，如果用人单位要你开价，可告诉其一个薪酬幅度。如他一定要你说出个明确数目，可问他愿意付多少，再衡量一下自己能否接受。

为减少讨价还价的盲目性，可到其他同类公司询问职位空缺情况和大概的薪酬标准，以便自己心中有数。同时别忘了，福利也是你应得的报酬，如医疗保险、公积金、带薪休假和年底分红等。

理想的薪酬数，应是用人单位和求职者双方都能接受的，而应试者应表现出一定的灵活性。当薪酬福利谈妥后，最好要求用人单位在写份协议合同，因为有些用人单位面试之后，很可能会忘掉曾答应过的事。

工作谈判不能像其他谈判那样，一味设法提高对方开出的条件，而对方就只顾压低你的价钱。把原来和谐的气氛弄成敌对的局面，这对你实在没有好处。

谈判一旦出现僵局，不妨把话题转移到有关工作的事情上。例如，对方有心压低你的薪酬，就可将话题转移到你上任后有何大计，如何扩大市场占有率和如何降低产品成本等，那样原来紧张敌对的状态，很快便会变成同心协力的局面。

公司都希望应试者对应聘的职位感兴趣，而非完全以金钱挂帅。因此，只要老板觉得请你没有令公司受到损失，要争取高薪、福利并不困难。你可以讨论自己的才能、经验，要求老板让你承担多一点责任，甚至把职位提高，这样就有机会将福利提高。即使没法调升职位，但是工作范围扩大了，公司多付薪水给你，也是补偿你额外的工作，亦不会因任何一方吃亏而令谈判中断。

如果受公司预算限制，甚至比你现有或以往的薪水还要少。只要你认定这是一份理想工作，不妨暂时不谈薪水。待对方认定你是最佳人选时，再尝试以职位及工作为由，多要求些福利津贴。例如，若想要求提高公务开销，你就应说以往工作顺利，全因频频与客户交际应酬，从而提出担心公务开销不够，雇主也会乐于增加这方面的津贴。

面试中怎样应对意外考验

不少公司为了招聘到合适的人才，会根据职位的要求，设计一些意外面试，以此测出应聘者的真才实学与自然流露的内心世界，并把这些作为是否录取的参考。因此，面试者遭遇意外情况是情理之中的事，千万不要惊慌失措，因为这不过是一道比较另类的"考题"而已。下面举几个例子：

1.面试突然提前

某公司要招聘一名业务主管，有不少人参加角逐。经过上午的笔试、上机操作考核，兴华与另外3位应聘者顺利通过了初试。这时已经到了中午，主考官通知他们：下午两点半在会客厅复试。兴华因为带了方便面，就在会客厅将就；另外3人都到外面吃饭去了。大约过了半个小时，主考官走进会客厅，见只有兴华一人，便通知兴华：下午的复试提前到1点钟在8楼总裁办公室进行。兴华一看离复试的时间只有20多分钟，便着急地对主考官说："另外3人都去吃饭了，怎么办？"主考官说："看到他们就通知一声，没看到就算了吧。"

兴华想到自己不能这样自私，就在会客厅干等着，直到最后一刻，3人也没有出现，于是他就在门上留了个便条，告诉另外3人复试提前的消息。他在最后时间赶到复试地点，却见其他3人已在总裁办公室等候！其实主考官已经单独通知了所有的复试者，而只有兴华一直在努力把这个消息告诉其他人。

复试时，总裁问兴华："听说你一直在楼下等其他人，你为什么要这样做？"兴华回答："给别人机会就是给自己机会，靠投机取巧取胜是不正当的行为。"总裁当即拍板录用了他。应聘面试也是应聘求职者的为人处世，品德高尚是成功的前提。只有多为他人着想，助人为乐，才能笑到最后。

2.面试临时取消

某公司在招聘一批业务员的面试前，有意开来几辆满载货物的卡车，请面试者帮忙卸货。主考官一马当先，带头上车卸货；应聘者都想在主考官面前表现一下，留下一个好的第一印象，所以干得格外卖力。货卸到一半的时候，主考官突然"扭伤了腰"，在别人的搀扶下要到医院去看病。临走时主考官对应聘者说："很抱歉，今天的面试只得取消；至于什么时候面试，公司会通知你们的。"等主考官的身影一消失，不少应聘者便骂骂咧咧，甚至当即甩手而去，也有一部分应聘者坚持把货卸完才离去。这批做事善始善终者当场被公司录用。原来这就是一场特殊的面试：因为受伤的主考官走了，现场另一位默不作声的考官把这一切看得一清二楚。

职场中那些斤斤计较讲报酬、虎头蛇尾干事情的人，即使一时蒙混过关，终究经受不住实践的考验，那些不讲价钱、不计报酬、乐于奉献、勤恳踏实、善始善终的人才是最后的胜利者。

3.面试中途暂停

刚从大学毕业的于娟去一家公司应聘秘书一职，由总裁亲自面试。总裁从多方面对于娟进行测试后，脸上慢慢地露出满意的微笑。这时，总裁接了一个电话，便对于娟说："我有事出去一下，请你稍等。"总裁这一去就是半个多小时，于娟有些不耐烦；但她很快稳定了自己的情绪，从口袋里拿出一本事先准备的袖珍杂志，一会儿就进入了故事情节。总裁高兴地通知她："你明天来上班吧。"原来这半个多小时，总裁一直在另一间监控室观察她（总裁办公室装了监控器），看到于娟的行为符合一个秘书的要求，故录用了她。

面试中，当主考官中途借故退场，你一定要警惕，千万不能东摸摸西看看露出好奇的神态，更不能显出不耐烦。正确的应对方法是：如果室内有报纸，可以拿来看一看，或自己预先准备书籍杂志。总之，在面试过程中，不管人多人少，有人没人，都要始终如一地保持良好的形象。

面试技巧：把握交谈核心才有胜算

交谈是求职面试的核心。面试是与面试官交谈和回答问题的过程，在这个过程中要根据自我介绍和交谈内容控制音量的大小、语速的快慢、语调的委婉或坚定，声音的和缓或急促，在抑扬顿挫之中表现出你的坚定和自信。如果装腔作势，会给人一种华而不实，在演戏的感觉。

交谈时要口齿清晰、发音正确，尽量使用普通话。讲话要言简意赅，通俗易懂。不要为了显示自己而只顾使用华丽、奇特的辞藻，这样会很难顾及语言的逻辑和通顺，反而使人感到你用词不当、逻辑思维能力差。此外，急于显示自己的妙语惊人，往往会忽略了自己的语言过于锋利、锋芒太露而显得有些张狂。

交谈过程中要注意掌握和控制语速、语调。一般情况下，语速掌握在每分钟120个字左右为宜，要注意语句间的停顿，不要滔滔不绝而让人应接不暇。语调是表达人的真情实感的重要元素，要通过语调表现出你的坚定、自信和放松。

交谈中还要注意谈话礼貌，不要打断对方的讲话，要集中注意力认真"倾听"对方的讲话。听清和正确理解对方的一字一句，不但要听出其"话中话"，而且要听出其"弦外之音"，这样才能做出敏捷的反应。

回答问题是面试交谈的重要方面，得体地回答面试官提出的问题是面试取得成功的关键，面试者要对面试官可能提到的问题有充分的准备。面试时经常碰到的问题主要有：

——你觉得本公司如何？

这个问题总是可能在你应征某个工作，进行到第三四次面谈时都会被问到。听起来不是什么问题，但你千万要小心应付。

保守地回答这个问题就要用点计谋。你可以告诉面谈者到目前为止你还没有机会做出一个具体的结论，但从你现在的观察所得，却留下了深刻的印象——这个地方会让你感到非常愉快。

如果你确实发现有些地方需要改革，而且你也能提供建议，把你的意见提出来，倒不失为一个好方法。但当你在说这些话时千万要小心。不管你是一位多强的应征者或公司多么需要你这位人才，如果你表现得像一位"乱世英雄"，那很可能就是在替你自己掘坟墓。

——你服从公司领导吗？

有一则故事说，一公司正进行招聘面试，老总对甲说请把走廊尽头的窗玻璃打碎，甲照做了；老总又对乙说，请把门口的那桶水泼到楼下车库里坐着的那个工人身上，乙照做了；老总又对丙说，请到厨房将厨师打一拳，丙立刻回绝道："我不能这样做，因为我的良知不允许。尽管我应该服从您的命令，但我更要服从我的良知。"后来，丙被录用了，可见要服从而非盲从。

——你最感兴趣的是什么？

你也许对什么工作都提不起劲来，但没有人会期望听到你这种答复。面谈者所需要的，就是值得你下功夫的地方。你可以谈谈你非常欣赏公司的行销理念或其他方面，并且解释为什么欣赏它。

——你承担得了压力吗？

别急着回答说"没问题"，也许这个压力确实太重了，也许这个压力根本不必加在你身上。不管怎样，不要说你多么善于面对压力，你可以说压力从未给你带来麻烦，或是你很喜欢压力该工作带来的喜悦。

——你的长处在哪里？

如果你知道自己的长处是什么，以及他们与这个工作的关系，那么这个问题不难回答。但要记住，一定要有具体例证来支持。切记要强调与工作有关的长处。

——你的缺点是什么？

你不是在参加团体治疗，也不是感情交流，因此回答这个问题时，可以做适度的变化。每个人都有缺点，但并不意味着这些缺点一定会严重的妨碍到你做好工作的能力，甚至有些缺点即使提出来或经过适度的转化根本不会影响到面谈者对你的评分。

——你能和别人相处得很好吗？

这个问题常出现在一些小公司的面谈，通常这家公司是老板独裁而不太好相处，面谈者希望能知道你的反应。因此一个较佳、较安全回答方式是："让我用这个方式说，我从未碰到不能相处的人。"

——你要求的薪水是多少？

遇到这类问题最好先问面谈者一个问题："我觉得先让我们弄清楚在薪水之中包含了哪些项目，这样谈起来会更有意义。"如果面谈者坚持你先说出你的要求，可以告诉他你现在的薪水，不要欺骗。

——我担心你缺乏……

所缺乏的可能是经验或某些训练。别被这个问题困扰，因为这个问题应该说它是个好征兆，因为只有面谈者已经认为你确实是适合的人才，但还有一些美中不足之外，这个问题才会出现。因此你可以表示对他的关心感到非常感动，同时立刻给面谈者一些有力佐证，以宽他的心。

——空闲时喜欢做什么？

通常这是无关紧要的问题，但有时面谈者会想从你的休闲生活中判断是否会适应正常的工作。回答这个问题时，别太得意忘形、长篇大论地谈自己的运动经，除非面谈者对这方面也有深厚的兴趣。即使你没有嗜好，也别直接说出来，如此会让面谈者感觉你的生活圈太狭窄了。

——你认为什么样的决定尤为难做？

如果你用他问题中的这些词回答，就只能对自己不利了。要摒弃那些否定性的词汇："我没有发现什么决定特别'难'做，但确实有时作一些决定要比作另一些决定要多动些脑筋、多作分析。也许你把这叫作'难'，但我认为我拿工资就是做这些事情的。"

——你是不是一个冒险家？

这对于警惕性不高的人来说确实是个陷阱。如果你简单地回答说是，对方就会自然地针对你谨慎提问："那么说你有时很草率了？"所以应在给对方造成可乘之机以前，把问题敲定："你认为'冒险'的定义是什么？能不能说个例子。无论主考是否会深入提问，你已经表明了自己不会做无谓的冒险的，你是个三思而后行的人。如果还要把冒险问题探讨下去的话，要记住既不能让对方认为你是个胆小鬼，也不能让他认为你是个莽夫。"你看我并不想把自己所在的公司置于冒险的境地。

——顾客不买你的货怎么办？

做生意免不了会遇上这种情况，并不是你推销什么人们就会买什么。重要的是在顾客拒绝买你的商品时不要让他拒绝了你。

——一周你需要花多少个小时完成本职工作？

在高压面试这是一个要花招的问题，你如果回答说40个小时左右，那就有坐不住，天天盼下班的嫌疑。但如果你回答说60个小时，那么别人就会认为你慢腾腾，工作效率低，容易被压垮，那么如何绕过这个陷阱呢？不要答出具体的数字。

——你觉得什么人在工作中难于相处？

你应学会千方百计避免作否定回答的技巧，那么你很可能简单回答说："我觉得没什么人在工作中难相处。"或："我跟大家都很合得来，"这两种答法都不算坏，却都不十分可信。你应该利用这个机会表明你是个有集体协作精神的人，"在工作中不容易相处的是那些没有集体协作精神的人，他们不肯干却常抱怨，无论怎样激发他们的工作热情，他们都无动于衷。"——如果我告诉你在这次面试中表现很差，你会怎么办？

你认为这是严重的挫折或是毁灭性的一击吗？那么，你就忽略了问题中的"如果"。考官并没有真的说你表现得很差，而是在问如果他说你表现很差你怎么办？对待批评的关键在于既不抵抗也不接受，而要从中学习。下面这种回答就不错："那么请指出对我的哪个方面不满意，你认为我存在的问题是什么,通过您的回答我发现你对我有误解,我会尽量解释清楚。如果你认为情况更糟了,我会听取您的建议以便改正错误。当然,我并不愿意听到自己在哪个方面表现糟糕,但毕竟在失败中可以得到珍贵的教训。"

——你并没说服我你可胜任此职。

听到"你没有说服我"这句话,你应该抓住机会一下子说服对方你胜任这个工作。这回你还可借鉴老练推销员的经验。当推销员遭拒绝时,他会以提问的方式寻求突破口。你也应该这样做:"你为什么这么说呢?"或"要怎样才能说服你呢?"

——看到我这支笔了吗?推销给我。

这是一类典型的考你现场应变能力的问题,旨在测你的实际反应能力,这类问题重在实际反应而不在结果。因此,应这样回答面试官:"提问(这种笔的消费者将是什么人呢?)研究这种笔的特点,明确其价值和益处。如果这确是一个实际的销售情况的话,向面试考官解释你如何取得有关这种笔的市场销路、特点、益处以及价值的全部数据资料。扼要介绍如何利用这些数据制订销售计划。然后形象地勾画出这种笔的未来用户,并以此而选择你事先制订的销售计划。

——如果你只能带三样东西到一座荒岛上的话,带什么呢?

你对这个问题的回答就能让人了解你,也同样能了解你对未来职位的理解。如果这个职位需要极大的创造力和想象,你随身携带的物品就应该是一本《白鲸》、一个记事簿和一艘回家时可乘的船。如果这一职位需要十分讲究实际的话,就应带水、熟悉孤岛上生活的专家以及一艘船。

——你找工作花了多少时间?

这是个看似无关紧要的问题,但是除非你的工作经历中有了一年左右或更长时间的空缺,你的答案最好是:"我刚刚开始找工作。"如果你确信面试官已经从某种渠道知道了你找工作所花费的时间,例如说你是通过某个知道你的工作历史的人引荐的,那就准备好向面试考官解释为什么你还没收到或接受任何接收函。

不管对与错，许多面试考官认为，你失业的时间越久，你被录用的可能性就越小，所以你要准备好对付这种偏见。

——你怎样应付变化的情况？

当然，最好的回答是你善于应变。事物总是处于变化之中，要想保持竞争力，就必须能够适应各种变化，自然界有"物竞天择，智者生存"的规律，社会也一样，技术的革新、人事的变动、领导风格的改变，业务结构的调整，甚至产品的改进等，所有这些都需要我们具有一定对应变能力。

在回答时，你可以找出一个你成功应付变化的案例，并凭此说明不但能够适应和接受变化，而且能够在变化中得到更大的发展。

——在学校里，你都参加了哪些课外活动？你选择参与了哪些活动？这些活动中你最喜欢哪一个？

面试考官通过这个问题来看看你是否是一个勤奋的、充满年轻人激情的人。面试考官对你的学习成绩可能已经在你的简历或应聘材料是中看到了，他现在想了解的是你是否是一个"一心只读圣贤书"的书呆子。

但也要记住，你不能拿这个问题开玩笑。如果你说："我有许多爱好，但我最爱的是在周末的晚上抱着吉他在女生宿舍楼下唱歌。"当然，这也可能是实话，但这样的回答很可能会降低考官对你的评价。

——假如时光倒流，你从明天起开始新的大学学习，那你会选择哪些课程？为什么？

没有哪家公司会相信一个刚从大学毕业的学生就会在工作岗位上应付自如。经验积累的培训对提高工作适应性是完全必要的。因此，作为一个经验相对缺乏的应聘者来说，面试考官很有可能会设法考察一下你的"可塑性"。

对课程选择所做变动的目的在于使自己具有更强的竞争力去应聘职位。因此你可以选择更多的市场学方面的课程，或是一门会计课程，或是参加更多的统计学的讲座。

同时，也要敢于承认在选择适合自己的课程时确实走了一些弯路。然后还应谈谈那些与工作没有直接关系的课程对你自身综合素质的提高也是有帮助的。

——你在哪门课程上得了最低分？为什么？你认为这会对你的工作表现有所影响吗？

对于面试官来讲，在面试你以前，他可能已经看过了你的成绩单，但有些人可能并非如此，这时，如果他问起这个问题，你可千万不要自毁前程！

如果你学的是计算机专业，那你就没有理由说在计算机上得了最低分，即使你能证明你是"高分低能"的最好反证，那也可能使你的面试分数打折扣。而如果你应聘的职位就是搞计算机的，那就更值得怀疑了，不是吗？

但如果你是学文学的，高等数学得了最低分，这恐怕有情可原，因为你可能为搞懂文学史上的一个悬念而花费了大量的时间和精力。

——你认为工作中哪些方面是最重要的？

对这个问题的错误回答将使你丧失就职机会。这个问题的设计是要考察你的时间分配能力、分辨轻重缓急以及是否有逃避工作任务的倾向。因此在回答时，要结合你要应聘的职位作出比较妥帖的回答。

以下问题你也需要事前妥为准备，当然这只是众多问题中的一部分。

你的长期目标是什么？

你解决问题的创新能力如何？

你能激励他人吗？

你如何使自己成为一位领导者？

你在学校最喜欢的科目是什么？

你小时候的愿望是什么？

到目前为止，你最大的成就有哪些？

你喜欢结交哪一类型的朋友？

你的脾气好吗？

你能为本公司做出什么贡献？

如果你有独善其身的机会，你会多管闲事吗？

在这儿工作，你觉得多久以后应该获得升迁？

你的健康情况如何？

你真热爱工作吗？

你能不为财富而工作吗？

你对批评的敏感程度如何？

此外，在面试交谈中，求职者应记住以下忠告，着力避免以下话题：

（1）先前雇主产权性机密资料。这不仅不该透露，还会让面试考官认为你这个人不值得信任。

（2）内心的性别或种族偏见。以为面试考官与你志同道合而大放厥词，是很危险的，因为职场里不容许性别和种族歧视存在。

（3）政治和宗教话题。在求职面试时是不应涉及的。

（4）心爱的明星或运动员。你最喜欢的可能是面试考官最讨厌的，即使面试考官仅凭这一点就反对你很不合理，可是也无可厚非。

（5）为面试考官取得某物或某种特殊商品的提议。举例来说，"我能为你买到批发价"或许是事实，或换了个场景会表现出你待人的热忱，可是对于面试则格格不入，而且会显得你贿赂面试考官。

（6）谈到你刚搬离之某地区的天气或交通，或任何风土人物，你把它们批评得体无完肤。你也许碰巧批评到面试考官的家乡，而面试考官又正巧深感怀乡之情。

（7）你如何地厌恶数学、科学或其他别的学科，虽然表面上看来似乎与此职位无关，但实际上，公司领导阶层也许正巧期望员工擅长数理。

（8）抱怨面试考官让你久等，或是填写工作申请表或接受文字录入的房间热得会烤死人。你想表现给面试考官的是你的积极面，但一味抱怨会适得其反。

（9）老提大人物名号以自抬身价。假使你真的与某些社交名流为友，要留心别造成你在吹嘘自己的印象。

（10）主动自暴其短，例如说，由于家庭负担重，你无法同意下午5点以后留下来加班，在这里没有必要主动自暴其短，除非雇主明言员工必须同意留下来加班是获得该职位的先决条件，若这样，你一定要实话实说。请记住，某些状况临场会有变化，要自行斟酌；万一到时候公司对你提出特殊要求，说不定你的状况已有改变。

（11）话题偶尔会陷入沉默，为了化解冷场的情况，你脑中浮现的念头，不可随意脱口而出，务必三思而后言。

（12）漫无焦点闲扯。你回答完问题或作完一段评论，应就此打住，等待下文。话点到为止，喋喋不休徒然无益。

（13）将面试考官赞美得天花乱坠，即使你诚心佩服他人，在这种情况下，你的赞美可能遭到误解。当然你可以这样说："与您面晤是一种愉悦，谢谢您。"

恰当的肢体语言是看得见的尊重

经调查显示：个人给他人留下的印象7%取决于用词，38%取决于音质，55%取决于非语言交流，由此可见非语言交流的重要性。

1.如钟坐姿显精神

坐椅子时最好坐满三分之二，上身挺直，这样显得精神抖擞；保持轻松自如的姿势，身体要略向前倾，不要把腰挺得太直，那样显得死板，把手自然地放在双膝上。

2.眼睛是心灵的窗户

对面试官应全神贯注，目光始终聚焦在面试官身上，在不言之中，展现出自信及对对方的尊重。注视的部位最好是考官的鼻眼三角区，目光平和而有神。恰当的眼神能体现出智慧、自信以及对公司的向往和热情。

3.微笑的表情有亲和力

微笑是自信的表现,也可以为你消除紧张,面试时要面带微笑、亲切和蔼、谦虚虔诚、有问必答,面带微笑会促进与面试官的沟通,会百分百地提高外部形象。

4.专业化的握手

专业化的握手能创造出平等、信任的和谐氛围。在面试官伸出手时,握住它。要保证自己的手臂呈90度,有力地握三下,然后把手自然放下。在握手时,目光应注视对方。切忌,如果面试官没有把手伸出来,千万不要伸出手。

面试完毕,礼仪还要继续

1.面试后感谢主考官

面试结束并不意味着求职过程的结束。为了加深招聘人员对你的印象,增大求职成功的可能性,对想抓住每个工作机会的人来说,面试后的两三天内,最好给主考官打个电话或写封信表示感谢。

(1)打电话

打电话表示感谢可以在面试后的一两天之内,不妨给主考官打个电话表示感谢。电话感谢要简短,最好不要超过3分钟,电话里不要询问面试结果。因为这个电话仅仅是为了表现你的礼貌和让对方加深对你的印象而已。打电话的时候,要考虑在合适的时间内打电话"合适"。

(2)写面试感谢信

主考官对面试人的记忆是短暂的。感谢信是你最后的机会,它能使你显得与其他求职者有所不同。面试感谢信包括电子邮件和书面感谢信。

如果平时是通过电子邮件的途径和公司联系的话,那么在面试结束后,发一封电子感谢信,是既方便又得体的方式。

2.有礼貌地打电话询问

什么时间打电话从礼仪角度来说,打电话最得体的时间应该是对方方便的时间。什么是方便的时间？以下时间之外的时间，都可以认为是方便的时间：工作繁忙时间、休息时间、用餐时间、生理疲倦时间。因为询问面试结果是公事，所以当然必须是在正常工作日的时间段内打这个电话。

（1）工作繁忙时间。

一般是周一上午和周五下午，因为这两个时间段很多单位都有开例会的习惯。即使不开例会，因为周一早上是新的一周的开始，往往还处于适应期，而且还有工作上的事宜需要安排；周五下午又要面临着周末，所以从心理上自然会"排斥"给他添麻烦的事情。还有就是每天刚上班的一个小时和下班前的一个小时。这个时间段内不是要忙着安排一天的工作就是没法再集中精力处理公事。

（2）休息时间。

一般是指工作日的中午一小时左右的时间，其他私人时间，特别是节假日时间。用餐时间：在用餐的时间，给人打电话是不礼貌的。而且往往在这个时间打电话会找不到人，当然影响打电话的效果了。生理疲倦时间：这个时间段一般都是每天下班前的一小时左右，中午下班前的半小时左右。

3.心平气和地接收录取通知

作为一个求职者，在经过数日的奔波、多次的面试之后，终于"修成了正果"得到了被录用的消息。这时，你可能会庆幸自己数月的辛苦和努力没有白费，甚至还会欣喜若狂、大筵宾朋、一醉方休。先别急！虽然成功在望，但还有几个问题需要解决。

（1）录用你的公司，是你的第几选择？

你在求职的过程中，或许投过很多份简历，面试过多次。在艰难的求职过程中，往往被你首选的公司屡次拒绝使你十分丧气。于是在亲戚朋友的劝解下，或许使得择业标准一降再降，甚至见到相关的招聘就投简历、面试。但是：这份职业真的适合你吗？符合你的职业规划吗？这是一件非常值得思考的事情。否则，或许你将走更多的弯路，甚至做一辈子你并不喜欢的工作，更不用说你能在工作上有所成就了。

（2）录取的条件和面试时相符吗？

录取的条件中包括很多内容，比如职务、薪资、报到日期等。现在有一些机构在招聘的时候同时招聘很多岗位。在部分岗位已经满额的情况下，会善意地安排他们认为比较不错的求职者从事其他岗位的工作。问题是，或许对方安排的岗位并不是你的专业特长或你并不喜欢。而且，岗位的不同，薪资待遇等方面也会有所不同。

如果录取的条件和面试时的不一样，就要考虑你所追求的究竟是名分上的不同，还是实质上的差异？或是兴趣上的坚持？如果与你的追求或期望值有一定差距，就值得考虑了。面试的时候，大部分人会谈到薪酬，比如说不低于多少。通知被录用的时候，如果所提到的薪资和面试的时候谈得差不多，固然最好；但有了差异时，特别是差异较大的时候就要考虑了。

（3）接收之后全面了解用人单位

收到你所心仪的公司的录用通知是一件喜事，值得好好放松一下、庆祝一番。但同时还有一件事情要求你能认真地面对：了解公司、了解工作。在正式报到之前，先对所要服务的公司有所了解，这样在开展工作的时候就会顺畅很多。了解公司的方法很多，包括在面试时带回的公司简介、刊物，或企业形象方面的资料、企业网站等，有条件或可能的话进行实地全面考察最好。这会使你对公司的整体情况和营运有所掌握，会对你的新工作、新环境带来很大帮助。

当然，除以上三点外，或许还有其他的情况需要考虑，总的目的就是为了使你即将拥有的这个工作应该尽可能的合适。还有就是一定要确认好你去报到的具体时间、地点和联系人。在这些细节方面更要特别留意。

第九章
公共场合礼仪：礼仪是看得见的风景

文明观赛礼仪须知

国有国法，家有家规，体育比赛自然也有一些所有观众都需要共同遵循的观赛礼仪。

1.入场礼仪

（1）根据场地要求着装，不可赤膊光背。有些场地、场馆对观众穿鞋有特殊要求，应提前了解，做好相应准备。

（2）尽量提前入场，这样，既尊重运动员，也不影响他人观看比赛。

（3）不带年龄太小的孩子，以免影响他人观赛。

（4）入场时，主动出示票证，配合工作人员安检，对号入座，注意礼让老弱、残疾、妇女儿童及外国朋友入场，如有需要，为其引路指座。

（5）携带的标语内容要健康，不要有过激言辞，不要做变相广告。

（6）不能带入场的物品有：打火机等易燃易爆的危险物品，酒瓶、凳子、刀具等硬件物品，易拉罐等罐装物品，宠物等等，具体的还要看比赛大会的宣传。

（7）如开车前往，按规定路线行驶、停车。

（8）在露天赛场观赛前注意天气，如果可能有雨，宜带雨衣，打伞会遮挡后面观众的视线。

2.退场礼仪

比赛中，若要提前退场，在不打扰他人的情况下尽快离开。退场时，向最近的出口缓行或顺着人流行进；比赛中途遭遇突发事件不要慌张，应在场馆工作人员的指挥和疏导下，迅速有序地离开场馆；整洁有序的观赛环境需要靠有素质的观众共同创造、维护，所以退场时，记得带走垃圾。

3.懂得尊重

现代体育比赛的精髓就是尊重、友谊、平等、不歧视，观众对于运动员、裁判员以及观众彼此之间都要给予最大的尊重、理解和宽容。

（1）升国旗、奏国歌仪式时，应面向国旗肃立、脱帽、行注目礼致敬。

（2）当介绍运动员时，观众应给予热烈的掌声，以示欢迎，不只给予本国的和自己喜欢的运动员，还应包括其他的运动员。

（3）观看比赛，应热情真诚地为双方运动员的精彩表现加油喝彩，千万不要"嘘"对手。

（4）观看比赛激情投入是人之常情，但千万不可失态。

（5）拉拉队助威时要有组织、有秩序地进行，助威、鼓掌、喝彩要适时。

（6）观众之间应互相尊重，彼此包容，对粉丝、拥趸也须宽怀大度。

（7）冷静对待赛场判决，尊重裁判，理智对待比赛结果，谩骂、起哄甚至围攻裁判都是不应该的。

（8）为了表示对运动员和裁判员的尊重，应该等待比赛结束后再退场。比赛结束时，要向参赛的运动员鼓掌致意。

（9）请体育明星签名或合影也应讲礼貌，这也是体育迷应该具备的素养。

4.遵守秩序

赛场及赛事过程均有各种要求和规矩，观众须自觉遵守，尤应听从赛会工作人员的指引。

（1）慎用电子设备。如今观看比赛，许多观众举起相机，想留住美好瞬间，不过这种良好的愿望已经成为不文明的行为。因为拍照时的闪光灯，会把选手的注意力带走。一般来说小球项目，观众是不能使用闪光灯的。

2010年4月4日，2010年斯诺克中国公开赛决赛下半场的第11局时，丁俊晖已经以61比1领先，但是在打倒数第五颗红球，也就是超分的一球时，右侧底袋没能打入。当时的情况是，在丁俊晖俯身瞄球的同时，对面的无数闪光灯哗啦哗啦响成一片，影响了他的视线，其对手马克·威廉姆斯随后抓住机会65分清台，逆转成功首次取得领先，这局也成为整场比赛的转折点，丁俊晖最终与冠军失之交臂。像丁俊晖这样被闪光灯害得丢冠的人在斯诺克比赛上屡见不鲜。

（2）不喝倒彩，胜负都精彩。比赛总有胜负，观众也有倾向，但作为文明的民中人观看比赛应该注意把握分寸，合理宣泄自己的情绪。切忌不要向客队喝倒彩，不要因裁判的误判而起哄，不要用过激的语言攻击客队队员，不要将垃圾、矿泉水瓶等扔进赛场。

某次在日本举行的世界女排大赛中，现场观众的文明表现便给人留下了深刻的印象，无论是日本队领先、赢球，还是更多地处于输球，比分落后之际，观众始终热情不减、始终如一地为自己热爱的球队加油，并在"偏爱"主队的同时，也没有忘记为其他国家运动员的精湛表演鼓掌。当出现争议判罚时，听不到起哄、喝彩的杂音。这是值得所有观众学习的行为。

（3）服从组委会的安排，不进入比赛场地观赛。尤其是观看篮球比赛时，一定要服从工作人员安排，只能站在跑道上和场地外观看，不要进入比赛场地，以免影响运动员和裁判的发挥。

（4）手机要关机或设置在振动、静音状态。体育场馆内一般不允许吸烟，吸烟请到吸烟区。除了前面介绍的观看比赛的通用礼仪要求外，各种比赛项目都有各自的礼仪要求，在观看时要自觉遵守。

观看几种比赛项目的礼仪要求

1.田径比赛

田径比赛由田赛、径赛、公路赛和全能项目组成，田赛以远度或高度计算成绩；径赛以时间计算成绩。

（1）在进行短距离径赛项目时，当运动员站在起跑线后，宣告员开始介绍每位运动员时，观众应报以热烈的掌声和欢呼声，以表示对运动员的喜爱和支持。当裁判员发出"各就位"口令后，即运动员俯身准备起跑时，赛场应保持绝对的安静，观众不要鼓掌呐喊，而应该在心里默默地为运动员加油，以免使场上运动员由于场外因素而分神。当发令枪响后，观众就可以完全释放出自己的活力和激情为自己的偶像呐喊助威了。

（2）在一些长距离项目中，如马拉松，当远远落后的运动员坚持到终点时，观众应该把最热烈的掌声送给这些运动员，为其重在参与的精神鼓掌。另外，看马拉松和竞走比赛时，要服从现场工作人员的指挥，自觉在安全线外观看比赛。运动员跑过身边时，严禁横穿比赛路线、严禁擅自给运动员递送物品、严禁翻越护栏等道路安全设施。有的人会出于好心，将手中的水递给运动员，但这可能会导致他们被判犯规甚至出局。

（3）当运动员开始跳跃、投掷项目助跑时，观众可以根据运动员的助跑节奏鼓掌，但要注意不同项目的节奏是不相同的，要根据运动员的步点来掌握。一般赛场都会有比较专业的拉拉队长进行引导助威，你只需跟上节奏即可。

（4）在高度项目比赛中，即使运动员水平再高，最终都要以自己所不能逾越的高度而告终。所以当运动员成功越过某一高度时，我们应该向运动员表示祝贺。但是，当运动员最终未能越过更高高度的横杆而结束比赛时，观众也应该向运动员报以热烈的掌声。

（5）比赛进行时，注意不要在看台上随意走动。

（6）比赛结束时，获胜运动员为答谢观众一般还会绕场一周，大家一定要用掌声和欢呼声为其精彩表现表示欣赏和鼓励。

2. 游泳比赛

游泳包括现代游泳、跳水、花样游泳和水球。其中，现代游泳又分为自由泳、仰泳、蛙泳和蝶泳4种。

（1）游泳馆内严禁吸烟，防止烟气融入水中被运动员吸入体内。

（2）不可使用闪光灯，以免刺激运动员特别是仰泳运动员的眼睛。

（3）裁判员发令时，不可鼓掌欢呼或发出噪音，以便运动员听清发令声。

（4）当运动员走上跳板或跳台时，应保持安静，以免干扰运动员的起跳和节奏。

（5）运动员不慎动作失误，也应给予鼓励的掌声。

（6）观看花样游泳应在音乐开始时保持安静，以保证运动员能清楚地听到音乐；比赛中观众不要喊口号加油，以免破坏优美的音乐与运动员动作的和谐意境。

3. 体操比赛

体操比赛设有团体、个人全能、自由体操、跳马等14个项目，由裁判长根据A、B两组裁判员的评分得出运动员最后得分。其中，艺术体操要求在音乐的伴奏下完成动作，由3个裁判组打分评定分数。蹦床比赛则由3个成套动作构成，技术分与难度分相加为最后得分。

（1）体操比赛在很大程度上是心理比赛，运动员需要良好的比赛环境。观众在一套动作结束时可以鼓掌称赞，但运动员做动作时不可鼓掌助威，应保持场上安静。在观看体操比赛中，鼓掌加油通常有两种情况：一种是运动员技惊四座的漂亮动作完成后。如两个动作间的精彩连接，男子单杠中的飞行动作，艺术体操中开始和结束的两串动作，以及吊环中一些坚挺的支撑动作等，都可鼓掌喝彩。另一种是运动员动作失败，掉下器械，但又重上器械继续比赛；或者完成整套动作后落地不稳，但仍然站起来完成最后的亮相，这时都应为运动员的坚强意志和顽强作风报以热烈的掌声。

（2）作为女子项目的艺术体操是动作与音乐相配合的竞技项目。比赛进行中，应保持安静，不应喝彩或发出敲击声。可在完成动作后，鼓掌喝彩，但时间不宜持续过长。

（3）蹦床有"空中芭蕾"之称。比赛中，选手要完成规定动作和自选动作，做出各种复杂多变的翻转动作，难度较大。运动员需要高度集中注意力，观看比赛应提前入场，如果迟到，在入场口等待，在运动员完成该套动作后，再轻声进场。比赛过程中不宜鼓掌喝彩，待结束动作后，方可鼓掌，时间不宜持续过长。

（4）在体操比赛拍照中不要使用闪光灯，因为闪烁的灯光会分散运动员的注意力，影响运动员对空间高度和时间方位的判断，甚至可能造成比赛失误或者受伤。

（5）体操是由裁判员打分的项目，当你认为有裁判不公的现象时，不要起哄，不要冲动，要克制自己的情绪。欣赏艺术体操要关闭手机或设置在振动、静音状态，不要影响运动员动作与音乐的配合。

4.篮球比赛

篮球分为男子项目和女子项目，比赛由4节组成，每节10分钟，每队5人，得分高的一队获胜。

（1）热情呐喊。很多体育项目在比赛进行中都要求场外观众尽量保持安静，这在篮球场上则完全不需要。正在你争我夺的运动员最需要的就是来自观众的热情呐喊。

（2）及时喝彩。打出好球时，要及时喝彩，给予鼓励。但是，和其他比赛不同的是，篮球比赛中遇到罚球时，看台上的球迷喝倒彩或挥舞充气棒来分散罚球队员的注意力是被允许的。当然，在球员罚球命中后，观众仍然应用掌声给予鼓励。

（3）衣着可随意。在看篮球比赛时，观众衣着高档西装、洁白衬衣只会让你在球场内倍感拘束，而简单T恤、牛仔裤和休闲鞋才是最佳选择。此外，观众可以带上充气棒或写有助威词语的标语等物品，表达自己的心意，但标标语牌不要过大，文字不可以粗俗，也不要带锣鼓、小号一类的高噪音乐进场。

（4）罐装饮料不能带。为了避免在比赛开始后进场影响其他人观赛，观众应在开赛前半小时提前到达，但要在赛场入口处接受严格的安全检查。特别需要提醒的是，观众进场时不得携带任何罐装饮料，如感到口渴，应在场馆内购买软包装饮料。

（5）适当控制情绪。在观看篮球比赛时，观众的情绪往往会因比赛的紧张程度而发生微妙变化。特别是在有中国队参加的比赛中，球迷"爱自己人"的特点有时表现得非常明显，而这种"爱护"要恰当。比赛结束后，向自己喜爱的篮球明星索要签名和合照，要求得到满足后，不要忘记说声谢谢。遇到喜爱的外国球星时，尽量用英语对话。

5.足球比赛

足球比赛分为上、下两个半场，每半场45分钟。每队上场队员不多于11名。如果比赛双方在90分钟内进球数相同，则进行加时赛，若仍未分出胜负，则进行点球决胜。

（1）足球比赛是对抗性、冲撞性很强的球类运动。观看足球比赛，情绪起伏会很大，因此，应特别注意控制自己的情绪。

（2）球队入场，要为双方球员鼓掌，为营造赛场氛围，球迷可以穿着与自己喜爱球队相同颜色的球衣，可以采取敲锣打鼓、有节奏鼓掌、摇摆旗帜等方式喝彩助威。

（3）比赛时，观众可以采取敲锣打鼓、有节奏鼓掌、摇旗呐喊等方式喝彩助威，不喝倒彩，不辱骂、不用语言攻击场上队员、教练员、裁判员。

（4）观赛时，尽量不站起来，如前排有人站起来，影响到自己的视线，可以平和的语气提示对方，避免不必要的争端。

（5）不携带赛场明令禁止的各种物品入场，不往场地内投掷杂物，以免造成场内秩序混乱。比赛结束后带走垃圾，妥善处理。

6.排球比赛

排球采取五局三胜，每球得分制，接发球队胜1球时得1分。每局比赛（决胜局第五局除外）先得25分并同时领先对手2分的队胜一局。沙滩排球采取三局二胜，每局比赛（决胜局除外）先得21分并至少领先对方2分的队胜一局，其他规则同排球。

（1）较之冲撞性的球类运动，排球被称作高雅运动。进入排球比赛场地，观众举止应文雅得体。开赛前，举行运动员入场仪式，向观众行礼时，观众应以热情的掌声回应。

（2）比赛时，配合队员们始终营造高涨的赛场氛围，适时适度地呐喊助威。当队员每一次精彩的倒地救球、拦网或进攻得分时，观众的叫好声是对运动员的最大鼓励。

（3）当自己支持的球队由于失误而失分时，观众的掌声是对运动员的最大安慰。注意维持正常的赛场秩序，不向场内扔东西。

（4）沙滩排球比赛规模较小、时间较短、观赏性较强。观看沙滩排球比赛时，观众可根据比赛场地的特点穿着便装、休闲装或运动装，适当使用防晒用品以降低紫外线对皮肤的伤害，最好戴墨镜、自备饮料。为了不影响其他观众，不宜使用遮阳伞。

（5）如球飞到看台，观众不要将球扔回场内，而应将球交给捡球员。

7.乒乓球、羽毛球

乒乓球比赛分团体、单项（单打、双打、混双），采用五局三胜（团体）或七局四胜制（单项）。以11分为一局，先得11分的一方胜一局。

（1）从运动员准备发球开始到这个球成为死球的这一段时间内，整个赛场要保持安静，不要鼓掌、跺地板、大声讲话、呐喊助威、随意走动、展示旗帜和标语等。

（2）不要使用闪光灯拍照。闪光灯对乒乓球比赛的影响是非常大的，因为乒乓球球拍和球的碰撞是在瞬间完成的，闪光灯会闪花运动员的眼睛，使运动员无法判断来球的质量，从而影响回球的质量和命中率。

（3）呐喊助威时要含蓄一些，不要将锣鼓和喇叭带进体育馆内，因为过大的声音、过激的语言会影响运动员的心情和注意力。

（4）场馆内禁止吸烟；手机关闭或调整到振动、静音状态。

高尔夫：要体现出绅士风度

高尔夫是一项需要球员精力高度集中的运动。大凡球员都有体会，如果有人在旁边说笑，摆弄球杆发出响声，或是在周围走来走去的话，你将很难集中精力挥杆或推球。制定高尔夫礼仪规则的目的就是通过规范球员在场上的行为举止，使球员能相互尊重，一起充分享受打球乐趣。与礼仪有关的规则，有些适用于在整个球场和练习区域的普通状况，有些则是针对特定区域，如发球区、果岭而制定。本节我们将着重介绍最基本的高尔夫运动礼仪。

安全是球场头等大事

安全在高尔夫运动中是如此之重要，以至于高尔夫规则和礼仪都将其列在开篇的首要位置。如果球员对球和球杆的坚硬程度没有足够的认识，球场将会变成一个危险之地。因此球员应予以高度重视，做到：

（1）不要对着有人的地方击球或练习空挥杆，因为击出的球或无意间打起的石块、树枝和草皮有可能打中他人，这也是不礼貌的行为。

（2）注意不要在有人走过身旁的时候挥杆，也不要在别人挥杆时从其身旁走过。

要想保持风度就要保持安静

保持球场安静的环境十分重要。打球时球员需要全神贯注，任何响动都有可能影响击球的质量。所以在场上讲话时必须压低嗓音。即使你同组球员不介意，你也要照顾附近其他组打球的客人。此外切忌在球场上跑动，会引起其他球员分心和烦躁，还会损害草皮。必要时应尽量轻步快走。

控制打球速度全在细节

球友们都希望尽情享受打高尔夫球的乐趣，但谁也不想一整天都耗在球场。球员在两次击球之间等待时间过长，就会变得不耐烦，甚至会失去击球的动力。所以为了大家的利益，打球时不要延误时间。下面是保持适当打球速度的几点建议：

（1）每次击球之前只做一次挥杆练习，然后马上击球。记住：如果你每场球打120杆，每次都额外用30秒钟做练习的话，你每场球就要多花1小时。

（2）击球之前做好充足的准备，不要等轮到你时才开始考虑用哪根球杆，或决定是直接打过水还是对着水障碍区前方打保险球，最好趁别人击球时提前考虑周全。

（3）走向果岭时，观察好下一洞发球台方位，然后将球杆摆放（或球车停放）在果岭距离下一发球台较近的一侧，这样打完该洞后可以少走弯路，既节省体力又不会耽误时间。

（4）紧随前面一组球员。当他们离开果岭时，你应该已经做好击球准备。不用介意后面一组会不会赶上你，只要与前一组保持合适的距离和打球速度就行了。

不要击中最不该击中的

时刻提醒自己保持合适的"打球速度"，会有助于你紧随前一组球员，并确保不会影响后面组的打球。但紧随前一组的同时又必须小心，不要离得太近以至球打中前面的球员。所以一定要在前一组所有球员都离开击球距离范围之后再开始打。有些球员在场上遇到前方有打得慢的人，会表现得十分不耐烦，这是可以理解的。如果你等得太久，可以走过去提醒前一组加快速度，但千万不能用朝他们击球的方式来催促对方，这招实在是很危险，又没有礼貌，得不偿失。

请问能否先行通过

向前一组球员请求先行通过，是打球中最难实行也是最容易引起争议的情况之一。难以实行，是因为这等于在暗示他们延误了打球时间，即便是事实，也会引起对方的不悦。所以你打算请求先行通过，就应该寻找合适的时机，十分有礼貌地提出来。以下的建议不妨一试：

（1）在提出先行通过之前，应确定前方有足够的空间。

（2）在得到准许后，应表示感谢并尽快完成击球。万一你打出了一个"臭球"，最好不要加打另一球，以免引起他人的反感。保持镇定，按照规则继续打即可。

（3）你与前一组之间已经空出一洞以上，说明你的打球速度较慢，如果你觉得后面的一组追得很紧，可能希望先行通过，应主动询问并提供方便。最合适的时机是当你到达果岭后，向后一组招手示意先让他们打上果岭一杆。趁他们走向果岭的间隙，你完成自己的推击。之后在下一洞发球区请他们先开球。

让准备好的球员先打

不是参加比赛，或在其他正式场合，那么同组球友之间打球，可以让准备好的球员先打。也就是说，即使同组某位球员的球不是离洞最远的一个，只要他（她）已经做好击球准备，就可以首先击球。前提是与同组球员事先达成共识，说明本场球将让准备好的球员先打，这样同伴就不会认为你不懂规则，相反还会感到你的绅士风度。让准备好的球员先打，有助于加快打球速度。但击球之前必须确定，同组所有人都知道你将要击球，你也知晓其他人当时所在的位置，因为你不想让球击到任何人，更不想出现同组球友同时挥杆的场面。

驾驶球车有讲究

球员不需要驾照就可以在球场开球车，但你必须了解在场上行车的基本常识，能够做到驾车时既不会破坏球场草皮，又不会冒犯其他球员。应保持匀速行驶,以避免发出较大的噪音。行车时应时刻关注周围的打球者,一旦发现有人正准备击球,就必须停下来,等到他击球之后再继续行驶。由于所处季节和球场状况的不同,球会将实行不同的球车行驶规则,最常见的有两种:

(1)球车只限在车道上行驶。该规则适用于地面较湿软的球场,目的是避免球道草皮受到破坏。

(2)90度规则。该规则要求球车主要在车道上行驶,到达与落球点平齐的位置后,转弯90度直角,横穿球道直接开到球位旁,击球后按原路开回球道,继续向前行驶。实行90度规则既能让球员开车到球位旁,又能最小程度地损伤球道草。

必须牢记的是,在任何球场的任何情况下,球车、手拉车都严禁开(推)上果岭和发球区,否则将对球场造成严重损害,是不可原谅的。通常球场上都会有标示牌指示球车行驶及停放的区域,球员应严格遵照执行。

参观时除了记忆,什么也别留下

环境保护(简称环保)是由于生产发展导致的环境污染问题过于严重,首先引起发达国家的重视而产生的,利用国家法律法规约束和舆论宣传而逐步引起全社会重视,由发达国家到发展中国家兴起的一场保卫生态环境和有效处理污染问题的措施。旅游让人心情放松,但在旅游时不要乱扔杂物,真正做到"除了记忆,什么也别留下",具体如下:

1."到此一游"不能做

在旅游胜地游览时,不能在游览区内任何地方乱写、乱画、乱刻,"到此一游"的字样常常出现在游览区域内,这是极其不文明的行为。

2.不要随意登高

游览区的树木、雕塑、建筑、都是不准攀爬的,不要为了登高望远或者拍照留念而悍然犯禁。

3. 不得踩踏草坪

公园里大都有许多令人赏心悦目的草坪。它们有的允许游人行走、坐卧，有的则严禁践踏。在允许游人进入的草坪上活动时，不要有任何可能毁坏草坪的举动。如草坪四周设有围栏或悬挂着"请勿入内"的标牌，则不可入内破坏。

4. 爱护公园内的动植物

对于园林里放养的鸟兽，不要对其进行抓捕、恐吓。对于在饲养室里的珍禽异兽，不准喂食、投打或惊吓。在一般情况下，前往公园私自挖土取石、汲水、移植草木、寻觅奇花异石、挖掘古藤树根、捕猎飞鸟游鱼的做法，都属于侵犯公物的行为。另外，有些人习惯在早上到公园里"喊山"，即在公园的山丘上高声呼喊，来锻炼自己的肺活量。但这种行为严重影响了栖息在山林中的鸟类，应该尽量避免。

5. 游览时应注意人身安全

游览时，应随着人流行动，不要只身独闯危险地段。在登山时，虽说"无限风光在险峰"，但也要量力而行。不可有意攀援悬崖峭壁，免得"一失足成千古恨"。

在湖滨、河畔游览和登船游玩时，不要肆意打斗追逐，以防翻船落水。如果岸边已有禁止游泳的告示，则勿下水"探险"。公园里的湖泊、河流安全系数不高，所以最好不要玩水、沐浴。

6. 切忌在禁烟区吸烟、用火

吸烟者、野餐者、野炊者特别应当注意，在进食完毕，即将离开之际，一定要检查一下有无明火或尚未熄火的灰烬，不要留下"星火燎原"之患。在大多数时候，野外用火都是禁止的，以防止发生火灾。尤其公园里树木较多，基本都属于禁烟区，吸烟以及明火都需要绝对禁止。此外，在有明文规定不准吸烟的名胜古迹之处，更要严守这一规定。

7.进食后要清扫干净

如果在游览时吃了零食，或者集体进行了野餐、野炊，则应在进食完毕之后，自觉地将废弃之物收拾在一起，然后根据废物的物理性质分类投入金属、塑料及其他分类垃圾箱内。并对原地的环境卫生进行清理、打扫。不要乱扔果皮、纸屑、烟蒂、塑料袋、包装盒、易拉罐、饮料瓶，尤其是不要将其抛入山林、沟壑、湖泊、水池、下水道或动物饲养室。

8.不随地大小便

在游览时不准随处大、小便，即使对自己所带的儿童，也应教育其大、小便进卫生间，绝不能任其到处随意进行"方便"。另外，尽量不要带宠物去游览，尤其是不要带喜欢随地"排泄"的宠物，来糟蹋良好的环境。

音乐会上不要奏出不和谐音符

音乐会，又叫作演奏会，是音乐的现场表演，有由单独的音乐人所表演或是音乐团体的集体演出，像是管弦乐团、合唱团等。举办音乐会的地点可以是公共演艺厅、夜总会、音乐屋、体育馆、音乐厅和多功能的表演场所等等。在唱片尚未流行前，音乐会是听众唯一听到音乐家演奏的机会。音乐会是比较高雅的艺术活动，参加时要注意遵守相应的礼仪。

1.提前或准时到达

这样你就不会因为找座位而打扰已经入座的观众和表演。当你进入满坐的一排来找你的座位时，如果有足够宽的走道，你的脸要朝着座位而不是舞台。当你走过别人的座位时，要为你挡住他们的视线而道歉。严格地说，听音乐会不应迟到，一定要准时。但是万一你迟到了，不允许你进去，你必须在场外耐心等待，等到他们允许你进去的时候才能进场就座。通常在一首曲子结束而第二首曲子尚未开始时允许迟到的观众入座。

2.演出过程中的礼节

开演后，就要安静下来，绝对不能在演出场所内吸烟、吃零食和嗑瓜子。不要嚼口香糖，不要"咯吱咯吱"地吃糖。不能有声音，最好连咳嗽都忍住，实在忍不住时，也要用手帕捂住嘴。也不要让你手中拿的节目单、门票、食品包装纸等发出声音。

在音乐厅，咳嗽也是不允许的。在公共场合大声地咳嗽也是一种粗俗的行为。如果你的喉咙不好，试试尽量吞口水。如果真的有很多痰，应吐在纸巾上，然后放在你包里，不要随便扔在地上，等离开音乐厅之后处理掉。如果要打哈欠，用手挡在嘴上。如果你要打喷嚏，一定要用手遮挡。

3.看完节目再聊天

在交响音乐会或其他正式的演出中，不能与旁人说话，即便轻声也不行。对一个真正喜欢音乐的人来说，当他正在仔细聆听台上的演奏时，他是不能容忍一点点细微的声音的。尽管你可能是压低了嗓子在说话，但是这一点点声音，照样会影响到旁边的人。我们注意到有些音乐会的老听众，他们在演奏时翻看节目单，都尽量小心翼翼，不发出一点声音。的确，即使是最小的声音，最短暂的声音，也可能影响别人。连续不断、絮絮叨叨的谈话更不允许，有话，看完节目再聊。

4.手机

入场前一定要关掉手机，或调成震动。

5.提早离开

无论出于何种原因，你都要等到剧目间隔或幕间休息，或一直等到表演结束才能离开。在演出中离开剧场，这很容易使演员分心而且也非常不礼貌。如果你早知道要提早离开，你可以一直坐在最靠边的位子上或站在最后一排，以使你的离开不会影响别人。

6.着装

总的来说，现在去这些场所，服饰要求没有以前那么严格。但可以穿得比较正规一些，以示对音乐家的尊重。但是如果参加摇滚音乐会或爵士音乐会，那么任何服装都可以被接受。相对而言，某些欧洲国家，如奥地利、德国等，人们出席古典音乐会，会穿比较正规的衣服，甚至比美国更正规。

图书馆里要有读书人的静雅

图书馆是公共的学习场所，到图书馆借书或阅读的人，应共同维护公共秩序，为图书馆营造一个良好的学习氛围。

（1）进入图书馆，必须穿戴整齐、干净、大方、得体，不要穿拖鞋、背心、短裤进入；不要带过多的私人物品进入，所带物品要按规定摆放或寄存；进入图书馆时要维持公共卫生和公共秩序，不要抢路、拥挤，要按次序进入；手机要处于关机或振动状态，不使其发出声响；走路时也要尽量少发出声音；不可在图书馆无事闲逛、追逐打闹、吃东西、嚼口香糖，也不要在任何地方留下垃圾；不吸烟，不随地吐痰。

（2）保持良好的行为举止，不用任何东西占座，不把自己的包放在旁边暂时没有人坐的座位上，也不要在座位上休息或睡觉；就座时，移动椅子不要发出声音；看书以前最好能洗一洗手，以保持书的整洁；不要在桌椅上胡乱涂画、雕刻。

（3）爱惜图书，图书要轻拿、轻翻、轻放；爱惜图书，不在书上注记或折页；在书架上找书时，要轻拿轻放；翻书时蘸唾沫，这是十分不文明的行为；取看图书时应当小心谨慎，不要将旁边的书籍弄掉；如果对所取图书并不满意，应当及时放回原处，不要将之遗落在一边；不能因自己需要某种资料而损坏图书，私自剪裁图书；遇到有价值的资料，应与管理人员联系；书架图书应逐册取阅，不要同时占有多份。

（4）看完的书籍应按照要求放在图书馆规定的位置；离开图书馆时把自己的位子清理干净，将座椅向书桌靠拢；在阅览室最好不与别人交谈；如果需要，当保持低音调，轻声交谈。

（5）借书时应当排队等候，不要插队；不使用别人的借书证借书，也不要将自己的证件借给别人使用；不要在图书馆关门时仍然逗留徘徊。

不做展览馆里低俗的游客

参观博物馆、美术馆、艺术馆等展馆的时候，没有一定的标准和方式，可以任由参观者随心所欲，参观自己喜欢的展区，一般不需要听专家学者的讲解，也可以根据自己的知识去理解和欣赏、但是，作为参观者，应该带着欣赏，学习的态度参观这些展馆，尊重展馆的文化遗产，以及遵守相应的礼仪。

1.仪表

展览馆、博物馆是环境相对特殊的场所，这些场所一般展出的都是具有很高纪念价值的文物或艺术品，因此展览馆、博物馆都对馆内环境要求非常高，对参观者也有着一定的礼仪要求。比如在着装方面，由于馆内的气氛都是高雅高尚的，如果参观者衣冠不整，就会和馆内环境产生非常不协调的冲突。尤其是在炎热的夏天，不少游客都喜欢到宁静清凉的博物馆里来参观，但有些参观者穿着背心、短裤、甚至拖鞋，一副"乘凉"的样子，其实这是对博物馆里的其他参观者、工作人员以及展品，都是一种不尊重、不讲礼仪的行为，会破坏整个参观环境。

到博物馆参观前，应做好着装的准备，选择相对正式的服装与服饰，发型得体，梳理得当，还要保持面部与口腔清洁。

2.肃静

博物馆是一个要求严肃、安静的场所，所以在参观过程中，要尽量配合大家的行动，一定要时刻想着"安静"两个字，切忌在博物馆里大声喧哗，大呼小叫或使用手机，影响博物馆里的秩序。有些参观者在参观时看到一些令人赏心悦目的艺术品，常常会兴奋地招呼同伴来看，高声呼喊同伴的名字；有的旅游团在馆内集合时，导游也会大声地寻找团员，这些做法都会导致馆内秩序混乱，影响了他人参观的情绪，分散了他人的注意力，是不文明、不礼貌的行为。

3.动眼不动手

博物馆里的艺术品一般都是很有价值的东西，有的展品甚至是世界上独一无二的，有极高的价值。博物馆通常都有不能触摸展品的规定，对那些价值独特的展品，也有着相应的隔离措施，如玻璃罩、防护线等。但有些参观者总是有一些坏习惯，比如习惯用手去触摸不允许触摸的展览品，殊不知这样的做法对艺术品有极大的伤害和破坏作用，甚至会造成不可估量的损失。

在参观时，观众应注意查看展品旁的说明，这样做既可以了解展品的基本情况，也会对其价值做出判断。有些展品的说明文字中会有明显的"禁止触摸"的标志，参观者应留心查看。

4.认真听讲解

展览一般都配有讲解员讲解，讲解员讲解时，要认真听取，有时候也可以就一些不懂的问题或自己感兴趣的东西想讲解员提出询问，但是要表现得礼貌、大方而得体。切忌不随意插话，引起他人反感。如果讲解员的答案不能令人满意，那也一定要表示感谢，不能在脸上表现不满意的神情，或者一言不发地突然走开。

5.注意细节

参观高尚的展览馆，一定要有素质，表现出得体的举止，不要随意乱做乱动，随心所欲，以便成为高尚展览馆里低俗的人，这样的做法既影响别人对自己的印象，又破坏了展览馆里的气氛。在高尚的展馆里，我们当然不能做出与高尚两字相违背的举动，下面就讲一些关于参观展览会需要注意的细节问题：

（1）尽量不要携带食品等杂物进入展区，一般情况下，按照展览馆的要求进入展览厅就可以了，一边吃东西一边参观展览品是很不雅的行为，需要喝水、吸烟、休息者，可以到旁边的休息室去。

（2）参观展览、博物馆等开放区域的时候，要注意展览区还有很多其他的参观者，做一个文明的参观者，考虑大家的感受，不能自私地只顾自己，要给大家营造一个良好的参观艺术品的氛围。

（3）如果展览馆中不准拍照，就不要使用相机，尊重展区的要求，不要偷偷地拍摄，不允许拍照的展览品，一旦你偷偷拍照，会对它造成不可估量的伤害，尤其是闪光灯都会损伤展品。

（4）夫妻或情侣一起参观博物馆的时候，应该注意在公共场合的举止要得体，过分亲昵会给他人造成不舒适的感觉，让人觉得不雅。

在影剧院，不成为打扰他人的主角

到影剧院看电影、戏剧等演出，是一种高尚的娱乐和美的享受，观众应当在高度文明的环境中观赏演出，每位观众都应当遵守影剧院里的公共秩序，讲究文明礼貌。

到影剧院以前，应穿上整洁、庄重的服装，女士可画淡妆，喷香水，男士也应当稍作修饰。如果要戴帽子，一定要记得在电影或演出开始前取下，以免影响后面观众的视线。

进影剧院要排队买票时，不要插队，也不宜请人代买。提前几分钟入场，并对号入座。如果在电影或演出开始后入场势必要影响其他人，尤其当座位在中间时，边上的观众为给你让路都要受到干扰。找到位置后，尽量不要来回走动，因为还有很多人要入座。

一般来说，观看比较正式的演出时，因为特殊原因迟到，最好在幕间再入座，入座时身体要下俯，要向所经过的观众道歉，说一声"对不起"。看电影时的要求略微宽松，如果在开演后入场，需等一下，等眼睛适应黑暗时再找座位，或者让服务员引导入座，行走时脚步要轻，姿势要低，不要在人行道上停留，以免影响他人。如果别人坐错了你的位子，要轻声和蔼地再请他验看一下座号，不要引起争执。必要时可以请服务员帮助解决。遇到熟人，不要大声招呼，也不要挤过去交谈，点一下头，打一个手势就可以了。

在影剧院里入座的次序，有一条不成文的规则，就是男士应当坐在最靠近过道的位子上。当你坐下时，注意要让出足够的地方方便别人通过。如果空间狭小，当别人通过时，你不得不站起来再坐下，一定要注意动作快，以免长时间挡住后面人的视线。

在剧场，要把能闪光的都关掉，最好别带入到会场，照相机、摄像机一律别拿出来使用，否则剧院工作人员有权请你离场，其他观众也有这个权利，因为你妨碍了他们看戏的心情，毕竟不止你一人消费，同时这也表明了你对艺术不尊重的态度，这是底线，最基本的原则。

观看电影时，不要吸烟，不吃带皮带核的东西，不随地吐痰，不乱扔杂物，不高声说话。要注意脱下帽子，身体不要左右摇晃，两腿不要抖动，更不要脱鞋子，引起别人讨厌；注意手机应调至静音或振动模式。观看已经看过的影剧，不要在下边讲解、介绍、评论；恋人在影剧院中也应当自重，注意端庄，在公共场合过分亲昵，是不文明的，会遭人们的白眼。

在观看现场演出时，要尊重演员的艺术创造。马克思认为："需要赞扬和崇拜是艺术家的天性。"观众的掌声是对演员的最好赞扬，会使演员受到激励，发挥出更佳水平，使观众得到更好的艺术享受。演出中出现差错失误，不应起哄，在适当的时机给以更热烈的掌声，这掌声，体现了对演员的体谅，是对演员的爱护和培养。演员在经常听不到掌声的剧院演出，就可能失去信心，失去进取精神。所以，在我们观剧时，对精彩的表演，要经常报以热烈的掌声，表达对演员的尊重和激励。演出结束时，要起立站在原位，热烈鼓掌，感谢全体演职人员的艺术创造和辛勤劳动。

中途没有非常情况，不要离场，必须离开时，要等到幕间，看电影不要在情节紧张、热烈时离场。当你进入或离开座位而打扰别人时，要礼貌、轻声地说"对不起""劳驾""借光"等，压低姿势，轻步走动。第二次必须经过某个人，还要说"对不起，又打扰你了"。在通过别人面前的时候，应该以背对舞台、紧贴着前排座位靠背的方式走过去，因为用臀部对着坐着的人是非常不礼貌的。还要注意不要让手提包等东西从前面观众的头上拖过去。在现在演出的幕间休息时，可以站起来走动，放松一下，吸烟者可以到休息室吸烟，但需要注意的是，如果自己的座位在中间时，要注意比别人早回到座位上。

演出即将结束时，不要提前起立退场，这会导致全场混乱，对演员十分不礼貌。散场时要慢慢依次退出，不要前挤后拥。此外，非常正式的交响音乐会不适宜带年龄太小的儿童入场。即使在电影院，也应该事先提醒自己的孩子在观看过程中要保持安静。

娱乐场所，不要让自己的快乐带给别人痛苦

运动娱乐：玩得快乐也要玩得高雅

运动娱乐是一种复杂的社会文化现象，以身体活动为基本手段，增强体质、增进健康及其培养人的各种心理品质为目的。尤其是随着社会经济的发展，人们的生活水平得到了提高，人们对精神方面的需要高于对物质方面的需要。人们对于体育的认识不只限于强身健体的方面，希望通过体育活动的参与得到更多的精神享受。运动可以给人们以美的享受，还有在比赛现场，随着比赛的进行，人们可以大声地叫喊，可以尽情地发泄自己的情感，使人们在精神上有一种轻松感。一次成功的射门，一个漂亮的投篮，随着快节奏的音乐跳健美操等，不只是健身，更重要的是给人们一种快感、成就感和心情的舒畅感。这些都是体育带给人们精神方面的价值。生活水平越高，人们越是注重体育精神层面的价值。对商务人员而言，运动不失为一种很好的交际、放松的手段。但值得注意的是，在进行不同体育运动时，要遵循一定的规则和礼仪。"无规矩不成方圆""无礼不成邦"，玩也要玩得高雅。

健身运动，服从管理

随着经济文化的发展，人们对于健康问题的认识日益深刻。健身运动在现代社会越来越流行，特别是在白领阶层。对于职员来说，健身运动也是

一种常见运动。参加健身运动有很多问题需要注意。正规的健身房，不仅器材繁多、场地开阔，而且健身者众多。因此，健身房一般都实行严格的管理：进入健身房时，健身者要出示凭证；活动时，要注意时间的长短，一般健身运动都要限时；运动前后，要更换服装，以便于轻松运动；需要占用场地时，要预先约定，以防到时候产生不必要的冲突；使用器械时，要讲究先来后到；集体锻炼时，一定要听从口令，统一行动。健身者必须认真遵守上述合理要求，认真服从有关方面的管理者。只有这样，才能维护健身房的正常秩序和整体环境，以利于所有健身运动的正常进行。

游泳运动，尊重异性

游泳运动是男女老幼都喜欢的运动项目之一。游泳运动可以改善心血管，提高呼吸系统的机能，改善肌肉系统的能力；有改善体温调节的机制、预防疾病、治疗康复、磨炼意志，培养注意品质、促进心理健康和智能发育等作用；还可以使身体成分比例更加合理，从而塑造健美的体型。所以游泳运动深受职场中人的欢迎，成为他们常用的健身、塑形、放松身心的方式。商务人由于其特殊身份，参加游泳运动如果遇到异性一定要注意以下问题。

在游泳时，一定要有意识地尊重异性，特别是对于陌生的异性，更是要表现得尊重。在游泳池中，一定要与异性保持距离。对于异性，尤其是陌生的异性，不要主动上前攀谈，更不要尾随其后。在异性面前，不论与对方是否熟悉，都不要言语调戏对方，或者动手动脚。没有经过要求，一定不要随便帮助异性。如果异性要求自己提供正当的帮助，便可以尽力相助。如得到异性的帮助，事后应主动感谢对方。

滑雪运动，礼待他人

滑雪运动也是常见的一种运动。它是一种比较刺激的带有技巧性的运动。在滑雪场上进行这类运动时，一定要礼貌待人。

在公共滑雪场上滑雪，难免会与他人有所接触。这时，滑雪者不论对同行者、工作人员，还是其他滑雪者，都应以礼待之。

（1）参加滑雪运动，如果与亲朋好友同去，务必要互相照应。要重点关照初学者。不能对同伴不闻不问，更不能将某个朋友或亲人孤身一人扔在滑道上。

（2）滑雪时，应与其他滑雪者友善相处。使用滑道与运送车时，应当排队进行。滑雪时，滑雪者之间要维持一定的间距。万一不小心碰撞了其他人员，一定要及时道歉。遇到求助者或需要帮助之人，则应毫不犹豫地援助对方。

（3）滑雪时，滑雪者一方面要服从滑雪场上的全体工作人员的管理，另一方面则要对其服务表示感谢。

网球运动，场上谦恭

网球运动是一项优美而激烈的运动。参加者除了要遵守网球运动规则，还应注意自身形象，做到以下几点。

在网球场上运动时，一定要保持自身的风度。第一，要认真遵守比赛的规则，不能因为一个球的失败而与对手大喊大叫或大动干戈。第二，不要任意自取或借用他人的球拍，因为人们往往都比较习惯使用自己的球拍，而不喜欢与别人更换球拍。第三，如果在比赛时条件有利于自己，例如，太阳光或者风向"照顾"自己等，那么就应适时主动与对手交换场地。最后，在比赛开始与结束时，要以微笑或握手等方式向比赛对手友好致意，但是，没有必要在场上四处奔走、欢呼雀跃、脱衣乱舞，甚至跨越球网，表现得过于兴奋，甚至疯疯癫癫。这些都是有失风度的做法。

保龄球，讲究先来后到

保龄球又叫"地滚球"，最初叫"九柱戏"，它在现代社会中是一种时尚运动，深受广大青年人的欢迎。保龄球的打法看似简单，但如果不遵守规则，也会变得很危险。

打保龄球，要讲究先来后到，礼让也是一种保护。保龄球运动有很多礼仪，如不能走进球道，因为球道上有油用来减小球滚动的摩擦力，人走在上面非常危险；还有助走时不能向前跑，而应以平稳步速向前走；从回球机上取球时，手要注意别对着机器的出口。参加保龄球运动时，最重要的一点是要讲究礼让：先来后到。其实这种做法不仅能展现自我风度，更重要的是维护打球者安全的需要。按照规矩，要等待相邻球道，特别是右侧球道投球后再出手。如果不这样做，万一运动者摔到相邻的球道，而这边的人正在出手投球，则会有很大的危险。所以，打保龄球时，一定要注意这个问题，先来后到，适时礼让别人。

娱乐场所禁忌

1.忌不当使用手机

手机是现代人们生活中不可缺少的通讯工具，如何通过使用这些现代化的通讯工具来展示现代文明，是生活中不可忽视的问题，如果事务繁忙，不得不将手机带到社交场合，那么你至少要做到以下几点：

将铃声降低，以免惊动他人。

铃响时，找安静、人少的地方接听，并控制自己说话的音量。

如果在车里、餐桌上、会议室、电梯中等地方通话，尽量使你的谈话简短，以免干扰别人。

如果下次你的手机再响起的时候，有人在你旁边，你必须道歉说："对不起，请原谅。"然后走到一个不会影响他人的地方，把话讲完再入座。

如果有些场合不方便通话，就告诉来电者说你会打回电话的，不要勉强接听而影响别人。

2.忌随便吐痰

吐痰是最容易直接传播细菌的途径，随地吐痰是非常没有礼貌而且绝对影响环境、影响我们的身体健康的。如果你要吐痰，把痰吐在纸巾里，丢进垃圾箱，或去洗手间吐痰，但不要忘了清理痰迹和洗手。

3.忌随手扔垃圾

随手扔垃圾是应当受到谴责的最不文明的举止之一。

4.忌当众嚼口香糖

有些人必须嚼口香糖以保持口腔卫生，那么，我们应当注意在别人面前的形象。咀嚼的时候闭上嘴，不能发出声音。并把嚼过的口香糖用纸包起来，扔到垃圾箱。

5.忌当众挖鼻孔或掏耳朵

有些人，习惯用小指、钥匙、牙签、发夹等当众挖鼻孔或者掏耳朵，这是一个很不好的习惯。尤其是在餐厅或茶坊，别人正在进餐或茶，这种不雅的小动作往往令旁观者感到非常恶心。这是很不雅的举动。

6.忌当众挠头皮

有些头皮屑多的人，往往在公众场合忍不住头皮发痒而挠起头皮来，顿时皮屑飞扬四散，令旁人大感不快。特别是在那种庄重的场合，这样是很难得到别人的谅解。

7.忌在公共场合抖腿

有些人坐着时会有意无意地双腿颤动不停，或让跷起的腿像钟摆似的来回晃动，而且自我感觉良好以为无伤大雅。其实这会令人觉得很不舒服。这不是文明的表现，也不是优雅的行为。

8.忌当众打哈欠

在交际场合，打哈欠给对方的感觉是：你对他不感兴趣，表现出很不耐烦了。因此，如果你控制不住要打哈欠，一定要马上用手盖住你的嘴，跟着说："对不起。"

下篇
你的口才价值百万

第一章
口才是事业成功的奠基石

社交场合，善言者胜

语言作为信息传播的工具，对于我们社交之重要，正如骏马对于骑士的重要。

有了正确的目标，端正的态度，要想取得社交的成功，还要讲究一些方法，良好的方法是达到目标的保证。当然，社交的方法是多种多样的，其中很重要的一点，是取决于一个人的口才。

所谓口才，就是口语表达的才能，即善于用口语准确、贴切、生动地表达自己思想感情的一种能力。随着社会交往逐渐频繁，人们越来越重视"舌头"的功夫了。有的人讲话闪烁着真知灼见，给人以深邃、精辟、睿智、风趣之感，他们理所当然成了社交场上的佼佼者。

凡是善于谈话，并能够利用其美妙的言辞引起他人的注意，使他人倾倒、使他人乐于亲近的人，在社交中，将会受益无穷。

善于谈话的人，不但能使不相识的人见了他产生良好的印象，并且能多识与多交朋友。他能广结人缘，到处受人欢迎；他可以得到最上流的交际，即便他自己的地位也许很低下。

平日的聊天是没有明确目的的即兴式交谈，因此有人认为，聊天不存在交际方面的东西。但是，聪明的人往往会利用聊天的机会，认识朋友，拉近关系，增进友谊，获得许多新的信息，扩大接触面。

聊天还可以调节心理、愉悦情怀，使你郁闷不堪的心情在聊天中烟消云散；你也可以在聊天中去安慰别人，鼓励朋友，解决矛盾，加深了解。

因此，聊天也是一种交际，其深刻的交际内涵在聪明人眼里是宝藏，在不识货的人眼里是稻草。对于如何利用聊天聊出名堂来，从而达到交际的目的，善于言谈的人有他们自己独到的方式方法。

聊天从本质上说是没有什么目的的，可以海阔天空地闲聊。但从微观来说，闲聊未必就"闲"，口才好的人能从"闲"聊中聊出感情来，使之达到一定的目的。在这个过程中，他们可以掌握闲聊的方式和话题，把它变作具有目的的语言交流。

会说话的人总是有目的地选择话题。尽管聊天的范围不受限制，但是庸俗低级、格调低下、无意义与价值的话题他们一般都不谈，搬弄是非、贬抑他人的话题更是回避，对方的忌讳和缺点从不提及。

他们从不选择挑战性的话题。因为他们知道挑战性的话题容易引起争论，弄得大家都不欢而散。他们也不会自以为是，以教训的口吻与人说话，不随便炫耀，导致别人的反感。与别人在一起聊天，他们绝不会独占鳌头，而总是使大家都有发言机会。

可见，并不一定是在正式场合才算社交，像聊天这种轻松随意的交流也算作是社交，一个善于言谈的人总是能在这看似平平的聊天中获得很多的人际关系。

社交成功的人往往离不开他的一张社交好嘴，而要说到社交口才，风趣的谈吐不得不提。幽默的语言能帮助我们与他人进行沟通和交往，还能帮助我们处理人际关系问题，顺利渡过困难的处境。

幽默能够帮助我们在社会交往中与人建立一种和谐关系。当我们希望成为能克服障碍、具有乐观态度、赢得别人喜爱和信任的人时，它就能帮助我们达到目标。

在社交场合，当你看穿他人的想法时，不妨神色自若，然后轻松地使用幽默力量。例如，西方著名喜剧女演员卡洛，有一次坐在某餐厅里用午餐，这时有一位老妇走向她的餐桌，举起手来摸摸卡洛的脸庞。这位老妇的手指滑过她的五官，带着歉意说："我看不出有多好。""省省你的祝福吧！"卡洛说，"我看起来也没有多好看。"卡洛这一妙语，打破了双方的尴尬局面。

如果我们想要在社交生活中给人一个良好的印象，就得运用幽默力量。不论做客或是待客，我们都要尽力以此待人。当我们进入室内，就要把幽默力量反映出来。一个面带怒容或神情抑郁的人，不会比一个面露微笑、看来健康快乐的人更受欢迎。纽约一家著名的时装公司董事长史度兹曾经说："客人所能发出的最美妙的声音，就是笑声。"

无论在何时何地，幽默都会帮你打开人与人沟通的大门，假如你要去赴朋友新居乔迁的宴会，主人也许会有点紧张，这时正是你运用幽默力量向他开开玩笑、松弛他的心情的大好机会。例如可向主人说："王小姐邀请我来的时候，告诉我说：'你只用手肘按门铃就得了。'我问他，为什么非用手肘去按不可，她说：'你总不至于空手来吧，会吗？'"

由于社交原因、政治兴趣、业余爱好，等等，我们的生活中存在着许多社会团体。而这些团体则是社会上的人所聚集的小社会。在这些社会团体中，不论你只是其中的普通一员，还者担任委员、干事、总干事、主席，等等，你都可以运用幽默力量于其中，而获益匪浅。

总之，从友好的态度发出的幽默，就相当于好的仪态举止，能使我们的社交活动游刃有余，不断成功。

说话风趣，还可以使许多尴尬、难堪的交际场面变得轻松和缓，使人立即消失拘谨或不安，使气氛得到活跃，使谈话者之间关系融洽，沟通人们的思想感情。比如，美国前总统里根就任总统后，第一次访问加拿大期间，他向群众发表演说，正在这时，许多举行反美示威的人群不时地打断这位总统的话语。陪同他的加拿大总统埃尔·特鲁多显得很尴尬，里根却面带笑容地对他说："这种事情在美国时有发生。我想这些人一定是特意从美国来到贵国的。他们使人有一种宾至如归的感觉。"里根幽默、风趣的言谈，使紧皱眉的特鲁多顿时眉开眼笑了。

幽默是人的思想、学识、智慧和灵感在语言运用上的结晶，是瞬间闪现的光彩夺目的火花。幽默初看起来似乎是一种表面的滑稽，形式的逗笑，而实际上它是以严肃的态度，来对待对象、现象和整个世界。它能使听者对你的说话感兴趣。

幽默只是说话艺术中的一个部分。社交中处处都有口才发挥的空间，好口才能使社交得心应手，使你充分展现自己的魅力，从而获得更多的人脉资源。

求职面试，三分人才，七分口才

美国成功学大师戴尔·卡内基曾说："当今社会，一个人求职的成功，仅仅有15%取决于技术知识，而其余的85%则取决于口才艺术。"由此可见好口才的重要性。拥有好口才，已经成为现代人谋职成功的必备条件之一。

1860年冬季的一天，整个伦敦被笼罩在纷飞的大雪之中，街头行人稀少。然而，却有一名衣冠不整、神情忧郁的青年徘徊在一家豪宅门口。那是当时英国巨富克尔顿爵士的宅院，据说那座宅院是当时伦敦最华丽的豪宅之一。青年要求晋见克尔顿爵士，说让爵士给他一份工作，已经在那里同门房软磨硬泡了两天，可势利的门房就是不替他通报。在门房的讥嘲恐吓中，青年却丝毫没有离去的意思，而是一边跺着脚祛除寒冷，一边继续等待机会。

第三天的早晨，克尔顿爵士出现了，他要去赴一个约会。青年突然出现在他的面前，诚挚地请求和他说一句话。克尔顿爵士打量了一下这位陌生的怪客，心里感到有点惊奇，这显然是个饱受穷困折磨的青年，或许是出于好奇，也或许是出于怜悯，沉默片刻，克尔顿爵士微微地点了点头。

克尔顿爵士原本准备最多和青年谈两句话，谁知一讲就是几十句，接着一分钟过去了，一刻钟过去了，他还没有打断青年的谈话。终于在半小时之后，克尔顿爵士宣布取消赴约之行，而用隆重的待客之礼将青年请进自己的豪宅里。在克尔顿爵士的书房里，两人又亲密地交谈了一个下午。等到傍晚时分，克尔顿爵士打电话叫来了替自己执掌生意的几位高级经理，一起为青年举行了一次小型宴会，并当即为他安排了一个重要职务。

自然，那位青年后来也不负克尔顿爵士所望，在进入克氏企业的几年后，他接替克尔顿爵士的重任，坐上了董事长的位子，并且在以后的20多年里，将克氏企业发展成为举世闻名的大财团之一。

那位青年就是英国纺织业的巨头霍格。

一名穷途潦倒的青年，在半天之内，竟然获得如此令人羡慕的发展机遇，他成功的秘诀是什么呢？

不正是他那流利动人的好口才吗？

有两位司机给领导开车，由于单位裁员，必须让一个人离开。于是，两人竞争上岗。第一个司机大概讲了十来分钟，说："我将来要还能开车，一定把车收拾得干净利索，遵守交通规则，要保证领导的安全，一定要做到省油……"第二个司机没用三分钟就结束了。他说："我过去遵守了三条原则，现在我还遵守着三条原则，如果今后用我，我还将遵守三条原则：第一，听得，说不得；第二，吃得，喝不得；第三，开得，使不得。我过去这样做，现在这样做，今后还这样做。"

在领导心目中，第二司机说得非常好。为什么呢？"听得，说不得"是指，领导坐在车上研究一些工作，往往在没讲之前都是保密的，司机只能听不能说，说了就是泄密。"吃得，喝不得"意思是，司机要经常陪领导到这儿开会，到那儿参观，最后总得吃饭，但是千万不能喝酒，这叫保护领导的生命安全。而"开得，使不得"就是，只要领导不用的时候，我也绝不为了己利私自开车，公私分明。这样的司机谁会不用呢？这不是会说话的效力吗？相反，不会说话很容易在竞争岗位时被淘汰掉。

在当今社会整体文化水平升高的环境下，才华横溢的人层出不穷，要想为自己谋求一份理想的职业已不是一件容易的事，到处都充满着激烈的竞争和挑战。要想在面试中脱颖而出，需要多种才能和"资本"，而良好的口才，是所有这些才能和资本中最有效的一种。

我国著名高校中山大学就业指导中心曾经就举办过一场"全球500强企业——精英学子见面会"热身公开辅导讲座。讲座主要针对从广东及泛珠三角地区万份简历中挑选出来的参加这次见面会的500名精英学子，以及部分应届毕业生。来自广州卡耐基素质培训学校两位资深顾问及讲师就"面试口才、形象礼仪"对求职的重要性为大学生做了形象生动的解说。

吴云川说，当众说话时，得体的形象与礼仪是一种自信的表现。说话看似小菜一碟，人人都会，但当众演讲时落落大方、言简意赅，却并非每个人都能办到。在面对各家单位的招聘人员时，有的大学生反应敏捷、措辞准确、侃侃而谈、娴熟地进行自我推销；而有的大学生则对答迟钝、怯于开口。在每一个应聘者都同样优秀的情况下，同样的学历、同样的专业，企业能对比的恐怕只有学生们的形象外表、自信程度，以及对应聘企业与主考官的尊重程度了。

中山大学职业发展协会有关人士说明了他们的调查结果，越来越多的在校大学生也开始有意识地注重通过各种途径努力提高自己的说话水平。广州所有高校几乎都成立了口才协会。他们通过正规的社团组织为每一个有意提高说话能力的学生提供学习和锻炼的平台，并请有丰富演讲经验的教授和校外的当众讲话培训机构为会员上课。这种协会和口才培训班也得到了广大学生的欢迎。

从广州卡耐基学校的学员比例来看，报名参加当众演讲、形象礼仪、心理素质类课程的大学生比例一直在上升，比学校开设初期提高了60%，这说明随着就业形势的严峻，越来越多的大学生意识到了口才的重要性。

不得不承认，好口才是一种立足社会的能力，一种成就卓越人生的资本。拥有好口才，就能够使你迅速说服他人，赢得考官的重视，获得一个理想的职位，使你的事业开门见喜，一帆风顺。

◇你的形象价值百万 你的礼仪价值百万 你的口才价值百万

推销业绩倍增全凭一张嘴

在当今信息化的社会里，一个商品再好，假如不广为宣传，就会在浩瀚的商海里销声匿迹；而在当今泛滥成灾的广告汪洋里，一个做了宣传的商品如果不被销售人员销售给客户进行切实的使用，不久也会被人们遗弃在记忆的角落里，再也不会捡起来重新审视。由此可见，一个商品能够为人们所接受和使用，销售人员起着至关重要的作用。而在日趋激烈的销售战场上，一个销售员如果没有巧舌如簧的口才，是很难拨动客户购买的心弦，从而在残酷的商战中立于不败之地的。交易的成功往往是口才的产物。

美国女作家巴巴拉写过一本书——《一个真正的女人》，主角埃玛出身贫寒而历尽艰辛，最终发迹成为经济舞台上的女强人。埃玛除了有绝对的自信之外，还有一副惊人的口才，这使她不断取得成功。文中写到一个圣诞节的前夕，埃玛正在自己开的小铺子里，这时，一个富人家的管家太太杰克逊进店采购来了。

埃玛迅速地看了一眼采购单，"好，很清楚，杰克逊太太。可是，也许您应该……"埃玛停下来，若有所思地看了一眼女管家，说，"我想是否应该增加一些肉制品。您知道的，孩子们很爱吃，今年假期又特别长。说实话，已经有不少人来订购。到周末是否还有剩余真难说。"

"噢！这我真没想到！那好吧，请把我要的数量增加一些。"这时，她的眼光落在进口食品上，"天哪，瞧这么多好东西！"女管家仔细看着土耳其蜜饯盒子和埃玛做的精致的标签：进口专卖，数量有限。

埃玛低着头，假装在看那张单子，对杰克逊太太的惊叫似乎没有听见。实际上她一直在注意这位主顾，暗暗琢磨着她的购货心理。那张标签是她昨晚故意加上去的，而且知道这样更能引起主顾的注意、好奇。

杰克逊太太好像被进口甜食迷住了，终于开口道："这些食品我都不认识，样子挺喜人的。可对我家主人来说，也许太奇特了。"

"您这么认为吗，杰克逊太太？所以我认为，凡是上层人家都对这类精致食品挺喜欢。"埃玛巧妙地话题一转，"说起来，我还真后悔货订得太少了。这点东西一抢而空。昨天塔楼区的一个厨娘，一下子就让我给她每样留两份。"她抛出诱饵后，故意又加了一句："当然了，价格是贵了一些。"

杰克逊太太回眸瞪了埃玛一眼，说："我家女主人从不担心价格贵，给我每样留3份。"

埃玛微微一笑。最近，她学会了利用阔人家厨娘和女管家之间互相攀比的心理，刺激她们的消费，增加了销售。"好极了，杰克逊太太。我立刻给您留出来。您知道，我对您历来乐意尽力效劳的，杰克逊太太。"

女管家有点飘飘然了。"真高兴您对我另眼相待，哈特太太。现在，您再看我的单子是否全了？"

埃玛装作认真思考过的样子："如果我是您的话，我就再加两听猪肉罐头，3听苹果汁。有备无患。"

杰克逊太太看着埃玛，好像她帮了她多大忙似的。"谢谢，哈特太太。您替我想得真周到，自从您在中心街开店后，我省事多了。好了，我该走了。祝您圣诞节好，宝贝儿。"

"您简直可以把戈壁滩的沙子也卖掉，埃玛，我从没见过谁这么会推销的。好家伙，你把她的订货增加了一倍。"一位顾客即席发表评论说。

"3倍。"埃玛说，并狡黠地笑了笑。

在这儿，埃玛如此自然而然地向顾客推销了比原来预定多得多的货物，使人不能不称道口才在推销过程中举足轻重的作用。

说服的艺术就是通过说情况讲道理，获得对方理解信服的艺术。说服的艺术是一种十分重要的语言艺术，在销售过程中起着非常重要的作用。虽

◇你的形象价值百万 你的礼仪价值百万 你的口才价值百万

然仅凭出色的口才和语言天赋还不足以使一名销售人员在销售领域脱颖而出，成为销售界精英式的人物，但是不可否认的是，如果没有这项能力，销售人员想要获取销售的成功，无疑是很难的一件事。能言善辩是一个合格的销售人员应当具备的优良素质之一。几乎每一个成功的销售人员都有卓越的语言表达能力，他们在介绍产品时用词简洁准确、讲述明了适度、方式入情入理、话语亲切优美，能感染对方，激起客户的购买欲，以达到销售的目的。

有一家公司新生产了一种空调，让两个推销员去推销。一个推销员一天卖了两台，另一个推销员一天卖了30多台。差别在哪里呢？在于是否会说话。

通常，会说话的推销员能比其他人多卖更多的东西！

卖了两台的推销员见到准顾客时会说："先生你买空调吗？我们这新造的空调可好了，您买吧！"人家说："我不买。"他便扭身就走。他这样说话一天能卖出几台呢？

卖了30多台的推销员是这样说的："先生，您忙不忙？您要不忙的话，我向您介绍一下我们最新生产的空调。这个空调的整个功能，与过去所有的空调都不一样，它不仅能够杀菌，而且还能过滤空气，能自动定时关闭，能自动调温。这个空调在整个现有的空调当中，质量是最好的，功能也最齐全，而且价钱还比所有的空调都便宜。别人承诺可以保修2年、保修3年，我们则能保修5年。先生您可以试一试，先使用它几天都可以。"听了这样的话，只要确实有需要，又有谁会不买呢？

对于推销员和搞营销的人来说，是否会说话，往往直接决定了其交易的成败。

有的推销员以为自己每到一处，客户就敞开大门，准备好笔墨与他签合同，于是一切万事大吉，就等着坐收利润了；然而，事实却是，推销工作往往是从遭到客户第一次拒绝才开始的。如果一听对方对商品不感兴趣自己扭头便走，那么交易永远不会成功。一位推销大王说："交易的成功，往往是口才的产物。"这就是说，在对方拒绝之后，就要运用你的口才了。能说服对方，改变对方原来的意图，才是推销员真正的本事。可以说，推销的实质就是说服。鉴于说服的宗旨是要改变对方的意图，所以，高明的推销者可以斗胆说一句："世界上没有推销不出去的商品。"

原一平说："我之所以被人称为推销之神，可以归功于我的谈话技巧。我觉得谈话技巧非常重要。"他认为在约见客户的过程中，设法打开沉闷的局面，创造一个融洽和谐的气氛是十分重要的。只有在这样的气氛下生意才可能成交。而要达到这一点要求，推销员必须注意谈话的技巧，发挥自己幽默、亲切的特点。

原一平曾以"切腹"来逗准客户笑，拉近两人的关系。

有一天，原一平拜访一位准客户。

"你好，我是明治保险公司的原一平。"

对方端详着名片，过了一会儿，才慢条斯理地抬头说：

"几天前曾来过某保险公司的业务员，他还没讲完，我就打发他走了。我是不会投保的，为了不浪费你的时间，我看你还是找其他人吧。"

"真谢谢你的关心，你听完后，如果不满意的话，我当场切腹。无论如何，请你拨点时间给我吧！"

原一平一脸正气地说，对方听了忍不住哈哈大笑起来，说：

"你真的要切腹吗？"

"不错，就这样一刀刺下去……"

我边回答，边用手比划着。

"你等着瞧，我非要你切腹不可。"

"来啊，我也害怕切腹，看来我非要用心介绍不可啦。"

讲到这里，原一平故意让表情突然由"正经"变为"鬼脸"，于是，准客户也忍不住和他一起大笑起来。

无论如何，总要想办法逗准客户笑，这样，也可提升自己的工作热情。当两个人同时开怀大笑时，陌生感消失了，成交的机会就会来临。

"你好，我是明治保险公司的原一平。"

"噢，明治保险公司，你们公司的业务员昨天才来过，我最讨厌保险，所以他昨天被我拒绝了。"

"是吗？不过，我总比昨天那位同事英俊潇洒吧？"

"什么，昨天那个业务员比你好看多了。"

"哈哈……"

善于创造拜访的气氛，是优秀的推销员必备的。只有在一个和平欢愉的气氛中，准客户才会好好地听你说保险，而这种气氛完全就靠推销员高超的谈话技术。

不过，在现实中有不少人对此存在一个认识上的误区，在他们看来，好的语言表达能力就是讲话如长江之水，滔滔不绝，事实上并非如此。判断一名销售人员是否具有好的语言表达能力，要从他所谈论的话语是否具有说服力上来分析。销售的主要目的是说服，说服力的强弱是衡量销售员销售能力强弱的标准之一。有的销售员滔滔不绝，不但不能说服客户，还有可能引起客户的反感。而有的销售员看似木讷、呆板甚至说话结巴，却能一语中的，使客户买得开心。因此，真正的说服是需要技巧和艺术的。

作为一名销售人员，想要客户心甘情愿地从腰包里掏钱购买你的产品，必须掌握说服的技巧和艺术。用出色的口才将自己产品的独特卖点以及其他足以让客户欣赏的优越性展现给客户，让客户对你及你所销售的产品心服口服，这就需要专业销售人员不仅对自己产品的优越性、客户的心态等了如指掌，更要有外交家一般的好口才。

为了拥有外交家般的好口才，很多优秀的销售人员都会有这样几个方面的建议：

1.广闻博识

他们认为只有懂得多了，脑子里才有内容，才不至于理屈词穷。一个优秀的销售人员不但要对自己的产品了如指掌，在向客户介绍产品时口若悬河，还要了解除此之外的各方面的知识，这样才能在谈判陷入僵局时有其他话题，以缓和紧张局面。因此他们平时对某些话题很注意：

（1）时事问题。比如哪儿发生战争了，双方打得怎么样了，又打到哪儿了，哪儿有什么绑架案了，绑架的是哪国人，动机又是什么，或者哪儿有地震了，伤亡了多少，等等。

（2）经济问题。诸如物价是上涨了还是下跌了，在未来一段时间里有什么趋势；哪家公司的房地产趋势看好，信誉也比较高了；股票走向及经济形势，等等。

（3）娱乐问题。诸如哪家的娱乐场所刚开业，前景是否看好，哪家俱乐部吸纳一些什么成员以及一些有关钓鱼、桥牌、盆景等活动。

（4）家庭问题。孩子的升学、就业、婚姻等问题。

2.自觉训练

只做到广闻博识还是达不到拥有一个好口才的目的，常见到有些学富五车的人虽然懂得不少，却整个一个茶壶里煮饺子——肚里有货倒不出。一个杰出的销售人员还要经常有意识地多说话，说好听的话，说让人开心的话，说让人心悦诚服的话。只有经常自觉训练了，才会在面对客户时，临场发挥得好。

3.以理服人

懂得多了，会说了，便要做到以理服人，而不是强词夺理。否则，人家虽然说不过你，也只会口服心不服，达不到营销的目的。要做到以理服人，首先要求你自己要明理，要在说服别人前做好充分的准备，搜集与此话题有关的各种材料。

4.以情感人

对客户说话时,在自己的动作表情中要竭力避免焦躁、着急的不良形象,要显得谦逊、谨慎,宜用谦和协商的语气,要充满情感,让客户感到你不仅仅是向他卖产品,更是为了让他的生活更丰富、更幸福,你可以向客户问些有关他生活的方方面面,问他对产品还有什么意见,有什么想要改进的要求。这不仅仅是为了增进与客户之间情感的互动交流,更可以让你明白客户的内心需求,从而在下一次拜访客户时,可以更好地拿捏分寸,更好地去掌控洽谈的局面,从而做到销售的成功。一个成功的销售人员还会以对自己产品的骄傲与自豪的情感来感染客户对产品产生喜爱之情,进而产生购买欲。

5.注意维护对方利益

在介绍产品的适用性时,要从维护消费者的利益出发,比如产品价格、质量、特色、良好的售后服务等方面,来向客户说明这种产品是同类产品中最适合他使用、最能维护他作为消费者的权益的产品。在这个时候,尤其是客户已经在很注意地听你讲述的时候,千万不要只略述一二,而要很详细地按照主次先后将适合于客户的优点耐心细致地向客户一一说明。为了让客户对你的产品产生深刻印象,不妨拿同类产品和自己的做个对比,以将自己产品的优良性能凸显出来。即便自己的产品在某些方面有不如其他产品的地方,也不要避而不谈,甚至可以主动向客户说明,然后将各方面特征综合起来加以比较,让客户明白你的产品虽然在某些方面具有一定劣势,但总的来说还是最适合他使用的。

从销售人员对口才的重视态度就可以知道口才的好坏决定着推销业绩的高低,口才就是推销行业的敲门砖、垫脚石。

好口才把你送上没有天花板的职场舞台

美国人类行为科学研究者汤姆士指出:"说话的能力是成名的捷径。

它能使人显赫，令人鹤立鸡群。能言善辩的人，往往使人尊敬，受人爱戴，得人拥护。它使一个人的才学充分拓展，熠熠生辉，事半功倍，业绩卓著。"他甚至断言："发生在成功人物身上的奇迹，一半是由口才创造的。"美国资产阶级革命时期著名政治家、外交家富兰克林也说过："说话和事业的进步有很大的关系。"无数事实证明，说话水平是事业成功的重要因素之一，口语表达的好坏直接关系到事业的成败。

我们在办公室这个有限的空间中，做得最多的事情就是与人交流，要是能掌握一些谈话技巧，就可以使自己在芸芸众生中脱颖而出，可以得到老板的赏识，同时和同事的相处也会变得融洽。

腰杆子一向颇直的刘罗锅就不仅能力强、有原则，更重要的是沟通起来很机灵，让乾隆皇帝不宠爱他都不行。

有一回宰相刘墉陪乾隆皇帝聊天，乾隆很感慨地说："唉！时光过得真快，就快成了老人家喽！"刘墉看看皇帝一脸的感伤，于是说："皇上您还年轻哩！"

"我今年45岁，属马的，不年轻啦！"乾隆摇摇头，接着看了一眼刘墉问："你今年多大岁数啦？"

刘墉毕恭毕敬地回答："回皇上，我今年45岁，是属驴的。"

乾隆听了觉得很奇怪，于是就问："我45岁属马，你45岁怎么会属驴呢？"

"回皇上，皇上属了马，为臣怎敢也属马呢？只好属驴喽！"刘墉似笑非笑地回答。

"好个伶牙俐齿的刘罗锅！"皇上抚掌大笑，一脸的阴霾尽失。

很多人都有这种经验，在一个公司待上一段时间，就会发现公司里升迁很快的往往不是那些只懂得埋头苦干而一言不发的人，相反，那种技术能力稍差但是说话能力很强的人通常会受到老板的特别优待，有的甚至连升三级。

虽然工作能力是职场上不容忽视的工具，但适当的说话技巧却能让人更有可能在职场里出类拔萃。正因为意识到这一点，越来越多的人开始重点关注谈话技巧的功用，他们有时还总结一些办公室常用句型，不但能帮你化危机为转机，更可以让你成为上司眼中的得力助手。

传递坏消息时的句型："我们似乎碰到一些状况……"你刚刚才得知，一件非常重要的工作出了问题，此时，你应该以不带情绪起伏的声调，从容不迫地说出本句型。千万别慌慌张张，也别使用"问题"或"麻烦"等字眼，要让上司觉得事情并非无法解决。

上司传唤时的句型："我马上处理。"冷静、迅速地作出这样的回答，会令上司认为你是有效率、听话的好部属。

表现出团队精神时的句型："莎拉的主意真不错！"莎拉想出了一个连上司都赞赏的绝妙点子，趁着上司听到的时刻说出本句型。做一个不忌妒同事的部属，会让上司觉得你本性善良、富有团队精神，因而另眼看待。

说服同事帮忙时的句型："这个工作没有你不行啦！"有件棘手的工作，你无法独立完成，适时使用本句型，让对这方面工作最拿手的同事助你一臂之力。

闪避你不知道的事时的句型："让我再认真地想一想，3点以前给你答复好吗？"当上司问了你某个与业务有关的问题，而你不知该如何回答时，千万不可以说"不知道"，可利用本句型暂时解危，不过事后可得做足功课，按时交出你的答复。

职场中有这样一种说法，"人在职场必备五个'C'"。所谓的五个'C'是指Communication（沟通）、Confidence（信心）、Competence（能力）、Creation（创造）、Cooperation（合作），而毫无疑问的是Communication（沟通）名列其首。在工作中掌握交流与交谈的技巧是至关重要的。我们不仅仅要确定对方是否了解我们的意图，更重要的是让彼此在同一个观点、同一件事情上，可以取得共识。这其中的沟通，仰赖的就是个人沟通的技巧。因此，如何有效沟通、表达自己的理想与见解是一个很大的学问，是决定我们在职场中是否能够成功的重点。

有的人很会向上司提意见，不仅不会使上司讨厌他，而且提好建议更让上司喜欢他。

在德国某电子公司的一次会议上，公司经理拿出一个他设计的商标征求大家意见。

经理说："这个商标的主题是旭日，这个旭日很像日本的国徽，日本人民见了一定乐于购买我们的产品。"

营业部主任和广告部主任都极力恭维经理的构想，但年轻的销售部主任说："我不同意这个商标。"经理听了感到很吃惊，全室的人都瞪大眼睛盯住他。

年轻的销售部主任没有同经理争论那个带红圈圈的设计是否雅观，而是说："我恐怕它太好了。"经理感到纳闷儿，脸上却带着笑说："你的话叫我难以理解，解释来听听。"

"这个设计与日本国徽很相似，日本人喜欢。然而，我们另一个重要市场是中国的人民，他们也会想到这是日本国徽，就不会引起好感，应当不会买我们的产品，这不同本公司要扩展对华贸易营业计划相抵触吗？这显然是顾此失彼了。"

"天啊！你的话高明极了！"经理叫了起来。

面对权威人士提出自己的想法，这位年轻主任不仅有充分的理由，而且还注意了技巧。年轻主任先用一句"我恐怕它太好了"先抚平了经理的不快，使他不失体面。后来他以充分的理由，提出反对经理的意见，经理也就不会感到下不了台了。同时他的真知灼见也引起了经理对他的注意。

《北梦琐事》中说王光远是个急功近利的人，巴结上司，出入达官显贵的家。

如果某某是他巴结奉承的对象，即使这个人的诗写得一般，他也会这么说："实在了不起！这样的好诗哪怕是李白、杜甫也写不出来。"

对方喝醉酒，无论怎样责骂他，他不仅不会生气，而且还赔笑脸。有一次，上司喝酒喝醉了，拿着鞭子说："想要打你，怎么样？"

王光远却说："只要是阁下的鞭子，自当乐意接受。"说着他转过身子，把背部向着上司。

醉汉真的打了起来，可是王光远一点也不生气，依旧和颜悦色，还始终说着客套话。

同席的朋友们对王光远实在看不过去，就问他："你不懂得耻辱吗？"

王光远毫不隐讳地说："我只懂结交他有益无害。"

世人称他是"面皮厚如铁"，这便是"铁面皮"一词的由来。

所以，赞美要讲究艺术，只图效果，搞得太露，让人感到肉麻，最后弄不好适得其反，连被被赞美的人也接受不了，产生反感。

总之，如果你以为单靠熟练的技能和辛勤的工作就能在职场上出人头地、扶摇直上，那你就有点太幼稚了。当然，才干加上超时加班固然很重要，但懂得在关键时刻说适当的话，那也是成功与否的重要因素。卓越的说话技巧，不仅能让你的工作生涯加倍轻松，更能让你名利双收。多加强自己口才的训练，并在适当时刻派上用场，加薪与升职必然离你不远。

无硝烟的商业战场，口才是必备武器

如果我们将目光仅仅集中在商场上，情形也一样。商场是一个展示口才的好地方！商家为了自身的生存和发展，就不可能不用最好的产品来赢得市场；需要招聘人才，就得到人才市场上去招聘；需要筹措资金，就得同银行等金融机构谈判；需要采购原材料或成品，就得同供应商谈判；需要推销产品，就得同用户或消费者谈判；需要扩大产品知名度，提高企业的声誉，就得同广告公司谈判；需要引进投资，需要引进技术，都得通过谈判；即便是生产往来中出现了问题，向对方提出索赔，也必须通过谈判解决。如此看来，这一切都离不开嘴。一个精明的商家说过这样一句话：一个成功的谈判者首先必须是一个出色的口才高手！

商场之上，风起云涌，商战轰轰烈烈。欲在竞争激烈的商场上辟出并发展一块立足之地，商家不能不重视商务谈判。"纵横舌上鼓风雷"，商务谈判比日常生活中的谈判更富有竞争性，更富有技巧，它关系到企业的生死存亡。

有一位企业家在与外商做生意时，因意见不同，双方僵持不下，彼此互不相让，一时间，工作气氛相当紧张。这时，企业家像是灵机一动，说道："我提个建议，我们放假一天，由我方公司做东，我们参观一下当地的名胜，晚上再到最有名的舞厅去轻松一下，怎么样？"主人提出邀请，客人自然不好回绝。于是，企业家带着双方人员游览了当地的名胜古迹。双方离开了枯燥、烦闷的会议室，玩得都很尽兴，尤其是双方的年轻人，已经成了朋友。当晚，企业家又带领大家来到该市最好的舞厅，并主动请对方女代表跳舞。接着，双方其他代表也相继走下舞池，翩翩起舞。由于近距离接触，彼此熟悉得很快。

第二天，双方的敌对情绪已经缓和了许多，由于已经成了朋友，都希望尽快达成协议。达成协议后，对方代表说："其实，我注意的不是游览、娱乐，而是通过你们对这两项活动的组织，让我看到你的下属口才能力好，办事都井井有条，进出、站立、举止与礼貌都非常规范，从中我也看到了您的管理能力、气度与精神面貌。所以，我才下定决心与您合作，我觉得这是最好的选择。"那位企业家只淡淡一笑。其实，这两项活动是他早就安排好了的。在活动中，大家应该如何说话，如何组织，怎样表现，甚至领导班子成员的舞姿都经过了训练。

优秀的口才，不仅可以展现你的风度与诚意，还可以使你多一个生意上的朋友，或一个潜在的客户。

商场谈判是一个过程，也是一种较量，是谋略的较量，也是口才的较量，不具备一流的口才是无法进入实际的谈判过程的。

在一场中日贸易谈判中，一开始，中方公司的一位领导一本正经地对日方代表说："非常抱歉，今天我方的另一位负责人王先生不能亲自来参加谈判了。因为不巧得很，你们的竞争对手今天也来到了，我们不得不将谈判团的人员一分为二，王先生去接待他们了。我代表本公司向诸位表示歉意……"

其实，根本就没有竞争对手到来这回事，这只不过是中方故意布下的疑阵。结果，日方谈判代表一听，十分紧张，他们担心竞争对手会将这笔生意抢走，回去不好向上司交代。中方代表抓住了他们的这种心理，步步紧逼；日方步步退让。最后，这笔生意以中方感到十分满意的价格成交了。

中方为了让对方产生一种立刻购买的欲望，在推销产品的谈判过程中，恰当地给对方造成一点悬念，让他有点紧迫感，产生"现在是购买的最佳时机，否则将会错过很好的机会"的感觉，最终促使他立即与中方成交。而这种虚张声势的策略没有口才的配合和展示，就是一纸空谈。

事业的成功与失败，往往决定于你的口才，决定于你在商战中所说的话，这是千真万确的，一个人在商业上的成败，常会在一次谈话中获得效果。如果你想成功，必须具备应付自如的口才能力。口才，为你的经商成功鸣锣开道。

第二章
说话，原则很重要

说话要有针对性

说话要有针对性，通俗一点说就是：到什么山唱什么歌。

世界上没有两个完全一样的人，因为人有民族、地域、年龄、性别、经历、文化程度、性格特征、兴趣爱好、心理状态和所处环境等的区分。

人与人之间的差异有时是惊人的。独特的个性、爱好，独特的知识结构、心理态势，使某个人只能是"这样"而不能是"那样"。因此，与不同的人交谈，就要采取不同的谈话方式。

我们主张说话一定要看场合和对象是为了遵循交际规律，在真诚待人、平等互利的基础上看准对象才说话，以科学的态度掌握人际交流的艺术。

说话首先要看对方年龄，与长辈说话和与晚辈说话的分寸就各不一样。

长辈，特别是上了年纪的人的一大特点是喜欢追怀往事，如果你能令他回想起曾经历过的某一段美好时光，他会变得很快乐，喜欢同你说话，而一旦打开话匣子，就会有说不完的话。在同年纪较大的长辈说话时，应避免过多地谈及"老"，这样会使他觉得自己行将就木，感叹人生短促，引发他的伤感情绪。如果遇到一位"不服老"的人，他将会对你产生不满。因此，与长辈说话，不应该像与平辈说话那样无所顾忌，不注意分寸。

与长辈谈话，也不必过分表示你的恭敬有礼，或者勉强自己一定要听完他的长谈。由于老年人一般讲话缓慢，有时碰上一位融洽的闲聊者便会滔滔不绝，话无止境。因此，听他讲多长时间应随自己的兴趣而定。不管他如何漫谈，可以让他讲完一个完整的故事，然后借机离开。离开时对他的谈话表示热情的感谢，再礼貌地告别。

有些长辈，虽然年纪不小了，还能保持年轻人的心态，像个老顽童一样快乐。他们会以幽默克服自己的弱点，对于社会仍能事事关心，甚至完全不觉得老。

但也有不少长辈，在独处时，会感到寂寞，有的还会因为老来多病而苦恼。对于他们，我们应该多给予关心，多讲一些安慰的话。想一想，总有一天我们也会像他们一样老，唤起自己的同情之心，同长辈谈话的分寸也就好掌握了。

如果是跟晚辈说话，首先，不要摆老资格。经验这个东西绝非万能之物，如果老年人张口闭口就是"我当年如何如何……""你们年轻人该如何如何……"这样的话，相信没有哪个年轻人爱听。这就是与晚辈说话不讲分寸的一个体现。

长辈与晚辈相处，应多谈一些年轻人感兴趣的话题。所谓的经验，有时是有局限性的。此一时，彼一时，此一地，彼一地，环境千差万别，经验不可能永远万能。

此外，不要倚老卖老。有些老人在与晚辈谈话时，经常漫不经心、心不在焉，易使青年人感到自己被轻视。即使他面前的老人据其阅历、学识有足够的理由轻视他，他也很难愉快地接受这种轻视。这种情绪的影响，往往会堵住思想的闸门，使他们不愿意再同老人多说，甚至把已经准备好的心里话，把急需和老人商谈的问题"咽"回去。

所以，与晚辈人说话时，应该对一切来自青年人的看法，不去轻易否定，应在做出中肯的分析后，帮助他们答疑解惑，给予满腔热情的支持。即使年轻人的某些看法显得不成熟，显得幼稚、单纯、片面，也不要随便几句话便做出全盘否定。

说话时还要注意不同的人有着不同的基本情况，比如对方的性别、文化程度、身份、职务等。

对不同性别的人讲话，应当选择不同的方式。

一位男青年碰到了好多年不见的女同学,大声嚷嚷起来:"你真是越长越'苗条'了!可惜啊,中国没有相扑运动。"女同学扭头就走,男青年讨了个没趣。

对于"老"字,男人一般觉得没多大关系;但若说某位女性老,她会非常不悦。

说话看对象,文化程度也是很重要的一项。人口普查员填写人口登记表,问一个文化层次较低的老太太:"您有配偶吗?"老太太说:"你问我有没有买藕吗?"结果闹了个笑话。

说话看对象还要看对方的身份职务。身份职务不同并不妨碍人际交流,下级对上级、晚辈对长辈、学生对老师、普通人对于有名气地位的人等,不应当也不必要表现得屈从、奉迎。但在言谈举止上则不要过于随便,有必要也应当表现得更加尊重一些。如学生与老师之间发生了矛盾,可以像同学之间发生矛盾一样平等地交流、沟通,但在说话上应当注意方式和讲究措辞。

谈话对象还要分性格和心理状态。

性格外向的人易于和人交谈,性格内向的人多半"沉默寡言",不善于主动与人交谈。同性格开朗的人谈话,你可以侃侃而谈;同性格内向的人谈话,就应注意分寸,循循善诱。孔子的"因材施教"用在这里也很恰当。一次,孔子的学生仲由问:"听到了,就去干吗?"孔子说:"不能。"又一次,另一个学生冉求又问:"听到了,就去干吗?"孔子说:"干吧!"公西华在旁听了犯疑,就问孔子:"两个人的问题相同,而你的回答却相反。我有点儿糊涂,故来请教。"孔子说:"求也退,故进之;由也兼人,故退之。"(意思是,冉求平时做事好退缩,所以我给他壮胆;仲由好胜,胆大勇为,所以我劝阻他。)孔子教育学生因人而异,我们谈话也要因人而异。

不同的人在不同的情况下有不同的心态,有时候甚至不会从外部表现上明显地表露出来,这时作为表达者就应当洞察对方的心理,以便进行有效的交流。

有一次，几个即将毕业的研究生到某机关去求职。接待他们的是一位六十来岁的局长，他说，机关的许多部门编制有限，个别的可以考虑吸收，几个人都来不好安排，因为名额很少。听了这番话，一位女研究生感叹："有些老家伙早该退休了，就是赖着不走……"这么一说，老局长的脸色变得很难看。老局长六十来岁的人了，整天为退休的事情犯愁，而这时听到如此嘲讽，心里是何滋味！

以上这个事例告诉我们：说话一定要看对象，注意对方的心理状态，观察对方的性格特点，尽量避免说话时无意之间伤了人。

谈话还应注意的是，跟与自己关系不同的人说话，也要区别对待。

许多人结婚后，认为对方成了"自己人"，在语言和行为上开始毫不在乎分寸，无所顾忌，想说什么就说什么，想怎么说就怎么说。这种在夫妻之间任其自然的做法的积极方面，可以使夫妻双方推心置腹；消极的方面，就是有时不加考虑的言行会伤害对方的感情。

如果是朋友惹恼了你，你可以在一段时间内拉开距离，直到气消后再去找他。但不管妻子对丈夫或丈夫对妻子多么生气，却无论如何是回避不了的。因此，体谅就显得非常重要，理解也成了把握分寸的基础。

最容易激起对方反感的莫过于拿别人家的丈夫、妻子做比较，来贬低自己的丈夫或妻子："你看看人家老王，有手木匠活多好，光是每月给别人做几个大柜，就挣千八百！""同样的收入，人家小陈家月月存钱，你呢？月月超支，怎么当家的？"

俗话说："人比人，气死人。"要是对方接受数落，咽下了这口气倒也罢了，就怕对方回敬你一句："你觉得他（她）好，怎么不跟他（她）过去呀！"长此下去，夫妻关系必然产生裂痕。

跟朋友说话，要真诚、实在、和气，但这样不等于不讲究说话技巧、不需要分寸。话说得好，可以加深朋友之间的感情；话说得差，不讲究方式，迟早会使朋友疏远，甚至得罪朋友。

多说对朋友有好处的话。在中国，中庸之道是一种至高的做人法则，掌握了这一法则，便会在生活中游刃有余。交友也讲中庸，除了"谈而不厌"外，还要"简而文""温而理"，简略却文雅，温和且合情理。

在说话过程中知己知彼，才能"百说百灵"。

同样的话，可能这个人说，你很愿意接受，而换了另外一个人说，不但不接受，而且还产生了反感，因此，说话要分对象，要有针对性。

说话要注意准确性

在日常交谈的话语中，有不少词语在不同的条件下使用，往往有不同的含义，有的甚至完全相反，这就是"同语异义"的现象。它会给你带来不少麻烦，也会带来许多便利。巧说"同语异义"比直言更能对听者产生强烈的吸引力，但如果运用不好则会带来很多麻烦。

《三国演义》中描写的曹操误杀吕伯奢一家的故事就很有借鉴意义。曹操刺杀董卓未成，便与陈宫一道投奔曹父的义兄吕伯奢家求宿。吕伯奢热情接待，上村西沽酒去了。

曹操坐了一阵，忽然听到后院有磨刀的声音，于是，与陈宫蹑手蹑脚进了后院，只听得有人说："捆绑起来再杀！"

曹操对陈宫说："不先下手，咱们就要死了！"

说着，便与陈宫拔剑冲了过去，见一人便杀一人。他们搜寻厨房，这才看见那里有一只捆绑起来等待宰杀的猪。

这个故事虽反映曹操疑心过重，但"捆绑起来再杀"这句不明确的言辞，对促成曹操杀人也起了很大作用。这说明"同语异义"的言辞一定要谨慎使用。

第二次世界大战期间也发生过因"同语异义"而误会的事。当时，由于德军经常空袭伦敦，所以英国空军总是保持高度警惕。在一个浓雾漫天的日子，伦敦上空突然发现了一架来历不明的飞机，英国战斗机立即升空迎击，到飞临对方时，才发现这是一架中立国的民航机。

英国战斗机向地面指挥部报告了这一情况，请求指示。地面指挥部回答："别管它。"于是，英国战斗机发出一串火炮，把这架民航机打落了。后来，英国为此支付了一笔巨额赔偿才了事。英国战斗机和地面指挥部都负有不可推卸的责任。

首先是地面指挥部，不该用"别管它"这样语义不明的言辞来回答战斗机的请示。这既可以理解为"别干涉它，任它飞行"，也可以理解为"甭管它是什么飞机，打下来再说"。

战斗机的责任是在听到这样可作完全相反理解的命令后，应该再次请示，然后再采取行动。这样就不致铸成大错了。

可见，这个"别管它"，就是一种"同语异义"的言辞。在遇到这种言辞时一定要慎重处理，切勿模糊不清，否则它会成为你与人沟通的障碍，甚至会得罪人。

一个公司的人事流动是正常的，对一个高明的部门主管来说，当有人走了以后，他要做的事情应该是如何通过自己的语言影响力来稳住留下来的人。但是，有很多部门主管并不注意这一点。比如，一个公司的部门经理手下有10个员工，有一天，4个员工提出辞职，这位经理感到很不安，他对留下来的6名职员说，"那些精明能干的人都走了，我们的将来可是前途未卜了！"显然，这句话得罪了留下来的6位雇员，使部门的气氛更加紧张。

也许这位部门经理对留下来的6位雇员并无贬低之意，可是由于他的不准确表达，使这6位雇员心理上产生阴影，在日后的工作中，肯定会产生对抗情绪。

一个说话准确的人，总可以准确、流利地表达出自己的意图，也能够把道理说得很清楚、动听，使别人很乐意接受。有时候还可以立刻从问答中测定对方言语的意图，并从对方的谈话中得到启示，增加自己对于对方的了解，与对方建立良好的友谊。说话有失准确的人，不能完全地表达出自己的意图，往往会令对方听得费神，而又不能使人信服。

1916年，美国化学家路易斯在一篇论文中首次提出了"共价键"的电子理论。这个理论对于有机化学的发展具有重大意义。可是这一理论发表后，在美国化学界并未引起应有的反响。其中一个重要的原因便是路易斯不善言谈，没有公开发表演说，宣传自己的见解。

3年以后，美国另一位著名化学家朗缪尔发现了路易斯见解的可贵。于是，朗缪尔一方面在有影响的美国化学会会志等刊物上发表多篇论文，阐述和发展路易斯的理论，同时又多次在国内外的学术会议上发表演讲，大力宣传"共价键"。由于朗缪尔能言善辩，对"共价键"做了大量宣传解释工作，才使得这一理论被美国化学界承认和接受。一时间，美国化学界纷纷议论朗缪尔的"共价键"，而把这理论的首创者路易斯的名字几乎忘却了，有人甚至把它称作朗缪尔理论。

路易斯不善言谈，名字几乎被人忘记，实在可惜。

说话要有感染力

说话富有感染力的人，自然会给周围的人增添快乐，也会给自己增添不少魅力的光彩，同时，他的话很容易被人听进耳朵里。说话的感染力在演讲中的体现最为典型。

一个演讲者的感染力可以说成是他演讲的生命力，如果一次毫无情感艺术和美感的演讲摆在人面前，可能大家会无趣地走开。演讲者的情感越深厚，就越能吸引人、打动人，越能拨动每一个听众的心弦。

成功的演讲者总是很善于以独特的眼光和艺术的敏感，去发现和选取生活中那些独具浓厚感情的演讲，也很善于以独特的艺术智慧去构思和表现，这是独特性的双重内容。

演讲艺术情感是演讲家创造性劳动的体现，它不是对生活感受的简单复述，而是进行提炼和加工。只有这种独特的艺术情感，才可能是富有魅力的，才可能给人以强烈的艺术感染。演讲实践证明，一位演讲者所传达的感情越是独特，对听众的影响就越大。独特的认识，宛如闪电，照亮听众的心灵；独特的情感，宛如惊雷，震撼听众的心灵；独特的演讲是激情的表达，是演讲风格的表现。

演讲术辩证法特点之一，表现在理性与情感的统一。只强调理性和逻辑，而不重视情感的表达，往往会起消极作用，会降低听众的接受程度。而在演讲中做到理性和情感的统一，做到在热烈的情绪中体现深刻的主题和内容，才能保证演讲能取得预期的成功。

演讲的感染力还有一个重大来源，即演讲美感。

优秀的演讲者是美的使者，成功的演讲活动是对美的传播和塑造。一般来说，演讲美感包含几个方面的内容。

1. 演讲者的美

它是指演讲者显示出的一种刚烈、强劲、雄浑、博大、激昂甚至悲壮的美。这样的演讲始终充满着真与假、美与丑之间的激烈斗争，显示出磅礴的气势和战斗的风采，它给听众的是信念，是力量，是付出巨大的代价而必然战胜假丑恶的坚定，是无私、勇敢甚至牺牲所显示出来的伟大的精神力量。这样的演讲往往是慷慨陈词、壮怀激烈，语言短、节奏快、掷地有声，并伴有坚定、昂扬、奋起、搏击般的情态动作，显示出对抗的、抨击的、不屈的凛然正气。

2.演讲的人格美

它是演讲美的重要组成部分,是演讲反映出来的演讲者的道德美、情操美、品格美,是演讲者内在精神美在演讲过程中的真实表露。

演讲者的人格美并不是为演讲的需要专门设计的,也不是在演讲时临时形成的,而是演讲者平时一贯表现的人格美,它是演讲人格美的基础和源泉。一个演讲者如果平时不注重对人格美的培养,依靠临时装扮是无济于事的。

表现一贯的人格美包括气节修养、理想修养、品质修养、言行修养、情感修养和理论修养,等等。

3.演讲的内容美

它与演讲的形式美和人格美统一构成演讲美,在演讲美中占主体地位,是具有决定性的要素。演讲的内容美是由演讲的事物、道理、情感和知识四个要素构成的,但却不是四个要素相加之和。四个要素必须形成一个和谐统一的整体才能构成内容美。内容美只属于事物、道理、情感和知识相互联系、相互作用、和谐统一形成的整体结构,而不属于某个单一要素。

演讲美感是这三大方面高度、灵活的统一,在美感中加入情感,共同构成了一篇成功演讲词的感染力。苏联著名作家阿·托尔斯泰是高尔基的学生,他在追悼会上发表的对恩师的悼词"用永不颓丧的词语高举艺术的火炬"给听众留下了深刻而清晰的印象,并且让人信服,乐于把一些思想见解,自然而然地吸纳并转化为自己的认识,这完全得益于他在制造感染力方面的天赋。

高尔基是位能深刻、准确反映革命历史时代的艺术家,列宁是位能带领人类建立大同世界的创造者。

伟大人物在历史上的存在不是具有两个日期:生日和忌日,而仅仅只有一个:他们的诞生日。

在这座古老的广场上,人民几千年都在为自己创建着国家,为大众建立了国体的最高形态。我们在这儿聚会，是为了把这位不仅属于我国，而且属于世界人民的作家的骨灰盒安放进名人墓。

艺术家高尔基的诞辰是在19世纪60年代。少年彼什科夫在自己心灵美妙的深处积聚了革命前那个时代所有爆发性的力量：积聚了受屈辱、受压迫人们的满腔悲愤、所有令人痛苦的期盼、所有寻找不到出路的激情。

他替别人感受到了市侩的、小市民的和警察拳头下黑沉沉堡垒的滋味。他不止一次发疯似的搏斗，单枪匹马为保护被侮辱、被欺压者而与许多人作对。这样到了19世纪90年代，这个高高、瘦瘦，背有点驼，有着一双蓝眼睛的少年，怀着一颗勇敢、炽热的心，在那个受欺压、剑拔弩张、死气沉沉的可怕岁月里发起了反抗。

他说，谁有一颗活人的心，就该去砸烂这万恶的小市民的麻木不仁状态，到广阔的空间去，去点燃自由生活的篝火！

他用强有力的笔触急不可耐地、天才地勾画出剥削阶级愚蠢的禽兽面目。这就是那张俄罗斯的、涂上了阴沉油彩的贪得无厌的嘴脸，请欣赏吧！

这篇演说词的主要特点是：采用形象、生动、明快、简洁的语言风格；形式上，注重词语的锤炼，字字落实，不说空话、套话、闲话、废话，多分段，一个意思形成一个自然段，而且只作简括的叙述或评价性、结论性的议论，不加以繁冗的、多余的展开；注重概括，使每一个字、词、句子、自然段，都带有对人、对事的概括性，即使以物质形态出现的语言，几乎都是思想本身，而且是高密度、高质地的，加之这些概括本身的独到性、精当性、警策性，就使这篇演讲词从形式到内容，都堪称经典。高尔基不愧是俄罗斯文学大家，苏联文坛泰斗。

阿·托尔斯泰把自己对于文学恩师的真挚、深厚、浓烈的感情，凝聚在一篇小小的千字悼文中，使这篇演讲词充溢着显著的感情色彩和对自己民族、时代的文学巨人的深刻的理解与由衷的钦敬，读来非常感人。如果我们平时说话能有演讲词一半的感染力，那我们所说的话就很容易打动对方，得到更多的认同。

说话要有修养

口才不同于在规定时间内去完成一件工作或起草一篇文章，更不是饮一杯茶、打一场球那样来得愉快轻松。口才的完善实质是很长一段时间集思想、语言行为、仪态、情绪等各个方面综合磨炼的过程，亦是内在修养的过程。在口才的积累中，这一过程应视为心理的准备与承受过程。一个人若只有语言能力，那么还不足以广受欢迎，必须抱着不同于寻常的心与人交往，才能使相处变得饶富趣味。

有些人喜欢抬杠，搭上话就针锋相对，无论别人说什么，他总要反驳。他本来一点成就也没有，不过你说是时，他一定要说否，到你说否时，他又说是了。这是最可怕的习惯，犯这种毛病的人很多，而且每每自己不知道。为什么会这样呢？因为他不喜欢听取别人的意见，在心目中只有自己，而且他自以为比别人高明，事事要占上风。即使真的见识比别人高明，这种态度也是要不得的。这种习惯使人失去一切的朋友和同事，没有人肯贡献给这样的人一点意见，更不敢向这样的人进一点忠告。唯一改善的方法是养成尊重别人的习惯，要知道，在日常谈论的十有八九没有绝对是非标准的问题当中，你的意见不一定对，而别人的意见也不一定错，把双方的总和再行分配，你至多有一半是对的，那么你为什么每次都要反驳别人呢？

口才是一种表达情意、与人交际的才能，但它不只是靠语言完成的，还要靠风度。

在口才的内在修养上，修养本身是修内在的承受力与胸怀，重要的是别把自己的工夫花在装腔作势上。我们无法更清晰地剖开所有人的"外衣"，只是我们潜意识里感到，一个人在拥有好口才的同时，一定要认清自己的真相，使心理与行为一致。通过自我研究，便能够客观地了解自己，就会发现自己的长处和短处了。如果能够养成这样一个习惯，对自己的工作、学习和生活会非常有帮助；并且只要不断地努力下去，你的潜能终会逐日显露出来，你拥有的长处也就能获得充分施展了。

富兰克林是个口才很好的政治家，他却十分重视语言修养，早年，他曾经做了一张表，表上列举出各种他所要改善自己的美德。这样数年如一日地实践力行，显然获得了相当成就。可是，以后他又找出了还有一件应该实行的美德，那也跟谈话艺术有极大的关联。我们且听他的自述吧。他说：

我在自我完善的计划里，最初想做到的有12种美德，但有一个做教徒的朋友，有一天前来向我说大家都认为我太自傲，原因是我的骄傲常在谈话中吐露。当辩论一个问题时，我不但固执地宣扬我自以为正确的主张，而且有些轻蔑别人的样子。我听了他这话，立刻就想矫正这种缺点，因而在我表上的最后一行加了"虚心"这一条。

这样不多久，我果然发觉改变后的态度使我获益不少。因为事实告诉我，我无论在哪里，若陈述意见时用谦虚的方式，会令人家容易接受而绝少反对；说错了的话，在自己也不致受窘了。

在我矫正的过程中，起初的确用了很大的毅力来克服本性而去严守这"虚心"两个字；但后来习惯渐成自然，数十年来恐怕很少有人见过我显露骄傲之态吧！

这全是我行为的方式所致。但除此以外，在我改善这个习惯的过程中，我更能处处地注意到谈话的艺术。我时常提醒自己，别去做一个擅长雄辩者，因而我和人谈话时字眼的选择常常变成迟疑，技巧也时常有意愚拙，不过结果是我仍然什么意思都可以表达出来的……

靠着这种谦虚的口才修养，富兰克林成为美国出色的政治家。

说到口才修养，不得不提口德，"德"可以说是口才的灵魂。

在道义上来说，有些词语我们应尽可能避而不用，尤其是有关生理特点的胖猪、矮冬瓜、瘸子、聋子，以及乞丐、私生子、拖油瓶、妓女、白痴、阳痿、性冷淡、无生育能力……因为，一旦触及上述任何一方面时，他的理智会立刻消失，代之而起的是一种动物性的原始的防卫本能，到那时就有你的好看了。

口德除了伦理道德，还包括其他的一些层面，比如政治道德。这一层次对口才的影响很大，良好的政治道德情操将使你在面对任何难题时临危不乱，挥洒自如。

1931年，九一八事变前后，我国著名生物学家童第周在比利时布鲁塞尔大学做研究工作。当时，日寇炮轰沈阳，占领我国东北。这个消息激起了童第周的满腔愤慨。他联合了许多留学生，发起抗日示威游行。比利时当局以"扰乱治安罪"审讯他，他理直气壮地回答："传单是我写的，游行是我带的头！但是，这不是扰乱治安，这是中国人的志气，是完全正义的。"他用自己的高尚情操、雄辩口才，维护了祖国尊严，维护了正义，赢得了世人的尊重。

一个注重言语修养的人，一个有益于他人的人，自然易于为他人所接受，他的话也就可能被别人奉为圭臬。"文如其人"是从写作角度说的，我们也完全有理由说"言如其人"。心理上的专注力、耐受力、进取心等品质，也将使你更具个人魅力，使你的口才更富内涵。

加强沟通和交流是现代社会的鲜明特征和明确走向。毋庸置疑，一名经常发表真知灼见的人，会给人以启迪和帮助，在交际中容易取得被人认可、受人尊重、得到重视的优越位置。但是发表己见是很有一番讲究的，处理得当，你的意见便能充分展现，反之则不能如愿。对此，一定要注意下面几点：

1.见隙发话，不抢话争话

自己有真知灼见希望尽快发表出来，这种心情是可以理解的。但你同样也要给别人发言的机会，不能迫不及待，在他人侃侃而谈时，硬是卡断他的话头，让自己一吐为快；或者他人正欲发言时，你捷足先登，把别人已到牙根的话硬是挤回去，让自己畅所欲言。发表己见首先应具备的修养就是耐心，待别人充分发表了意见之后，或轮到你的次序时，你再发言不迟，这不仅不会减轻你发言的分量，还会调动大家的情绪。

2.尊重他人，不随便否定他人意见

尊重对方是交际的一项基本原则。说话是人的思想的反映，尊重他人的意见，也就如尊重他这个人。但有些人为使自己的意见突出，引起他人对他谈话价值的充分认同，常自觉不自觉地对他人意见加以贬低、否定。结果引发了对方的不满和对抗，不仅自己意见未得到重视，反而遭到冷落和否定，自己的形象也受到贬损。有些善说话者，在发表己见时，恰恰采取相反的态度，他们会巧妙地从不同角度对已发表出来的意见加以肯定和褒扬，甚至采取顺势接话、补充发言的方式陈明己见，这样别人就会保持一个积极的良好的心态倾听他们的高论，他们的意见圆满发表了，他们的风格也显示出来了。

3.注重语德，不要话中含刺

发表己见应只管把自己的意见、主张陈述出来，平心静气，用语讲究，不可话中有话，含沙射影，于言辞之间讽刺挖苦别人。无可否认，别人意见未必精当，有些还于你不利，但谈话本就是一种沟通和协商，大家都把意见亮出来了，真理和谬误自现。那种冷嘲热讽、话中含刺的方式，显然是不友好的，不仅难以达到交换意见的目的，还会导致双方形成对立关系，对别人是贬损，对你也毫无益处。

4.发扬民主，不搞耳提面命

小廖是个年轻干部，最近下派到基层工作。起初那些基层干部对小廖有种新鲜感，所以大会报告、小会发言总让小廖"指示指示"。而当小廖官

腔十足地说三道四时，大家也都屏气凝神，如小学生似的认真听讲。但时间一长，小廖作报告也好发言也罢，再也没有这样的效果了。小廖当然想找回昔日的好感受，便强用逼直的眼神、严厉的表情、前倾的身体、遒劲的手势、响亮的腔调，督促大家如以前那样认真听他"教诲"。但大家只是收敛片刻，很快又对他不予理睬了。如此三番五次后，小廖不仅未能如愿，反而因此遭到大家的否定和非议。

发表己见当然希望别人洗耳恭听，希望得到别人的注意和重视。但能否如愿，主要看别人。作为说话者，要做的是提高自己的说话水平和认识能力，使自己的意见足以引起听众的注意和震动。有些人发表己见时舍本求末，不注意把自己意见加以斟酌、优化，而是通过外在形式控制听众听话态度和情绪。

说话要看场合

任何说话总是在一定场合中进行，并受其影响和制约的。说话艺术的高低、效果的优劣，不仅和表达的内容有关，也与具体场合密切相连。场合不同，人们的心理和情绪也往往会随之发生变化，从而影响说话者对思想感情的表达，以及听话者对话语意义的理解。鲁迅曾讲过这样一个故事：

一户人家生了一个男孩，全家高兴极了，满月的时候，抱出来给客人看——自然是想得到一点好兆头。

一个说："这孩子将来要发财的。"他于是得到一番感谢。

一个说："这孩子将来要做官的。"他于是收回几句赞扬。

一个说："这孩子将来是要死的。"他于是得到一顿大家合力的痛打。

前两个客人明显说的是假话，后一个客人说的是客观事实，但为什么待遇不同呢？因为后一个客人说话不注意场合，在人家欢庆时却说不吉利的话。

所以，说话时无论是话题的选择、内容的安排，还是言语形式的采用，都应该根据特定场合的表达需要来决定取舍，做到灵活自如。

说话必须要讲究场合，不注意这点，说一些不适宜场合气氛情境的话，往往与初衷适得其反。

一般说来，在非正式、非公开场合，如家人、夫妻、密友之间的私人交谈，街坊邻里茶余饭后的品茗闲聊，三朋四友酒席宴上的横扯竖侃，师生同事邂逅相遇的问候致意，可以随便一些、轻松一些，措辞不必那么讲究，即或出点格，也无妨。而在正式、公开场合，如作报告、演讲、谈判、辩论、会议发言、答记者问、主持节目、讲课，以及外事活动等情况下，就应严肃、认真，尽量选准词语，把握分寸，绝不可信口开河，胡言乱语。特别是有身份、有地位、有影响的人，在这种场合更应注意。

场合有庄重和随便之分。"我特地看你来了"，表示专程来看你，显得庄重；"我顺便看你来了"，则有点随随便便来看的意思，有可能会减轻听话者的负担。可是，在庄重的场合说"我顺便看你来了"，显得不够认真、严肃，会给听话者蒙上一层阴影。在日常生活中，明明是"顺便来看你"，偏偏说成"特地看你来了"，则显得有些小题大做，使对方十分紧张。

据报载，葡萄牙的阿连特加地区由于水中含铝超标，已经致使16个人脑受损医治无效而先后死去，医院里还有些同样的病人处于危险状态。政府决定彻底查清原因，采取防治措施。为此，环境部、卫生部的负责人、专家们和有关的医生们在米纽大学举行讨论会。会间休息时，环境部部长指着医生对大家开玩笑说："你们知道他们和阿连特加地区最近死去的那些人有什么关系吗？他们将那些人弄到金属回收厂，从那些人的肾脏中回收铝。"

这当然是说笑话，怎么可能从人体中回收铝呢？但是，在这样不幸的令人焦灼不安的时刻和场合开这样的玩笑，实在不应该。结果，这位环境部长随后声明道歉，并引咎辞职。

在正式场合下，说话应严肃认真，事先得有所准备，不要乱扯一气。非正式场合下说话则可以随便一点，像聊家常一样，便于谈深谈透。

如果对方是家里人、亲戚或较亲密的朋友，那么说起来可以随意，但如果与对方陌生或者不太熟悉，则有必要谨慎小心，不要随便开玩笑，以免引起别人的不快，或令对方尴尬。

一般来说，说话应该与场合中的气氛协调。在喜庆欢快的场合，说话应有助于欢快气氛的加浓，切忌说晦气话。例如，王蒙在《表姐》一文中写道：

表姐非常关心别人，但关心往往成为担心，以不祥的预言的形式表现出来。邻居生了一个白白胖胖的小子，很招表姐喜爱，表姐就说"真怕他得了脑膜炎……"表弟买了一辆自行车，她就把"撞到汽车上""被贼偷走"等话挂在嘴上。我的功课学得好，她就说："会累出病来的。"她总是在担忧，有些担忧显得可笑，住进新房子担心房屋倒塌，吃了西瓜担心得痢疾；但往往很多事情不幸被她言中……听着她的话，简直像一个猫头鹰的诅咒一样令人产生反感……

如果你有这样一位表姐，你也会很厌烦的。

说话场合还有该说与不该说之分。在许多场合，好口才却不能派上用场，甚至还会产生副作用，而于交往不利。这时，缄口不言——闭着嘴巴不说话，反倒更利于与人打交道，更能收到交往的预期效果。这就是不该说的场合。

例如，在一个人情绪失控的情况下，任何安慰都难以使当事人接受，不如等他冷静下来，等他恢复了理智，再同他交谈为好。

在丧葬场合，说任何喜乐的话、玩笑的话，都会引起当事人的不满；安慰丧亲的不幸者，说急于劝阻对方恸哭的话也是没有作用的，强烈的悲痛如巨石积压在心头，愈压愈重，不吐不快，让其宣泄、释放出来，反而有利于较快恢复心理平衡和平静的状态。

有些人遇到麻烦的时候，常常喋喋不休、唠叨不止，殊不知这样正好暴露了自己的弱点。处在尴尬情况下，与其聒噪不停，甚至说错话，倒不如保持沉默。宋代词人黄升在他的《鹧鸪天》中这样说："风流不在谈锋盛，袖手无言味正长。"这是不无道理的。

庄子曾经说过："大辩不言。""至人之用心若镜，不将不迎，应而不藏，故能胜物而不伤。"意思就是：最有口才的人，往往表现在善于闭着嘴巴不说话。其心里像镜子一样明亮，虽然清晰地映照着事物，但任事物来去而不加以迎送。因此能够自若地应接事物而不劳心神，最终战胜事物而自己却无任何损伤。

"不说"确是人际交往中言语运用的一件法宝。那么在哪些情况下应当不说呢？

（1）在对方提出无理要求而且又迫不及待之时。

（2）面对无休止的纠缠之时。

（3）面对恶意挑衅之时。

（4）面对狂躁、震怒之时。

（5）当下属或孩子有小过错，且又有所醒悟之时。

（6）当听众精力分散、窃窃私语之时。

（7）不速之客来访，久坐不去，而自己又没时间与之闲侃之时。

说话人的言辞表达，不是在任何时间、任何地点都可以随心所欲地进行的，必须加以选择。俗话说"到什么山上唱什么歌"，就是这个道理。同一句话，在这个时间、这个地点，可以说；但在另一个时间、另一个地点，就不一定可以说。不可以说而说了，就可能影响交际效果，甚至出乱子。

第三章
幽默的人总是处处受欢迎

以其人之道,还治其人之身

以其人之道,还治其人之身是指按照对方的逻辑去理解或推论,由此及彼,最后使其搬起石头砸自己的脚,自食其果。

这种返还幽默法,要善于抓住对方一句话、一个比喻、一个结论,然后把它接过来去针对对方,即把对方给自己的荒谬语言或行为及不愿接受的结论,经逻辑演绎后还给他,以其人之道,还治其人之身。

餐馆里有一位顾客叫住老板:"老板,这盘牛肉简直没法吃!"

老板:"这关我什么事?你应该到公牛那里去抱怨。"

顾客:"是呀,所以我才叫住了你。"

顾客按照老板的荒谬逻辑,推论出老板即是"公牛",让对方哭笑不得,自食其果。

这位顾客所用的幽默方法就是返还幽默法。

返还幽默法一般是对方攻击有多少分量,就以同等的分量还击。软对软,硬对硬,不随意加码。加码过重会影响幽默情趣。

有个顽童见到一位老人骑着一头毛驴由城外进来,闲来无事存心想调皮捣蛋一番。

这顽童在老人骑驴朝着他过来的时候,忽然大声说:"喂!你要不要吃方糖?"

老人见这孩子挺有爱心的,于是高兴地回答:"小伙子,谢谢你,我不吃糖。"

没想到这顽童竟然说:"我又不是对你讲,我是对你的驴讲!"

路人听到了都哈哈大笑。

原本以为老人会因为没面子而大怒,没想到他一愣,随即举起手拍了一下驴头说:"你这坏家伙,刚才我问你有没有驴朋友,你还撒谎说没有,坏蛋!"

他又打了驴子一下,在路人嘲讽那顽童的笑声中,洋洋得意地走了。

以其人之道,还治其人之身就是要懂得"顺藤摸瓜""借竿上树"。

一位阔太太牵着哈巴狗上街,见到衣衫破烂的三毛,想拿他开心取乐,便对他说:"你只要对我的狗喊一声爸,我就赏给你1块大洋。"三毛眼珠一转,笑着说道:"喊1声给1块,要是喊10声呢?""那当然给10块了。"阔太太不假思索地答道。三毛躬下身去,顺着狗毛轻轻抚摸,煞有介事地喊了声:"爸!"阔太太妖里妖气地笑了一阵,随手给了三毛1块大洋。三毛连喊10声,阔太太很爽快地赏了三毛10块大洋。这时,周围挤满了看热闹的人。三毛傻笑着向阔太太点了点头,故意提高了嗓音,长长地喊了一声:"谢谢,妈——"围观的人大笑不止。阔太太面红耳赤,目瞪口呆,半晌方才醒过味来。

故事中的三毛就是使用了"以其人之道,还治其人之身"式幽默方法,幽默地回敬了阔太太的侮辱。

这种方法用于对付那些耍赖之人最有成效,往往能使对方的无理取闹不攻自破,使对方作茧自缚。

一位懒汉去朋友家做客。早晨起床后,自己不但不收拾床铺,朋友替他叠被时,他还振振有词地说:"反正晚上要睡,现在何必去叠!"饭后，懒汉将碗筷一推，一动不动地坐在沙发上闭目养神。朋友又得收拾桌子，又得洗刷碗具，懒汉说："反正下顿还要吃，现在何必洗呢？"到了晚上，朋友劝他把脚洗一洗，这样既讲卫生，又有益于健康。懒汉又耍懒，反驳说："反正还要脏，现在何必洗呢？"于是，朋友打算惩治他一下。第二天，吃饭的时候，朋友只顾自己，对懒汉不管不顾。懒汉来到饭桌旁，见没有自己的碗筷，便嚷道："我的饭呢？"朋友问道："反正吃了还要饿，你又何必去吃呢？"睡觉的时候，朋友也同样只顾自己，不理懒汉，懒汉见状，焦急地问道："我睡哪儿？"朋友反驳道："反正迟早要醒，你又何必要睡？"懒汉急了，叫道："不吃，不睡，不是要我死吗？"朋友泰然答道："是啊，反正总是要死，你又何必活着？"说得懒汉哑口无言。

故事中的朋友紧紧抓住了懒汉的荒谬逻辑，顺竿上树，以其人之道还治其人之身，使得懒汉无话可说。在这种方法的使用上，聪明的阿凡提可以说是行家，他经常利用这种方法惩治那些刁钻狡猾的地主。

从前有个巴依（地主），对人非常狠毒刻薄。一天，阿凡提来到巴札（集市），刚巧巴依正在那儿吃鸡。巴依一口咬定说，鸡的香味是鸡的一部分，阿凡提闻到了香味，所以一定要付钱。阿凡提皱皱眉头，晃了晃手里的钱袋说："钱的声音是钱的一部分，你既然听见了，那当然是我付过钱了。"在聪明的阿凡提面前，巴依无言以对，狼狈而去。

阿凡提依据巴依的荒唐逻辑"鸡的香味是鸡的一部分"，导出自己的结论"钱的声音也是钱的一部分"，并以此为突破口，以退为进，步步逼近，终于将对方逼得无路可走，只得低头认输。在使用"以其人之道，还治其人之身"式幽默术时，关键在于抓住对方的语言逻辑，然后以此为基点，推出荒唐的结论，令对方的诘难不攻自破。

借题发挥

借题发挥法，顾名思义，就是借现场的人、事、物甚至对方的语言为题，加以发挥、阐述，诠释出全新的思想来，从而制造了幽默。例如：

德国科学家亚历山大·冯·汉保尔特访问美国总统杰弗逊的时候，看见他书房里的一张报纸，上面刊载了对他攻击辱骂的言论。

"为什么让这种诽谤言论在报上发表呢？"汉保尔特拿起那张报纸说道，"这家胆大妄为的报社为什么不查禁？或者对该报的编辑加以罚款？"

"把报纸放进你的口袋里吧，先生，"杰弗逊笑嘻嘻地回答说，"万一有人怀疑我们是否有新闻自由，你可以把这张报纸给人们看看，并且告诉他们你是在什么地方找到它的。"

上例中，杰弗逊接过对方的话题，把它与"新闻自由"联系起来，令人拍案叫绝。借题发挥常能让人巧妙地达到自己的目的，尤其是在某些场合，它比直言其事更显得委婉曲折。借题发挥是指巧妙地借助别人的某一话题，引申发挥，出人意料地表达自己的某种思想。在日常生活中，有些场合，有的话不宜直截了当地说，这时巧用借题发挥，会起到意想不到的效果。

相传南唐时，京师连日未下雨，大旱。于是某日，烈祖问群臣："外地都下了雨，为什么京师不下？"大臣申渐高说："因为雨怕抽税，所以不敢入京城。"烈祖听后大笑，并决定减税。

申渐高的话就是借题发挥，巧借烈祖的话，引申发挥了京城的税多，应该减税的意思。非常巧妙，效果也很好，烈祖在笑声中接受了他的意见。

借题发挥能让坏事变成好事，让平淡生出幽默。在现实生活中，由于受传统文化的影响，人们的大脑中存在着许多忌讳观念。如大年三十不能说"死""亡""灭"等不吉利的词语，吹灭蜡烛应当说成"止烛"；婚宴上不能说"离""散""死"等词语。诸如此种禁忌，在我们的生活中很多很多，但有时不自觉地说出或做出了一些有违"大忌"的话或事时，如何应付呢？这就要用到一种"临时发挥，化忌为喜"的幽默术。所谓"临时发挥，化忌为喜"式幽默术，就是在不自觉地做了或说了一些有违"大忌"的事或话时，或者由于客观的原因而带来一些不愉快、不吉利的事情时，及时地用一些双关语、名诗佳句、谐音字词等化忌为喜，消除尴尬，抹掉人们心头的阴影，使快乐重新回到心头。

大刘应邀参加一位朋友的婚礼，可天公不作美，小雨从早到晚一刻也未停过。等大刘赶到朋友家时，衣服上溅满了星星点点的泥水。

当新人双双向他敬酒时，朋友看到他满身泥水，略带歉意地说："冒雨前来，叫你辛苦了。这都怪我没选好日子。"大刘赶忙接过话茬幽默地说："老兄此言差矣，自古道：'久旱逢甘雨，他乡遇故知，洞房花烛夜，金榜题名时'，这人生的四大喜事，让你们小两口一天就赶上了两个，这才叫双喜临门呢。"一句话说得满堂喝彩，大大活跃了当时的气氛。

大刘意犹未尽，接着说道："既然说到了雨，敝人有首打油诗，借此机会赠给两位新人。"接着便吟道："好雨知时节，当婚乃发生。随风潜入夜，听君亲吻声。"一首歪诗吟罢，逗得新娘面颊绯红，引来满座欢笑。

上例中，大刘机智地临场发挥，使本来不受婚礼欢迎的雨，瞬息之间带上了逗乐喜庆的色彩。

有一顽童，正月初一那天，一大早便出门找伙伴戏耍去了。玩了一段时间后,发现自己头上一顶崭新的帽子不知何时丢了。于是心惊胆战地跑回家去,对他母亲"汇报"了一下大体情况。要是在平时发生这种情况,母亲一定会大声斥责他。可是今天是大年初一,不能骂孩子,尽管心里很火,也硬忍着没有爆发。这时,来他家串门的邻居李叔听了后,笑着说:"狗娃子的帽子丢了,这没关系,这不正好意味着'出头'了吗?今年你一定走好运,有好日子过了。"一句话,说得孩子的母亲转怒为喜,并附和着说:"对!对!狗娃从此出头了。"于是大家一阵哈哈大笑。

大年初一丢了帽子,可谓是触犯了大忌,最起码也会使过年的欢庆气氛大大扫兴。可是邻居李叔的一句话,化忌为喜,引来一场皆大欢喜的吉祥气氛。

临场发挥是很讲艺术性的,要发挥得招彩而又得体是不容易的。但只要在这方面做个有心人,那么,不久的将来,你的口中也会妙语连珠,幽默诙谐。

活学活用

人的一生,都是在不停地学习。这个学习包括两个方面,第一种是学习文化知识,如学生们每天坐在教室里听老师讲课;另一种则是在实践中学习,学习各种技术技巧。学习的效果也可以分成两种,一种是潜移默化式的,另一种就是立竿见影式的——我们把这一种叫作活学活用。幽默技巧中也有一种方式叫作活学活用式的幽默。

活学活用式的幽默是指在学习别人的做法时,立刻理解并掌握别人的方法,然后将这种方法运用到自己的实践中来,当时学习,马上应用。

一次,小王向邻居借了一笔钱,借钱的时候,说好一个月后归还。一个月后,邻居向他要钱,他故作惊讶地说:"我没有借你的钱呀!"邻居看了看他说："你忘了吗？上个月的时候，你向我借的。"

小王故作惊讶地说："对，的确上个月我借了你的钱，但是，你应该知道，哲学上讲'一切皆流，一切皆变'。现在的我已不是上个月向你借钱的我了，你怎么叫现在的我为过去的我还钱呢？"

邻居气得一时无言以对，他回到家里，想了一会儿，拿了一根木棍，跑到小王家里狠狠地把小王痛打了一顿。小王抱着头气势汹汹地叫道："你打人了，我要到法庭去告你，等着瞧吧。"邻居放下木棍，笑嘻嘻地对小王说："你去告吧，你刚才不是说'一切皆流，一切皆变'吗？现在的我，早已不是刚才打你的我了，你确实要去告，就告那个刚才打你的那个我吧。"小王听了，无话可说，被痛打一顿，也只好自认倒霉了。

邻居活学活用，惩罚了小王，而下面的仆人，也用了同样的方法。

一个吝啬的老板叫仆人去买酒，却没有给他钱，仆人问："先生，没有钱怎么买酒？"

老板说："用钱去买酒，这是谁都能办到的，如果不花钱买酒，那才是有能耐的人。"

一会儿，仆人提着空瓶回来了。老板十分恼火，责骂道："你让我喝什么？"

仆人不慌不忙地回答："从有酒的瓶里喝到酒，这是谁都能办到的。如果能从空瓶里喝到酒，那才是真正有能耐的人。"

不花钱买酒与空瓶里喝酒一类比，其内在就出现了针锋相对的矛盾，谐趣顿生。仆人"现炒现卖"的学习灵性，表现了智慧。

球王贝利向足球爱好者们赠送过各式各样的礼物，像明信片、手帕、袜子、护腿、球鞋、球衣等，甚至有几次他被球迷团团围住，不得不剪下头发相赠。

在一次比赛之后,有个足球俱乐部的老板挤到贝利跟前,竟然向贝利要"几滴血",他央求贝利道:"请给我几滴血吧,我要把您的血输到我的球队的中锋身上,这样会大大增强他们比赛的意志。"

贝利风趣地答道:"先生您能不能送我几滴血呢?那样就能大大增加我的财气啦!"

输贝利的血能增强比赛的意志,那么输老板的血自然也就应该能增加财气啦!只要前者能够成立,那么后者也应该能够成立!看来贝利不仅是球王,而且还很有"学以致用"的幽默精神。

活学活用式的幽默同别的幽默技巧,如以谬还谬,仿造仿拟式的幽默有共通相似的地方,也有不同的地方。活学活用式的幽默关键的地方是要尽快学习掌握对方的方式方法,深刻地理解对方的意图。然后就是马上学以致用,将学到的方式方法尽快投入使用。在这一使用过程中,要注意应巧妙地置换条件,否则按照正常的方式去理解,则没有幽默可讲了。幽默的力量只有突破常规才能显示出来。

拿自己开开玩笑

如果你有风趣的思想,轻松地面对自己,你便会发现自己可以原原本本地接受自己的身高、体重或其他身体特征;你也会发现幽默能帮你以新的眼光去看你对经济的忧虑。也许你无法得到真诚的爱,但是你能使你的人际关系充满温暖和谐,与人分享欢乐,甚至和仅仅有一面之缘的人也会有很好的关系。

自嘲是自己对自己幽默,是消除自己在沟通中胆怯的良方。

自嘲是运用戏谑的语言,向别人暴露自身的缺点、缺陷与不幸,说得俗一些,就是把脸上的灰指给对方看。

俗话说得好："醉翁之意不在酒。"自嘲同样是这个道理，有着独到的表达功能以及实用价值。

苏格拉底的妻子是位有名的泼妇，一次苏格拉底正同朋友们谈话时，他的妻子突然冲进书房大骂苏格拉底，并随手将脸盆中的水浇在苏格拉底身上，把他全身都弄湿了。正当大家感到尴尬万分之际，苏格拉底笑了笑说："我就知道，打雷之后，必有大雨下来。"

长篇小说《围城》重版，《谈艺录》与《管锥编》问世以后，钱锺书的名声日盛，求访者愈来愈多，钱锺书有不愿意接受访问的脾气。有一天，有一个英国女士打电话给他，要求拜访，钱锺书在电话里说："如果你吃了一个鸡蛋感觉很好，又何必认识那只下蛋的母鸡呢？"

在这里钱锺书自比"母鸡"，虽然是有意贬低自己，但是在说英国女士没有必要来拜访他。正如人们喜欢谈论一些关于别人的笑话一样，在适当的时候，也要拿自己开开玩笑，要善于自嘲。

美国著名的律师乔特是最善于讲关于自己笑话的人。有一次，哥伦比亚大学的校长蒲特勒在请他做演讲时，曾极力称赞他，说他是"我们的第一国民"。

这实在是一个卖弄自己的绝好机会。他可以自傲地站起来，一副得意扬扬的神气，仿佛要对听众说："你们看，第一国民要对你们演讲了。"

但是聪明的乔特并没有如此。他似乎对这种称赞充耳不闻，却转而调侃自己的"无知"。这种自嘲很快博得了听众的好感。

他说："你们的校长刚才偶然说了一个词，我有点听不太懂。他说什么'第一国民'，我想他一定是指莎士比亚戏剧里的什么国民。我想，你们的校长一定是个莎士比亚专家，研究莎士比亚很有心得，当时他一定是想到莎士比亚了。诸位都知道，在莎氏的许多戏剧中，'国民'不过是舞台的装饰品，如第一国民、第二国民、第三国民，等等。每个国民都很少说话，就是说那一点点话，也说得不太好。他们彼此都差不多，就是把各个国民的号数彼此调换，别人也根本看不出有什么分别的。"

这实在是一种非常聪明的方法，它使自己与听众居于同等的地位，拉近了自己与听众的距离。他不想停留在蒲特勒所抬举的那种高高在上的地位上。如果他换一种说法，用庄重一点的言辞，比如，"你们校长称我为第一国民，他的意思不过是说我是舞台上的一个无用的装饰品而已。"虽然表达的意思是一样的，但是绝对不能把那种礼节性的赞词变为一种轻松的笑话，也绝对不会取得那样的效果。

无论是在一帮很好的朋友中，还是在一大群听众中，能够想出一些关于自己的笑话，能够适当地自嘲，是赢得别人尊敬与理解的重要方法，远远要比开别人玩笑重要得多。拿自己开开玩笑，可以使我们对世事抱有一种健全的态度，因为如果我们能与别人平等地相待，就可以为自己赢得不少的朋友。相反，如果我们为显示自己是怎样的聪明，而拿别人开玩笑，以牺牲别人来抬高自己，那我们一生一世也难以交到一个朋友，更不用说距离成功有多遥远了。

成功的人士从不试图掩饰自己的弱点，相反，有时他们会拿自己的弱点开开玩笑。而现实生活中，我们却经常可以遇到一些专喜欢遮掩自己弱点的人，他们也许脸上有些缺陷，也许所受教育太少，也许举止粗鲁，他们总要想出方法来掩饰，不让别人知道。但这样做以后，他们却于无形中背弃了诚恳的态度，毫无疑问，与之交往的朋友会对他们形成一种不诚恳的印象，使人们不敢再与他交往。世界上最不幸的就是那些既缺乏机智又不诚恳的人。很多人常常自以为很幽默，经常喜欢拿别人开玩笑，处处表现出小聪明，结果弄得与他交往的人不敢再信任他，以前的朋友也会敬而远之，纷纷躲避。

适当地拿自己开开玩笑吧，这不仅是一种机智，更是驱散忧虑、走向成功的法宝。

反唇相讥

很多人喜欢拿人开玩笑，但大多是出于友好和善意，然而也不乏那种酸味十足，以伤害他人自尊心为乐的人。对于这种人，千万不能沉默以对，这样会让他得寸进尺。不如来个针锋相对，反唇相讥。他言辞锋利，你言辞更锋利，他有气势，你比他更有气势，以威对威，以势对势，义正词严，理直气壮。同时，在对他的谬论进行抨击时，制造幽默。

1984年10月，在里根与蒙代尔的总统竞选过程中，里根竞选班的人们认识到，里根要克服的大难题是他给人一种年纪太大的感觉，不宜当总统了。所以，里根利用每一个机会就年龄问题说笑话。

第二次论战是在严肃的气氛中进行的，里根和蒙代尔就范围广泛的各种问题相互进行十分单调的攻击。老资格的记者亨利·特里惠特向总统提出了一个事先预料的问题：

"总统先生，您已是历史上最年迈的总统了。您的一些幕僚们说，最近在和蒙代尔先生的遭遇战之后，您感到疲倦。我回忆起肯尼迪总统，他在古巴导弹危机中，不得不连续干好几天，很少睡觉。您是否怀疑过，在这种处境中您能履行职责吗？"

解释一下这个既棘手又彬彬有礼的询问，其意思就是你是否过于年迈，不宜当总统？里根用反唇相讥法幽默地笑着说："我希望你能知道，在这场竞选中我不愿把年龄当作一项资本。我不打算为了政治目的而利用我对手的年轻和缺乏经验。"

在里根与蒙代尔的最后一次总统竞选电视辩论中，蒙代尔抓住里根已近古稀之年这个问题大做文章，公开对里根是否有能力履行总统之职表示怀疑。里根听后，朝蒙代尔一笑，说：

"对方的年轻幼稚，我早有耳闻。但我不会抓住对手的年轻无知、经验匮乏这一弱点来攻击我的对手。但是，这一弱点怎能使美国人民相信、放心他能完美地履行最高行政长官这一职责呢？"

里根说"不会"怎么怎么，实际上已经反驳了对方的错误观点了。

政治上的口角之争从来都没有停歇过，反唇相讥法幽默可以追溯到古希腊时代：

亚西比德是古希腊的一位了不起的政治家。一天，他同比他大40岁的佩里克莱斯大谈如何才能治理好雅典。可老佩里克莱斯对此并无兴趣。

"在你这个年纪，我也是像你现在这么说话的。"佩里克莱斯冷冷地对亚西比德说。

"哦，那时我要能结识您该有多好啊！"亚西比德回答说。

两人的年龄相差40岁，一般由于代沟的原因，年龄大的人往往听不进年轻人的意见，亚西比德说"那时我要能结识您该有多好啊"，正是用反唇相讥法指出了佩里克莱斯老态龙钟，朽木不可雕也！反唇相讥的要点就是以快打快，以强击强，起到一种闻之震耳、以正压邪的作用。

古时，一个雪天的早晨，一个长工披着一张羊皮在财主院里扫雪。财主起床后看见了酸性大发，想趁机挖苦长工。于是大声说："喂，穷小子，你身上怎么长出一张兽皮？"

长工笑语以对："老爷，你的身上怎么也长出一身人皮？"

针尖对麦芒，长工将"兽皮"换成"人皮"，就把老爷放出的恶语射向了老爷自己。

苏联诗人马雅可夫斯基曾与反对苏维埃政府的人进行论辩。

反对者问:"马雅可夫斯基,你和混蛋差多少?"

马雅可夫斯基怒而不露,不慌不忙地走到反对者跟前说:"我和混蛋只有一步之差。"

在场的人听了都哈哈大笑起来,那位攻击马雅可夫斯基的人只好灰溜溜地跑了。

难怪人们总把激烈的语言交锋称为唇枪舌剑呢,有时候两片嘴唇、一条舌头,比真枪实弹的威力还要大。

海涅是犹太人,因此经常遭到一些"大日耳曼主义者"的攻击。一次晚会上,一个自称是"素有教养"的旅行家,对海涅讲述了他在环球旅行中发现的一个小岛。他说:"你猜猜看,在这个小岛上,有什么现象最使我感到惊奇?"接着他说:"在这个小岛上,竟没有犹太人和驴子!"

白了这个旅行家一眼,海涅不动声色地反击道:"如果真是这样的话,那么,只要我和你一块儿到小岛上去,就可以弥补这个缺陷了!"

旅行家的本意是说海涅是犹太人,海涅却机智巧妙地将对方比作驴子,从而维护了自己的尊严。

俄罗斯有一位著名的丑角演员杜罗夫。在一次演出的幕间休息时,一个很傲慢的观众走到他的身边,讥讽地问道:"丑角先生,观众对你非常欢迎吧?"

"还好。"

"要想在马戏班中受到欢迎,丑角是不是就必须具有一张愚蠢而又丑怪的脸蛋呢?"

"确实如此。"杜罗夫回答说,"如果我能生一张像先生您那样的脸蛋的话,我准能拿到双薪。"

这位傲慢观众的脸蛋，同杜罗夫能否拿双薪，本无丝毫内在的联系，在这里杜罗夫却巧妙地把它们牵扯在一起，从而产生了幽默，对这位傲慢的观众进行了反讽。

抗美援朝时，一些外国记者敌视中国人民，利用采访的机会，散布对中国人民的敌意。

有一次，一位外国记者采访周恩来总理，周总理刚批阅完文件，顺手把钢笔放在桌子上。外国记者看见桌子上放的是一支美国生产的"派克"钢笔，便故意地问："请问总理阁下，你们堂堂的中国人，为什么还要用美国生产的钢笔呢？"

周总理朗声笑着回答道："提起这支笔，那可说来话长，这不是支普通的笔，是一位朝鲜朋友抗美的战利品，作为礼物送给我的，我无功不能受禄，就想谢绝，哪知那位朋友说，留下做个纪念吧！我觉得有意义，便收下了这支美国生产的钢笔。"

那记者听完后，一句话也说不出来。

周总理针对外国记者企图讽刺、讥笑中国落后的意图，成功地巧借话题，说了这番幽默风趣而又有分量的话。周总理用"战利品""做个纪念"和"觉得有意义"等词句，暗示这支笔正是中国人民强大的结果。试想，要是面对对方的讽刺挖苦，忍气吞声随便搪塞过去，对方一定内心窃喜阴谋得逞，此类攻击日后一定源源不断。周总理把对方的顶撞作为铺垫，顺势把自己的态度幽默地显露出来，可谓棋高一招，效果立竿见影。

声东击西的幽默法

声东击西法，是一种更加含蓄迂回的幽默技巧。意在向东而先向西，欲要进击先后退。在利用幽默的语言来回击或反驳一些错误观点的时候，这种技巧的运用特别有力。

但是，声东击西法要取得好的效果，取决于听众的静心默思，反复品味。因为这种幽默技巧的特点是：你想表达的思想不是直接表达出来，而是以迂为直，被埋藏在所说出来的后面。听众在听完话之后，必须有个回味的时间，才能体会出个中的奥秘，产生幽默风趣的情绪。

"劳驾，请问去警署的路怎么走？"一个行人停步问路人。

"这很简单，你用石头把对面商店的橱窗给砸烂，十分钟后你就到了。"

路人似乎是答非所问，他没有具体回答去警署的路线，却提示了去警署的一种可行的办法：你只要制造事端，自然有人送你去警署。这就是声东击西法的幽默。

阿凡提是一个智者，而且他还是个大幽默家。他的话多属于声东击西法的典型，而且显得十分幽默。声东击西法在不少场合都可以见到：明是说罪，暗里摆功；明是说愚，暗里表忠；明说张三，实指李四；欲东而西，欲是而非，等等，都属于这一类。当然，在日常的生活中，这种声东击西法的幽默技巧也可以诙谐地加以运用，以产生强烈的幽默效果。

有一人应友人之邀参加家宴，友人很吝啬，仅仅招待了他几滴白酒。这人临走对友人说："劳驾你，请在我的左右腮帮上各打一记耳光吧。"友人问什么原因，这人说："这样的话，我脸上通红，老婆才知我在你家吃饱喝足了，否则，不好交代啊！"

这位吝啬的友人也觉得不好意思，便拿出一个很大的酒杯，可倒酒时仅盖上杯底。这人便向友人要一把锯子，友人很奇怪，这人回答说："我是想把这杯子无用的上半部锯掉。"

这位先生面对友人的吝啬不好直说，转弯抹角，几句妙语实在值得玩味。既表达了自己的不满，也讥讽了友人的小气。同样是曲意嘲讽主人吝啬，下面这个幽默似乎技高一筹。

有一客人见主人招待他没有菜肴，便跟主人要来副眼镜，说视力不好使，带上眼镜后，大谢主人，称赞主人太破费，弄这么多菜，主人道："没什么菜呀？怎么说太破费？"客曰："满桌都是，为何还说没有？"主人曰："菜在哪里？"客指盘内曰："这不是菜，难道是肉不成？"

此则笑话一波三折，客人嘲讽主人，手段高明，令人叫绝。话说出了口，又能置身事外。

人类的语言非常奇妙。它的功能变化万千。同样一个词语，只要换一种语言环境，意思和味道就很不一样了。不懂得这门道的人，是很难利用语言的这种灵活性来开拓他的幽默途径的。

暗讽就是利用一种特殊的语言环境，把词语的针对性转向谈话对方，从而产生幽默的效果。

魏晋时，谢石打算隐居山林，奈何父命难违，不得已在醒公手下做司马。一次，有人送醒公草药，其中有一味名叫远志。醒公问谢石："这药又叫作小草，为什么同是一物而有两个名称？"

谢石一时答不上来，郝隆当时在座，应声说道："这很好解释，隐于山林的就叫远志，出山就叫小草了。"

谢石听到此处，满脸愧色。

魏晋时人们崇尚回归自然，并不以官宦为荣，隐居山林，过闲云野鹤似的生活是非常时髦的举动。郝隆这里表面上是解释草药的名称，实质上是嘲讽谢石，而谢石即使想反攻也无从下手。

从前，有个盲人被无辜地牵涉到一场官司中，开堂审判时，他对县太爷说:"我是一个瞎子。"

县官一听,立刻厉声责问:"混账!看你好好的一只清白眼,怎么说没有眼睛?"

瞎子接过县官的话说:"我虽然有眼睛,老爷看小人是清白,小人看老爷却是糊涂的。"

这里,盲人采用的就是暗讽法。他所说的"清白"和"糊涂",实际上是利用一词多义的现象而造成的一语双关的修辞效果,从而达了"讽刺"的目的。

表面上看,他说的"清白"是指盲人的眼睛是清白眼,而实际上却是暗指人自身是清白无辜的。"糊涂"一语,貌似指盲人因眼睛看不清县官,但实际上是说县官说话做事糊涂,是个糊涂昏官。所以,整句话的表面意思是"小人看不清老爷",而实际上却是"我看老爷是个糊涂官"。

反常规的类比幽默

类比幽默法是指把两种或两种以上互不相干甚至是完全相反的、彼此之间没有历史的或约定俗成的联系的事物放在一起对照比较,显得不伦不类,以揭示其差异之处,即不协调因素。

在类比幽默中,对比双方的差异越明显,对比的时机和媒介选择越恰当,所造成的不协调程度就越强烈,对方对类比双方差异性的领会就越深刻,所造成的幽默意境也就越耐人寻味。

人们的日常生活和科学研究一样,凡分类都是约定俗成,得用同一标准,否则,必然造成概念的混乱,导致思维无法深入进行。人们从小就训练掌握这种最起码的思维技巧。如:猪、牛、羊、桃就不能并列在一起,人们会把桃删去,这是科学道理,但并不幽默。在类比分类时要产生幽默的趣味恰恰要破坏这种科学的逻辑规律,对事物加以不伦不类的并列。

赵阿婆的女儿吵着要买嫁妆，赵阿婆气恼地说："死丫头，你的婚事也不和我商量，东西我不买！"

母女大吵起来，引得许多邻居来看。

邻居陈伯站出来说："你不能怪她没和你商量啊！"

赵阿婆问："为什么？"

"你当年成亲时不是也没和女儿商量吗？"陈伯反问道。

赵阿婆一时语塞。女儿却高兴起来，陈伯又转身对姑娘说："你妈不给你买是不对，可你妈出嫁时，你给她买了吗？人要彼此一样才好呀！"

母亲成亲和女儿商量与母亲成亲女儿买嫁妆并列一起，都是不可能的事，意思完全相反，差异巨大，但说明了母女二人争吵的理由，是都没有为对方着想，因此，经陈伯如此点化，母女二人不得不心服口服。类比幽默术是个反常规的坏孩子，它是借着一丝灵气，将事物不伦不类地加以归类。因其具有简便的特征，常为人们所使用。

星期六，一位年轻人照例进城卖鸡蛋。他问城里常打交道的中间商："今天鸡蛋你们给多少钱一个？"

中间商简单地回答："两美分。"

"一个才两美分！这价真是太低了！"

"是啊，我们中间商昨天开了个会，决定一个鸡蛋的价格不能高于两美分。"

年轻人艰难地摇摇头，很无奈，但也只好将蛋给卖掉，回去了。

第二个星期六，这个年轻人照例进城了，见的还是上次那个中间商。中间商看了看鸡蛋，说："这个星期你的鸡蛋太小了。"

"是啊，"年轻人说，"我们的母鸡昨天开了一个大会，它们作出决定，因为两美分实在太少，所以不能使劲下大蛋了。"

一个是人会，一个是鸡会，并列一比，妙趣横生。

类比幽默的幽默感是"比"出来的，其情趣也是"比"出来的。这样就有利于对方心理接受。我们看下面一例：

有一位中学生，成绩很好，几乎每次考试都是全班前两名。有次考到第五，她妈妈生气地说："去年我为你感到骄傲，这次你怎么了，你曾经是班上考得最好的呀！"

女儿微笑着说："每个同学的妈妈都想为自己的孩子考第一而骄傲。如果我老是第一，他们的妈妈可怎么办呀？"

孩子得第一的妈妈的心情和孩子成绩差的妈妈的心情并列相比，两种心情完全相反，其趣就生于此。类比幽默是把风马牛不相及的一些概念，或彼此之间没有历史的或约定俗成的联系的事物放在一起对照比较，显得不伦不类，以揭示其差异之处，即不协调因素。它能使人在会心的微笑或难堪的境况中开启心智，受到教育。

人们都清楚，微妙的男女关系里，有不少玄妙的心理因素支配着，要是你能巧妙地掌握和运用这些因素为自己服务，你将战无不胜！而这里所说的技巧就是幽默。

男人在没有竞争的情况下，获得女性的青睐后，他的自大心理便会油然而生，自以为很了不起，并且在自大之余，还会小看那位小姐，不珍惜那段情感。因此，女性这时就有必要抬高自己的身份去对付他，以便获得较公平的对待。这时幽默是绝佳工具。

因为男人有保护、支配女人的愿望，同时对于容易获得的常常漠然视之，而对不易到手的却有着憧憬的倾向。巧妙控制这一心理，用实用效果极佳的类比幽默术是再好不过的了。

女朋友："我得告诉你，今天我接吻了五次。"

男朋友:"什么?你说你今天是第五次接吻了?"

女朋友:"是!"

男朋友:"还有四个,是谁?"

女朋友(故意停顿一下):"苹果、橘子、蔷薇、姐姐的孩子。"

这里的幽默之趣就出在那不相称的排列上,一时把男朋友的心搞得七上八下,会让他永远记住这一次的吻。你的智慧使他认为你是有价值的女性而对你另眼相看。

操作类比幽默术时,要注意将智慧和超脱精神结合起来,因为你的智慧能帮你选择多种的类比对象,而你的超脱精神则能保证你不受一些不合理或常规思想的束缚。当你使用幽默术时,不妨参考一下先辈前人在这方面所留下的经典范例,从中你可以得到不少经验。

拒绝伪幽默

何为幽默?

对于幽默的含义各人都有不同的理解,当年鲁迅、蔡元培、林语堂等大家为译成"幽默"还是"诙摹"有过一番争论。"幽默"一词在中国得以广泛流传,林语堂先生功不可没。

林语堂说,"humor"既不能译为"笑话",又不尽同"滑稽";若必译其意,或可用"风趣""谐趣""诙谐",无论如何,总是不如音译的直截了当,也省得引起别人的误会。凡善于幽默的人,其谐趣必愈幽隐;而善于鉴赏幽默的人,其欣赏尤在于内心静默的理会,大有不可与外人道之之滋味。

幽默,生动有趣而意味深长,中国古代称笑话为雅谑或雅浪,而幽默从字义看,幽者雅也,默则可理解为机智冷静,林语堂的译法可谓独到。

列宁说,幽默是一种优美的健康的品质。

幽默应是对噱头、调侃、贫嘴、说教、卖弄、装傻卖乖或尖酸刻薄的超越。在我们当下流行的文化里，在我们的电视里，在我们广播的电波里，让人感到非常遗憾，实在是因为噱头、调侃、贫嘴、说教、卖弄、尖酸刻薄和装傻卖乖等伪幽默已经泛滥成灾。相声、小品、文娱节目，演员们、主持人们、追逐时髦的少男少女们，几乎都在"幽默"着，而现场的观众居然也被逗笑了。幽默这个外来词在我们生活中经历了很长时间，随着时间的流逝，幽默的定义逐渐被曲解了；幽默这个高雅的词也被滥用了；被称之为"有趣"的东西实际上是低级趣味；被称之为"可笑"的东西常常令人似笑非笑而感受乏味；被称之为"意味深长"的东西实际上是意味"伸长"到无影无踪。

在某次电视主持人大赛中，有一个令人极恶心的场面——一个西装革履的选手腆着肚子一手上举、一手扶腰，一前一后摇着脑袋装成茶壶，说陕北话，然后是一片笑声。后来这个选手又用了一个洋泾浜式的英语牵强地回答了一个问题，说自己最大的特点是幽默，并用英语说了一段逻辑混乱的话。令人意料不到的是，评委竟然说他幽默，让他得了高分。

不少主持人都喜欢这样哗众取宠式地"幽默"一把。某省台的一个综艺节目，其男主持人就特别"幽默"，他能扭腰送胯，一会儿男声、一会儿不男不女类似太监的声音，可他再"幽默"收视率也上不去。这节目似乎决心要一条路走到黑，又找了一个腰围即将超过身高的胖女人来做主持，不知道是不是由于这女主持人太胖，口腔的空间都被舌头占满，她的普通话几乎说到了无人能懂的地步，于是她一个劲地摇动她的一身胖肉，一会儿跪着一会儿趴下，尽全力作践自己，拼命讨好观众。她似乎不知道这是在把自己送给别人当笑料，是对自己的嘲弄，是作践自己的人格。看着她就觉得可怜，怎么好意思不施舍一点笑声呢？

拿无知当个性，拿无聊当有趣，这不是真正的幽默，这是幽默的大误区。

有个不争的事实，荤段子已经臭了大街。起初大众还能容忍，然而一旦泛滥，便难免倒了人的胃口。在幽默语言中，不管是舞台表演的，还是人际交往的，性暗示过分强烈的叫作荤幽默或黄色幽默，反之则可以理解为"素幽默"。黄色幽默发生在公开场合，有伤大雅，引人反感，即使本来可能接受它的人，也往往顾忌朋友师长的态度而不知如何反应是好。所以，这种荤幽默最不宜在公众场合讲，否则不但令人不愉快，反而会降低自己的魅力。

中国是深受儒家文化熏陶的国家，讲究的是"非礼勿听，非礼勿视"。要注意绝对不要在公众场合，尤其是有异性、长辈、上级等在场的情况下谈及黄色笑话。不顾国情、毫无节制地讲露骨的笑话，其实也是对别人的一种侵害，更是对自己人格的贬低。

另外，幽默的制造千万不要拿别人的要害当原则，勿以讽刺他人为乐。

众所周知，幽默是以社会生活为基础产生的，它不是虚飘在空中的幻景，它的存在本身体现了人们多方面的社会功利需要，包括惩恶扬善、沟通心灵、调解纷争，等等，这使幽默必然地要和讽刺、嘲笑、揭露联系在一起。但是，幽默所有的善意的讽刺、温和的嘲笑，其中灌注着深厚的情感因素，正像萨克雷《布朗先生致侄儿书》所说的："幽默是机智加爱。"爱减弱了幽默批评的锋芒，通过诱导式的意会发生潜移默化的作用。苛刻的幽默很容易流于残忍，使人受到伤害、陷于焦虑之中。通常，讥讽、攻击、责怪他人的幽默，也能引人发笑，但是它常常造成意想不到的后果，使本应欢乐的场面变得十分难堪。

一位中学教师在出差途中拎了一兜香蕉去看望一个多年未见、新近升为副处长的老同学。老同学心宽体胖，雍容富态，开门见是同窗好友，一边让进屋，一边指着他手中的兜戏谑道："你何时落魄到走门子了？本处长清正廉明，拒绝歪风邪气腐蚀贿赂。"一句讥讽的调侃，使教师自尊心受了伤，反感顿生，扭身就走。

显而易见，幽默既不等同于一般的嘲笑、讥讽，也不是为笑而笑，轻佻做作地贫嘴耍滑。幽默毕竟是修养的体现，它与中伤截然不同。幽默好似

"维生素"，中伤却似恶人剑；幽默笑谈是美德，恶语中伤系丑行。真正好的幽默是真情实感的自然流露，是严肃和趣味间的平衡，它以一种古怪的方式激发出来，却经常表现出心灵的慷慨仁慈。

正因为这样，讥讽他人受到许多幽默理论家的一致反对。林语堂认为幽默与讽刺极近，却不能以讽刺为目的。讽刺每趋于酸腐，去其酸辣，而达到冲淡心境，便成幽默。玛科斯·雅克博似乎更率直："不要讽刺！讽刺会使你和受害者都变得冷酷无情。"

如果总是要在与你地位、处境相差很远，确切地说是比你背景差的人身上打主意，对那些不如你的人拼命调侃，这可算是幽默的一大伪造。

客观而论，站在你的角度上，比你混得差的人可笑之处肯定不少；但如果总是津津乐道地笑话不如你的人，你就会被别人笑话，笑你不厚道、笑你没出息，专捡软的吃。高明的幽默一般是避开、淡化了题材中人物的面目，或者将聚光灯对准"大人物"，找乐趣。

有的农民由于长期的贫困而缺乏知识，我们整个社会都负有改变这种状况的责任。如果我们缺乏同情，去嘲笑他们，那就不是幽默，而是残忍。先看以下几则笑话：

有一个乡民进城卖瓜，走近路口，红灯亮了，仍挑担向前走。交警走到他面前，行了一个礼说："阿伯，请留步，红灯亮了。"

乡民抬头看看亮着的红灯，说："灯在上边亮，我在下边走，不碍事。"

一个卖完柴的乡民扛着扁担进了一家商店，刚推开门，恰巧店里敲打10点半的钟声，"当"的一声响，把乡民吓得直打哆嗦，他赶紧向店员解释说："不是我打的，这不是我打的。"

一般来说，无知是可笑的，无知还偏要装得有学问、精明，就更可笑了。将无知作为幽默"原料"，虽然有些道理；若问题牵涉到乡民的无知时，如果忘记当时的背景，只是嘲笑他们，是不公平的，也是不近人情的。

幽默之所以成为幽默，其必要条件就是使人快乐，而一切痛苦或不愉快的因素都不能因它而生，否则就不是真正的幽默。另外，千万别轻视别人的职业或种族。职业歧视很致命。你嘲笑对方本来就不满意的职业无异于嘲笑对方的才干、信仰、人品甚至人格，因而随意玩笑的结果只能是造成彼此深切的隔阂。

一位向来内向、腼腆的女大学生在自谋职业之时，被迫改变初衷做了一家宾馆的公关小姐，她讨厌终日在客人面前说笑周旋，而渴望当一名文静的女教师。一日，当她出席同学聚会时，她最亲密的女友迎过来："哇，好漂亮！全体起立，向我们的卖笑女郎致敬！"欢快的笑声中，本来春风满面的她顿时目瞪口呆，随即伤心地冲出了聚会厅。

人的职业选择有自愿和不自愿两种，因而心理上也会产生骄傲或自卑两种截然不同的情结。扬扬得意者固然从你的风趣中感受到了羡慕，而更多的失意者则只能从你的调侃里嗅出轻蔑的气味，由此产生无法消除的误解。

同样，种族蔑视也是施展幽默的一大障碍。特别是东方人最讲宗族，民族的一切都被披上神圣的色彩，轻慢抑或戏谑对于民族感情来说是十分危险的。不但费力不讨好，还可能招致灾祸，引起强烈的不满。

幽默家赫伯·特鲁有一次去看一个朋友，他以这样一句话来开始彼此的谈话："我来讲个波兰人的笑话。""算了，赫伯，"他的朋友说，"我不愿听。"

"我真不明白，"他抗议道，"你是波兰裔的美国人，而我也算半个波兰裔的美国人。为什么我们不能说个波兰人的笑话来听听呢？"

"算了吧，"朋友坚持，"不要告诉我任何波兰人的笑话。"

这个例子中所蕴藏的正是一种"说不清道不明"的微妙情绪，如果冒犯它无疑会引发冲突，从而带来关系与感情的破裂。

反向求因

反向求因幽默法就是要求在推理过程中善于钻空子，特别是往反面去钻空子，把极其微小的巧合的可能性当作立论的出发点。

在生活中有某种常态，在思维中有某种常理，人们的联想都为这种习惯了的常态和常理反复训练达到自动化的程度，以致一个结果出来，便会自动地联想到通常的原因。

反向求因法的特点，就是把一个极其微小的可能性当成现实，虽不能最后取消对方提出的另一种更大的可能性，但这种类型的方法更具有喜剧性，是另一种完全否定了原来因果关系的幽默方法。

有一次，萧伯纳收到英国著名女舞蹈家邓肯一封热情洋溢的信。

信中说，如果他俩结合，养个孩子，那对后代将是好事，"孩子有你那样的脑袋和我这样的身体，那将会多美妙啊！"

在回信中，萧伯纳表示受宠若惊，但他不能接受这样的好意。他说：

"那个孩子的运气可能不那么好，如果他有我这样的身体和你那样的脑袋，那可就糟透了。"

萧伯纳用的方法就是反向的求因法，他是向反面，把哪怕是极其微小的巧合的可能性当成立论的出发点，构成对方期待的落空。在这里，萧伯纳的幽默的特点是把自我调侃（长得不好看）和讽喻他人（脑袋不聪明）巧妙地结合在一起了。

爱因斯坦初到纽约，在大街上遇见一位朋友，这位朋友见他穿着一件旧大衣，劝他更换一件新的。爱因斯坦回答说：

"没关系，在纽约谁也不认识我。"

几年以后，爱因斯坦名声大振。这位朋友又遇见他，他仍然穿着那件大衣。这位朋友劝他去买一件新大衣。爱因斯坦说：

"何必呢，现在这里的每一个人都认识我了。"

爱因斯坦的过人之处不仅在于淡泊，而且在于肯定相同衣着时，却运用了形式上看来是互不相容的理由，以不变应万变。不管情况怎么变幻，行为却一点也不变。

反向求因幽默术在人际交往中很有实用价值，它能让你在情况极端变幻的情况下，找到有利于自己的理由，哪怕互相对立的理由，也都能为己所用。

当然，这种幽默术的功能不但能用于松弛人与人之间的紧张关系，有时也可以用相反的目的，使人与人之间的关系保持紧张。

某甲很穷，但他从来不肯奉承富人。

某富翁曰："我有无尽钱财，你为何不奉承我？"

某甲答道："家财是你的，你又不分点给我，为什么要我奉承你呢？"

富翁说："好吧，我把家财分两成给你，你该奉承我了吧？"

某甲笑着说："两成？这样分法太不公平了，我不会奉承你。"

富翁想了片刻说："那分一半给你，总该奉承我了吧？"

"到那时，你我已经平起平坐。"某甲说，"我为什么还要奉承你？"

富翁把心一横说："我把家财全送给你，怎样？"

"哈哈哈！"某甲纵声大笑道，"到那时，你穷我富，该你来奉承我了。"

喜剧性产生于矛盾的层层转化，富翁越是期待奉承，就分给某甲越多的财产；越是多分出财产，就越是减少了被奉承的可能性，直至完全丧失可能。

这种方法的好处并非重新另找一个相反的因果，而是由本身演绎出相反的因果线索来。原来是有财要求奉承，要求奉承的结果变成了无财，而无财却只能去奉承别人。

适当曲解，营造幽默

故意对某些词句的意思进行歪曲的解释，以满足一定的语言交际需要，造成幽默风趣的言语特色，叫人忍俊不禁，从而营造轻松愉快的谈话气氛，更好地协调人际关系。

有一年，在一次座谈会上，有几位同志为鬼戏鸣不平，说是神戏上演了，所谓妖戏也上了舞台，唯独未见鬼戏登台。一位同志脱口而出："这叫作'神出鬼没'。"

这位同志对成语"神出鬼没"进行了曲解。作为成语，"神出鬼没"中"出没无常，不可捉摸"的意思，这里却曲解为"神（仙戏）出（现了），鬼（戏还）没（有上舞台）"。

一位姑娘问自己的恋人："小张，你怎么夏天胖，冬天瘦啊？"

小伙子应声而答："这叫热胀冷缩嘛！"一句话逗得姑娘咯咯笑个不停。

这里，小伙子对"热胀冷缩"作了曲解。

词语有它固定的含义，绝大多数不能按其字面的意思来机械解释，而曲解词语法却偏偏"顾名思义"，突破人们固定的思路或者说跳开常理，从而产生幽默感。

曲解词语法除了经常"顾名思义""利用多义"之外，还常利用音同音近的谐音。比如，歇后语即是用这种曲解词语的手法创造成功的。当你使用这些歇后语时，也就是在不知不觉地使用曲解词语法。如：

嗑瓜子嗑出臭虫来了——什么仁（人）儿都有

石头蛋子腌咸菜——一盐（言）难近（尽）

一二三五六——没四（事）

从上面我们可以看出，强烈的幽默效果往往产生在故意曲解某些词语的含义中。所以，当你使用曲解词语法时，一定要让人感到你是故意曲解词语，而不是"无意"，否则，也许会让人以为你是天字第一号的大傻瓜。当然，特定的语境加你的聪慧，会使你成功的。

"望文生义"的原意是：只按照字面去牵强附会，而不探求其确切的含义，含有明显的贬义。望文生义法，即明知故错地只按照字面解释词义，得到与原解释截然不同的结果，使说话十分诙谐，充满幽默感。

有位同志主持会议，开宗明义地宣布："今天的会议十分重要，研究全厂改革大计，故应明令禁止说普通话。"

与会者不禁愕然：普通话是宪法规定的大力推广的汉民族的共同语，为什么要禁止呢？不说普通话，莫要说方言或英语不成。

望着众人迷惑不解的目光，主持人这才缓缓解释说："所谓普通话，就是指那普普通通、平平庸庸、四平八稳、不痛不痒、没有独到见解、缺乏实际内容的套话、空话。这种话难道不应禁止吗？所以，我提议在今天的会上，大家一定要说切实有用的话！"

听到这里，众人才恍然大悟，全场大笑，鼓掌表示赞同，主持人巧用望文生义法，开场白极富幽默感，既点出会议的宗旨，又活跃了会场的气氛。

望文生义法是一种巧妙的幽默技巧。运用它，一要"望文"，即故作刻板地就字释义；二是"生义"，要使"望文"所生之"义"变异和与这个

"文"通常的意义大相径庭，还要把"望文"而生义引向一个与原意风马牛不相及的另一个内容上，从而在强烈的不协调中形成幽默感。因为所有的幽默，从总体上说，都是来源于不协调。

逻辑上，一个词语可以表达不同的概念，将错就错、巧换概念就是在论辩中故意曲解某一词语在对方论辩中的意思，巧妙换意，出其不意地驳倒对方。

威尔逊在任新泽西州州长时，接到来自华盛顿的电话，说新泽西州的一位议员，即他的一位好朋友刚刚去世了。威尔逊深感震惊和悲痛，立刻取消了当天的一切约会。几分钟后，他接到了新泽西州的一位政治家的电话。

"州长，"那人结结巴巴地说，"我，我希望代替那位议员的位置。"

"好吧，"威尔逊对那人迫不及待的态度感到恶心，他慢吞吞地回答说，"如果殡仪馆同意的话，我本人没有什么意见。"

面对这位迫不及待地企望登上议员位置的新泽西州的政治家，沉浸在深深悲痛之中的威尔逊非常委婉幽默却又毫不留情地予以了嘲讽和回击。威尔逊运用的幽默手法，是用曲解的办法暗中转换了对方话中的希望得到的"位置"的概念。对方原来觊觎的是议员的席位，而威尔逊故意临时置换为已去世的议员在殡仪馆所在的位置，从而在幽默之中表达了对对方的反感和讽刺。

歪解幽默法就是以一种轻松、调侃的态度，对一个问题进行自由的解释，硬将两个毫不沾边的东西捏在一起，以造成一种不和谐、不合情理、出人意料的效果，在这种因果关系的错位和情感与逻辑的矛盾之中，产生幽默的手法。

歪解就是歪曲、荒诞的解释。一本正经地从事实出发、从科学出发、从常理出发，那就找不到幽默。说咸鸭蛋是咸水煮的不是幽默，说咸鸭蛋是咸鸭子生的这才是幽默。

请看这样一则幽默：

3位母亲自豪地谈起她们的孩子，第一位说："我之所以相信我家小明能成为一名工程师，是因为不管我买给他什么玩具，他都把它们拆得七零八散。"

第二位说："我为我的儿子感到骄傲。他将来一定会成为一名出色的律师，因为他现在总爱和他人吵架。"

第三位说："我儿子将来一定会成为一名医生，这是毫无疑问的，因为他现在体弱多病。俗话说'久病成良医'。"

读到这儿，我们都会忍俊不禁。这种幽默的力量是从哪来的呢？很显然，是从这3位母亲滑稽的解释中得来的。如果说儿子能当上工程师是因为喜欢用积木搭桥盖房子，说儿子能当律师是因为喜欢法官的大盖帽，说儿子能当医生是因为他常玩给布娃娃打针的游戏，那就没有多少幽默可言了。这种解释是从生活中的常理来的，人们听来毫不觉得意外，所以并不可笑。

而这里的3位母亲却都从这些常理中跳了出来，给这些问题找到了一个似是而非、牛头不对马嘴的解释，结果和原因之间显得那样不相称、那样荒谬，两者之间的巨大反差就形成了幽默感，这就是歪解幽默的奥秘所在。

幽默不是科学，不是逻辑，而是一种雍容豁达的生活态度，是用巧妙的手段来宣泄情感而又不致造成伤害的一种方式。只有把握了幽默只属于人的情感、人的心灵这一本质，才会潇洒自如地突破常规，用看似荒谬的理由去解释生活，解释自己与他人，为生活制造一点笑声、一点乐趣。歪解幽默法最常用于自嘲。

某人有一次在宴席上问鲁迅："先生，你为什么鼻子塌？"

鲁迅笑答:"碰壁碰的。"

这个回答里面,既有对社会现实的不满,又有对自己生活经历坎坷的嘲讽,这样丰富且具有社会意义的内容与"塌鼻梁"这样一个具有丑陋因素的自然生理特征结合在一起,便产生了无法言喻的幽默感。

有人问一个作家:"你为什么能写那么长的大部头小说?"
作家答道:"因为我有失眠症,晚上只好做点文字游戏来解闷。"

这种自嘲都透着一种自信,而不是把自己说得一文不值。

歪解幽默法作为一种幽默技巧,并不神秘,也不深奥,只要是出于表达情感的需要,只要是不那么死心眼地有一说一,有二说二,那么,在日常交际中,谁都可以用它幽默一下。

婉言曲说成幽默

有些事直接发表自己的见解不太合适,容易让人误解或不愉快,婉言曲说是很好的方法,而且这种婉言曲说不同于修辞格里的委婉修辞方法,它是形成幽默的一种语言艺术。

王麻子是个极爱占小便宜的人,常常在别人家白吃白喝,吃完了上顿等下顿,住了两天住三天。一次,他在一朋友家里吃了三天后,问主人道:"今天弄什么好吃的呀?"

主人想了想,说:"今天我们弄麻雀肉吃吧!"
"哪来那么多麻雀肉呢?"
主人说:"先撒些稻谷在晒场上,趁麻雀来吃时,就用牛拉上石磨一碾,不就得了吗?"

这个爱占便宜的人连连摇手说:"这个办法不行,还不等石磨过来,麻雀早就飞跑了。"

主人一语双关地说:"麻雀是占惯了便宜的,只要有了好吃的,怎么碾(撵)也碾(撵)不走。"

现在我们谈论的"婉言曲说"的幽默法,可以说是"婉曲"的变格,它是说话人故意把所要表达的本意绕个圈子曲折地说出来,利用婉言来获得幽默效果。

克诺先生来到一个陌生的城市,走进一家小旅馆,他想在那儿过夜。
"一个单间带供应早餐要多少钱?"他问旅馆老板。
"不同房间有多不同的价格,二楼房间15马克一天,三楼房间12马克一天,四楼10马克,五楼只要7马克。"
克诺先生考虑了几分钟,然后提起箱子就走。
"您觉得价格太高了吗?"老板问。
"不,"克诺回答,"是您的房子还不够高。"

一般说来,幽默应避免敌意和冲突,否则,幽默就会被减弱或者消亡。从这个意义上讲,婉言曲说最适合构成幽默。

一个法国出版商想得到著名作家的赞扬,借以抬高自己的身价。他想,要得到一个大人物的好感,必须先赞扬赞扬他。

这天,他去拜访一位知名作家。他看到作家的书桌上正摊着一篇评论巴尔扎克小说的文章,便说:"啊,先生,您又在评论巴尔扎克了。的确,多少年来,真正懂得巴尔扎克作品的人太少了,算来算去,也只有两个。"

作家一听就明白了出版商的意图,便让他继续说下去。"这两个人,其中一个是您了。可是还有一个呢？您说，他应当是谁？"

作家说："那当然是巴尔扎克自己了。"

出版商顿时像泄了气的气球，悻悻地走了。

出版商想求得知名作家的赞扬，故意登门拜访。作家呢，不好直接拒绝，就来了个婉言曲说。出版商把世间懂巴尔扎克作品的人确定为两个，一个，他自然要送给作家了；另一个，他是给自己预备的。但自己说出来，那太没涵养，况且自己认可的东西并不一定能得到作家的赞同，还是启发作家说出来吧。由此，出版商一直沿着自己的设计和思路，准备着一种情感——他期待着作家的赞扬，让作家指出他是懂巴尔扎克作品的人。

作家并不回绝对方的话，因为那太扫人兴了。但是他有意漠视对方的"话外音"，一句答话，让对方的期待栽了个大跟头，作家回答的是，另一个懂巴尔扎克的人是巴尔扎克自己。于是双方没戏唱了，只好散场。

凡有大成就者，向来都是舌吐方圆的专家，他们不仅仅专长于自己的一份事业，而且在待人接物上有着独到的迂回之术，他们能够在让人发笑的过程中不知不觉加入自己的观点。

著名的法国钢琴家乌尔蒙，年轻时有一天，他弹奏拉威尔的名曲《悼念公主的孔雀舞曲》，节奏太慢，正在听他弹奏的拉威尔忍不住地对他说："孩子，你要注意，死的是公主，而不是孔雀。"

在这里，拉威尔将公主与孔雀这两种原来互不相干的事物，出人意料地联系起来，使人们产生惊奇，并在笑声中意会到拉威尔话语的真正含义。

拉威尔对乌尔蒙的演奏"节奏太慢"，并不是采取直接批评的方式，而是采用婉转的暗示："死的是公主，而不是孔雀。"这样，使演奏者首先得回味一下，拉威尔的话到底是什么意思？弄清楚了，便意识到自己处理作品中的失误。应该加快速度，快到什么程度呢？拉威尔的话给了提示，是孔雀舞曲。演奏者的脑海中定会浮现出美丽的孔雀翩翩起舞的英姿。拉威尔的旁敲侧击，使乌尔蒙明白了自己的毛病所在。

阿凡提讽刺人从来不露骨，相反，他的话总是带刺却让人想笑。

阿凡提带着他7岁的儿子，拿着一份报告去找科长。

科长接过报告，不禁哈哈大笑："阿凡提啊阿凡提，别人都说你聪明，你怎么糊涂起来了？你才40多岁，你儿子才7岁，怎么打起退休离职报告来了？"

阿凡提不紧不慢地说："科长，按照你的工作效率，当你把这份报告批下来时，我和儿子的年龄就都够了！"

阿凡提说："当你把这份报告批下来时，我和儿子的年龄就都够了"，从40多岁到60岁，中间有10多年的时间，阿凡提在拐弯抹角的夸张中制造了笑料。

上面是针对工作效率的低下，下面则是讽刺工作效率的"高超"了。

一群人围在伦敦白厅前，中间躺着一个小男孩，蜷缩在地，痛苦地呻吟着。原来他吞了一枚10英镑的金币到肚里。围观的人眼看孩子痛得不行了，都急得不知如何处置。这时，从人群中走出一位先生，他走到小孩身边，抓住小孩的腿，把他倒提起来，猛力地摇晃了几下，忽然听到"呼"的一声，那枚金币从小孩子的嘴里喷了出来。围观的人舒了一口气。

一位旁观者问那位先生："你是医生吗？"

"不！"那人回答，"我在税务局工作，叫化子见到我都逃。"

此幽默令人喷饭，把税务局抠钱的本领夸张得无以复加。

幽默是一种高超的语言艺术，这种艺术是在婉言曲说中产生的。说话直愣的人不可能创造出幽默来。按部就班，一是一，二是二，实说实，虚说虚，没有任何的发挥就不可能碰撞出幽默的火花。

第四章
让别人都照你的意思办

说服从"心"出发

日本有一个这样的故事。真田广之替已过世的父亲守灵。他的老家离东京很远,即使坐电车也要花3个钟头时间。而且那时的电车还不像现在这样每一小时发一班车,所以可以说交通很不方便。当时他心里想:"外地的亲戚朋友是不可能前来凭吊的了。"但出乎意料的是,在整个晚上都没有任何一个亲属到来的情况下,一个女子突然出现在他的面前。

"田中小姐,你怎么来了……"

当时真田简直感动得难以言表,因为她不过是他的一名同事而已,真难以想象她会在下班之后,搭乘电车赶到他的老家来。况且当时天色已经很晚,她又不太认得路,肯定是挨家挨户询问才找到他家的。"你经常来这里?"

"不,今天是第一次,我只是想来凭吊一番……"

"太谢谢你了,太谢谢你了!"

真田简直感动得不知道该说什么才好,心里只是觉得她是个多么好的同事啊!这位同事的确拥有很好的人际关系,在公司里,不论男女都是这么认为的。她得到了大家的信任,只要是她说的话,大家都认为不会错,而且也愿意按照她说的去做。这同时也表示,她是个说服力极强的人。

经过那晚的谈话,真田明白了她之所以说服力极强的秘密。也就是她总是能以情动人,而说服别人按照自己的意图去办事的秘诀就在于攻心。平时别人遇到什么麻烦,田中小姐总是会伸出援助之手,这令所有人都为之

◇你的形象价值百万 你的礼仪价值百万 你的口才价值百万

感动。先得了人心，别人自然会心甘情愿听她的话。

可能平时我们没有太多时间和精力去助人为乐，但该事例告诉了我们一个关键信息，就是说服他人的核心点在于征服他人的内心，使对方在情感上有所共鸣。

文学家李密，曾在蜀汉时担任过尚书郎的官职，蜀汉灭亡后，居家不出。晋武帝知道他有才干，便下诏命他进朝为太子洗马，但李密拒绝了。为此，晋武帝大怒。在这种情况下，李密写了一封信给晋武帝。

"……我想圣明的晋朝是以孝来治理天下的，凡是老年之人，都得到朝廷的怜恤和照顾，何况我祖孙孤零困苦情况特别严重。"

"我年轻的时候在蜀汉朝做官，任职郎中，本来就希望仕途显达，并不矜持名声节操。现在我是败亡之国的低贱俘虏，身份卑微的人，受到过分的提拔，宠幸的委命，已经非常优厚，哪里还敢迟疑徘徊，有更高的渴求呢？"

"只是因为我祖母刘氏如西山落日，已经是气息短促，生命不长。我如没有祖母的抚育，就难以有今日。祖母如失去了我的奉养，也就无法多度余日。祖孙二人，相依为命，因此我实在不能抛开祖母离家远行。"

"微臣李密今年44岁，祖母刘氏今年96岁。这样，我为陛下尽忠效力的日子还长，而报答祖母的养育之恩的日子短呀！故此我以这种乌鸦反哺的私衷，乞求陛下准允我为祖母养老送终。"

"恳请陛下怜恤我的一片愚诚，慨允我微小的志愿，使祖母刘氏可以侥幸保其晚年，我活着也将以生命奉献陛下，死后也要结草图报。臣内心怀着难以承受的惶恐，特地作此书，奏闻圣上。"

这就是流传百世的《陈情表》。将心比心，以情说理，李密在柔言细语中陈述自己的处境。武帝颇为感动，心头怒火也自然平息了，赐给李密奴婢二人，并令郡县供养其祖母。

　　杰克·凯维是加利福尼亚洲一家电气公司的一位科长，他一向知人善任，并且每当推行一件计划时，总是不遗余力地率先做榜样，将最困难的工作承揽在自己的身上，等到一切都上了轨道之后，他才将工作交给下属，而自己退身幕后。虽然，他这种处理事情的方法是很好的，但他太喜欢为他人表率，所以常常让人觉得他似乎太骄傲了。

　　最近不知怎么回事，一向精神奕奕的凯维却显得无精打采。原来最近的经济极不景气，资金方面周转不灵，再加上预算又被削减，使得科里的运转差点儿停顿。凯维看这种情形若继续下去，后果一定不可收拾。于是他实施了一套新方案，并且鼓励职工："好好干吧！成功之后一定不会亏待你们的。"但没想到眼看就要达到目标，结果还是功亏一篑，也难怪他会意志消沉了。平日对凯维就极为照顾的经理看了这些情形后，便对他说："你最近看起来总是无精打采的，失败的挫折感我当然能够理解，但是我觉得你之所以会失败，乃是因为你只是一味地注意该如何实现目标，却忽略了人际关系这种软体的工程，如果你能多方考虑，并多为他人着想，这种问题一定能够迎刃而解。"经理停顿了一下，又接着说："大丈夫要能屈能伸，才是一个好的管理人员。我觉得你就是进取心太急切了，又总喜欢为职工做表率，而完全不考虑他们的立场，认为他们一定能如你所愿地完成工作，结果倒给了职工极大的心理压力。大概也就是因为这个缘故，所以大家都说你虽能干，你的部属却很为难。每个人当然都知道工作的重要性，所以你实在大可不必再给他们施加压力。你好好休息几天，让精神恢复过来，至于工作方面，我会帮助你的。"

　　杰克·凯维的一段亲身经历让我们知道，必须站在别人的立场，将心比心才能真正达到说服对方的目的，否则，再多的自信和能力也无法让别人服从你。会打棒球的人都知道，当我们要接球时，应顺着球势慢慢后退，这样的话球劲便会减弱，与此相似，我们在说服他人的时候，如果能将接棒球的那一套运用过来，相信说服会变得更容易。

唐代大诗人白居易说："动人心者莫先于情。"意思是说，要说服人、打动人，必须动之以情，言语必须是诚心诚意的，发自内心，富有人情味和同情心，让人听后觉得你是真心为他好，是设身处地地为他着想，而不是在应付他。相反，冰冷的态度，程式化的言辞，都会引起对方的逆反心理，增加说服的难度。

林肯在当律师时曾碰到这样一件事：

有一位老妇人是独立战争时一位烈士的遗孀，每月只靠抚恤金维持风烛残年。前不久出纳员非要她交纳一笔手续费才准领钱，而这笔手续费相当于抚恤金的一半，这分明是勒索。

林肯知道后怒不可遏，他安慰了老妇人，并答应帮助她打这个没有凭据的官司，因为出纳员是口头勒索。

开庭后，因原告证据不足，被告矢口否认，情况显然不妙。林肯发言时，上百双眼睛都盯着他。

林肯首先把听众引入对美国独立战争的回忆，他两眼闪着泪花，述说爱国战士是怎样揭竿而起，又是怎样忍饥挨饿地在冰天雪地里战斗。渐渐地，他的情绪激动了，言辞犹如挟枪带剑，锋芒直指那个企图勒索的出纳员。最后他以严正地设问，作出了令人怦然心动的结论：

"1776年的英雄早已长眠地下，可是他们那衰老而可怜的遗孀还在我们面前，要求代她申诉。这位老人也曾是位美丽的少女，曾经有过幸福愉快的生活。不过，她已牺牲了一切，变得贫穷无依，不得不向自由的我们请求援助和保护，而这自由是用革命先烈的鲜血换来的。试问，我们能熟视无睹吗？"发言至此，戛然而止。听众的心腑早被激动了：有的捶胸顿足，扑过去要撕扯被告；有的泪涕涟涟，当场解囊捐款。在听众的一致要求下，法庭通过了保护烈士遗孀不受勒索的判决。

这就是感情的力量。唯有真挚的感情才能打动人、说服人，才能唤起民众、唤醒民心。

婆婆是家里的一把手，财政大权控于掌中，媳妇感到很不愉快。一天晚饭后，她诚恳地对婆婆说："您老人家操管全家的生活，真是辛苦。有些事，我们可以办的，您尽管吩咐。现在大家收入增加了，不愁吃穿，生活可以安排得更丰富些。家里的经济收支，您安排得很好，以后您可以让我们试试，如果您觉得不对的地方，也好帮我们改正。"

婆婆非常乐意地接受了媳妇的要求。家庭气氛一如既往，其乐融融。

这就是感情的威力，说服不是一项硬件工程，它需要先让人心动，然后才能把人说动，一切从"心"出发吧！

百事利为先，言辞晓以利

你是否会为他人着想，为他人做一点事呢？几乎所有脱离群体、以自我为中心的人，他们的座右铭都是"人不为己，天诛地灭"，这也就是为什么一旦有人优先考虑他人所托之事时，就会传为美谈，而且备受众人称颂和尊重的原因了。因为这样的人实在是太少！对于我们这些平凡人来说，要我们自动自发地为别人做一点事是多么不容易啊！

是的，通常我们行动的目的都是"为自己"，而非"为别人"。如果能够充分理解这一点，那么想要说服他人就有如探囊取物般容易了。只要了解对方真正想追求的利益何在，进而满足他的欲望便可达到目的。

肿瘤患者放疗时，每周测一次血常规，有的患者拒绝检查，主要是因为他们没意识到这种监测的目的是保护自己。

一次，护士小王走进4床房间，说："王大嫂，该抽血了！"

患者拒绝说："不抽，我太瘦了，没有血，我不抽了！"

小王耐心地解释："抽血是因为要检查骨髓的造血功能是否正常，例如，白细胞、红细胞、血小板等等，血象太低了，就不能继续做放疗，人会很难受，治疗也会中断！对身体也不好。"

患者更好奇地说："降低了，又会怎样？"

小王说："降低了，医生就会用药物使它上升，仍然可以放疗！你看，别的病友都抽了！一点点血，对你不会有什么影响的。再说还可以补充过来呀。"患者被说服了："好吧！"

相信很多人都经历过，在说服人或想拜托别人做事情时，不管怎样进攻或恳求对方，对方总是敷衍应付，漠不关心。这时你首先要用利益来唤起对方的关心，然后再说服诱导。在推销方面，推销员为了唤起顾客的注意，并达到80%的购买率，往往是先诱导，后说服。

在英国工业革命方兴未艾时，以发明发电机而闻名的法拉第，为了能够得到政府的研究资助，他去拜访首相史多芬。

法拉第带着一个发电机的雏形，非常热心并滔滔不绝地讲述着这个划时代的发明，但史多芬的反应始终很冷淡，一副漠不关心的样子。

事实上，这也是无可奈何的事情，因为他只是一个了不起的政治家，要他看着这种周围缠着线圈的磁石模型，心里想着这将会带给后世产业结构的大转变，实在是太困难了。但是法拉第在说了下面这段话后，却使原本漠不关心的首相，突然变得非常关心起来，他说道："首相，这个机械将来如果能普及的话，必定能增加税收。"

显而易见，首相听了法拉第所说的话后，态度突然有了强烈的转变。其原因就是因为这个发动机，将来一定会获得相当大的利润，而利润增加必能使政府得到一笔很大的税收，而首相关心的就在于此。

在很多人眼里都把利益看成最首要的，那么以"利"服人是一大先决条件，但是，将这条最基本要件抛于脑后的却大有人在。他们没有满足对方最大的利益，一心一意只是想要满足自己的私欲。例如，以下这个故事：

某酒厂的负责人成功研发了新水果酒，为求尽快让产品打进市场，于是他决定说服社长批准大量生产。

"社长，又有新的产品研发出来了。这次的产品是前所未有的新发明，绝对能畅销。连我都喜欢的东西，绝对有市场性。我敢拍胸脯保证。"

"什么新产品？"

"就是这个，用梨汁酿制的白兰地。"

"什么？梨汁酿的白兰地？！那种东西谁会喝？况且喝白兰地的人本来就少，更甭说用梨汁酿的白兰地……就是我也不会去喝。不行！"

"请你再评估评估，我认为很可行。用梨汁酿酒本来就不多见，再加上梨子有独特的果香，一定很适合现代人的口味。"

"嗯，我觉得还是不行。"

"我认为绝对会畅销……请您再重新考虑一下。"

"你怎么这样唠叨？不行就是不行。"

这样的劝说不仅充分显露不顾他人立场的私心，还打算强迫他人赞同自己的意见。

"好歹也要试试看才知道好坏，这是好不容易才研发出来的呀！"

"够了，滚吧！"

最后，社长终于忍不住发火。这位负责人不仅没能说服社长，反而砸掉了自己的名声。

碰到这种自私自利、妄自尊大、不知天高地厚的家伙，别人只会感觉："听他口气，根本是个主观、只会考虑自己的家伙，还想把个人意见强加于别人！"如此一来，怎么可能赢得说服的机会呢？因此，无论如何，你都应该考虑以对方利益为出发点的劝说方式。

读到这里，你一定会有"不可能有那样的事，怎么会有人不为自己设想呢？世界上没有不替自己谋利的劝说。"然而，这是可能的。

该如何做呢？首先应充分考虑对方的利益为何，再考虑自己的利益何在，然后将两者合并起来，找出双方共有的利益所在，最后再着手进行劝说。先不要急着说双方没有共同的利益，一定会有的。重要的是，不要放弃，直到找出为止。

不要忘记，凡是人，都想追求以自我为中心的利益。

下面我们再看一个例子。

卡内基作为钢铁大王却对钢铁制造不甚了解。那么他成功的原因是什么呢？关键就在于他知道如何统御众人。

他知道名字对一个人的重要。当他还是个孩子的时候，在田野里抓到两只兔子，他很快就替它们筑好了窝，但发现没有食物，因此他想到了一个妙计，把邻居小孩找来，如果他们能为兔子找到食物，就以他们的名字来为兔子命名。

这个妙计产生了意想不到的效果，因此卡内基永远也忘不了这个经验。

当卡内基与乔治·波尔曼都在争取一笔汽车生意时，这位钢铁大王又想起了兔子给他的经验。

当时卡内基所经营的中央能运公司正在与波尔曼的公司竞争，他们都想争夺太平洋铁路的生意，但这对彼此的利益都有很大的损害。当卡内基在与波尔曼都要去纽约会见太平洋铁路公司的董事长时，他们在尼加拉斯旅馆碰面，卡内基说："波尔曼先生，我们不要再彼此玩弄对方了。"

波尔曼不悦地说："我不懂你的意思。"

于是，卡内基就把心里的计划说出来，希望能兼顾两者的利益，他描述了合作的好处以及竞争的缺点，波尔曼半信半疑地听着，最后问道："那么新公司要叫什么名字呢？"卡内基立刻答道："当然是叫波尔曼汽车公司啦。"

波尔曼顿时展露了笑容，说道："到我的房间来，我们好好讨论讨论这件事。"

我们都知道说服他人要攻其要害，而逐利就是每个人的通病。

一个人可能会同时具有想去相信人，却并不真正相信别人的两种心态。谨慎而顽固的人多持不信任人的态度，并以这种心态来左右自己的行为。他并不是没有相信人的意念，但他更具有希望人家能信任他的强烈意念。对于这种人，先为他设计一套理由："你这么做，不但对你自己，对他人也是有帮助的。"以此来晓以大义，将更有说服力，毕竟利益是多多益善的。

譬如，一位买卖宝石或毛皮的推销员对一个正在犹疑不决的主妇说：

"你用这些东西一定能使你更美，而你的先生也会更喜欢你。"

这句话的含义是说你这么做并非全是为了自己，同时也为了你先生。她必定极乐意买下。如果更进一步地说：

"即使你买了它，若想脱手也能高价卖出，这样对于你的家，又何尝没有帮助。"

对方一听说，必定会认为她买下这个东西并非为她一人，也是为了她自己的家。对于一个正在犹豫不决的主妇来说，最好的方法是对她说"不仅对你好，对整个家都好"等类的话语，必定很容易将货品推销出去。

在被劝说者缺乏自信力的时候，为了将其导向你所设置的既定目标，必须突出这样的利与得，而这样的害与失最好就避而不谈，这是说服对方所采取的一种策略。

让对方多说"是"

有个日本小和尚聪明绝顶，他的名字可以说是家喻户晓。他最擅长的说服方式就是诱导对方说"是"。这位小和尚的名字就叫一休。足利义满把自己最喜爱的一只龙目茶碗暂时寄放在安国寺，没想到被一休不小心打碎了。就在这时，足利义满派人来取龙目茶碗。

大家顿时大惊失色，不知所措，茶碗已被一休打碎，拿什么去还呢？

一休道："不必担心，我去见大将军，让我来应付他吧！"

一休对将军说："有生命的东西到最后一定会死，对不对？"

足利义满回答："是。"

一休又说道："世界上一切有形的东西，最后都会破碎消失，是不是？"

足利义满回答："是。"

一休接着说："这种破碎消失，谁也无法阻止是不是？"

足利义满还是回答："是。"

一休和尚听了足利义满的回答，露出一副很无辜的神情接着说："义满大人，您最心爱的龙目茶碗破碎了，我们无法阻止，请您原谅。"足利义满已经连着回答了几个"是"字，所以他也知道此事不宜再严加追究了，一休和尚和外鉴法师便这样安然地渡过了这一难关。

在说服过程中，可以让对方在没有防备的情况下，诱其说"是"。

诱使对方说"是"的方法是，开头切勿涉及有争议的观点，而应顺应对方的思路强调彼此有共同语言的话题，从对方的角度提出问题，诱使对方承认你的立场，让对方连连说"是"，与此同时，一定要避免对方说"不"。

一个人的思维是有惯性的，当你朝某一个方向思考问题时，你就会倾向于一直考虑下去，这就是为什么有些人一旦沉醉于某些消极的想法之后，就一直难以自拔的道理。在人际交往中我们应懂得并运用这一原理。与人讨论某一问题时，不要一开始就将双方的分歧亮出牌来，而应先讨论一些你们具有共识的东西，让对方不断说"是"，渐渐的，你开始提出你们存在的分歧，这时对方也会习惯性地说"是"，一旦他发现之后，可能已经晚了，只好继续说下去。

使对方产生"是"的反应其实是一种很简单的技巧，却为大多数人所忽略。懂得说话技巧的人，会在一开始就得到许多"是"的答复。这可以引导对方进入肯定的方向，就像撞球一样，原先你打的是一个方向，只要稍有偏差，等球碰回来的时候，就完全与你期待的方向相反了。也许有些人以为，在一开始便提出相反的意见，这样不正好可以显示出自己的重要而有主见吗？但事实并非如此，在现实生活中，这种使对方说"是"的技术很有用处。詹姆斯·艾伯森是格林尼治储蓄银行的一名出纳，他就是采用这种办法挽回了一位差点儿失去的顾客。

"有个年轻人走进来要开个户头，"艾伯森先生说道，"我递给他几份表格让他填写，但他断然拒绝填写有些方面的资料。

"在我没有学习人际关系课程以前，我一定会告诉这个客户，假如他拒绝向银行提供一份完整的个人资料，我们是很难给他开户的。但今天早上，我突然想，最好不要谈及银行需要什么，而是顾客需要什么。所以我决定一开始就先诱使他回答'是，是的'。于是，我先同意他的观点，告诉他，那些他所拒绝回答的资料，其实并不是非写不可。

"'但是，假定你碰到意外，是不是愿意银行把钱转给你所指定的亲人？'

"'是的，当然愿意。'他回答。

"'那么，你是不是认为应该把这位亲人的名字告诉我们，以便我们届时可以依照你的意思处理，而不致出错或拖延？'

"'是的。'他再度回答。

"年轻人的态度已经缓和下来，知道这些资料并非仅为银行而留，而是为了他个人的利益。所以，最后他不仅填下了所有资料，而且在我的建议下，开了一个信托账户，指定他母亲为法定受益人。当然，他也回答了所有与他母亲有关的资料。

"由于一开始就让他回答'是，是的'，这样反而使他忘了原本存在的问题，而高高兴兴地去做我建议的所有事情。"

促使对方说"是"的方法很多，但目的都是要以最简单的方式使对方说"不"。

当你与别人交谈的时候，不要先讨论你不同意的事，要先强调，而且不停地强调你所同意的事。因为你们都在为同一结论而努力，所以你们的相异之处只在方法，而不是目的。

让对方在一开始就说"是，是的"。假如可能的话，最好让你的对方没有机会说"不"。

很多人先在内心制造出否定的情况，却又要求对方说"好"，表现肯定的态度，这样做是不可能让对方点头的。假如你要使对方说"好"，最好的方法是制造出他可以说"好"的气氛，然后慢慢诱导他，让他相信你的话，他就会像是被催眠般地说出"好"。

换句话说，你不要制造出他可以表示否定态度的机会，一定要创造出他会说"好"的肯定气氛出来。

当你向别人发问，你可以连续不断地追问下去，而最后使对方不得不说"好"。这是制造肯定气氛最高明的技术，也是让对方点头的第一种妙法。

譬如当你看到某种东西，你先连续问对方五六次："它的颜色很漂亮吧？""它的手工很精细吧？""它的造型很完美吧？""它的……"让对方答出一连串的"是"之后，你再问他原先你想获得他肯定回答的问题，那他一定会说"是"。因为在此之前，他已被你催眠似的说"是"，很自然地，在回答你这关键问题时，他也会说"是"。

所以，要使对方回答"是"，问问题的方式是非常重要的。什么样的发问方式比较容易得到肯定的回答呢？当然是你的问题已经暗示了你所想要得到的答案，这就是使对方点头的第二种妙法。

譬如当你在说服别人购买你的商品时，不应该问顾客喜不喜欢、是否想买。你应该问他："你一定喜欢，是吧！""你一定很想买，是吧！"。你可用"这颜色很漂亮吧！"来代替"这颜色很漂亮吗？"因为，你问他"颜色漂亮吗？"他可以回答"不漂亮"。可是，你问他"颜色很漂亮吧！"他就不得不回答"很漂亮"。

你一定在电影上看过那些老谋深算的律师，在法庭为被告辩护时，一定是一步一步诱导原告说出对被告最有利的情况。

第三种使对方点头或说出肯定答案的妙法是，当你向对方发问而他还没有回答之前，自己也要先点头。你一边发问一边点头，可以诱导他更快点头。因为你的行动和态度会诱导对方的行动和态度。所以只要善用此原理，就会更快地得到对方肯定的答案。

那么要如何才能诱导对方做出你所期待的行动和态度呢？关键在于你说话的语气和态度。

刚柔相济，恩威并重

强硬与温和，两者分开来用，人人都可以将其发挥到极致，然而这样效果往往不好，如果将两者结合起来，双管齐下，则会取得极佳的效果。

张嘉言驻守广州时，沿海一带设有总兵、参将、游击等官职。总兵、参将部下各有数千名士兵，每天的军粮都要平均分为两份。

参将的士兵每年汛期都要出海巡逻，而总兵所管辖的士兵都借口驻守海防，从来不远行。等到每过三五年要修船不出海时，参将部下的士兵只发给军粮的一半，如果没有船修而不出海，就要每天减去军粮的三分之一，以储存起来待修船时再用。只有总兵的部下军粮一点也不减，当修船时另外再从民间筹集经费。这种做法已沿袭很久，彼此都视为理所当然。

不料，有一天，巡按将此事报告了军门，请求以后将总兵部下的军粮减少一些，留待以后准备修船时再用。恰巧，这位军门和总兵之间有矛盾，于是就仓促同意削减军粮。

总兵各部官兵听到消息后，立即哄然哗变，他们知道张嘉言在朝廷中很有威信，就径直围逼到张嘉言的大堂之下。

张嘉言神色安然自若，命令手下人传五六个知情者到场，说明事情真相。士兵们蜂拥而上，张嘉言当即将他们喝下堂去，说：

"人多嘴杂，一片吵闹声，我怎么能听清你们说些什么。"

士兵们这才退下。当时正下大雨，士兵们的衣服都淋湿了，张嘉言也不顾惜，只是叫这几个人将情况详细说明。这几个人你一言我一语，都说过去从来没有扣减总兵官兵军粮的先例。

张嘉言说："这件事我也听说了。你们全都不出海巡逻，这也难怪上司削减你们的军粮了。你们要想不减也可以，不过那对你们并没有什么好处。上司从今以后会让你们和参将的士兵一样每年轮换出海巡逻，你们难道能不去吗？如果去了，那么你们也会同他们一样，军粮会被减掉一半。你们费尽心机争取到的东西还是拿不到的，肯定要发给那些来替换你们的士兵。如果是这样，你们为什么不听从上司，将军粮稍微减少一点呢？而你们照样还可以做你们大将军的士兵，你们再认真考虑一下吧！"

这几个人低着头，一时无法对答，只是一个劲地说："求老爷转告上司，多多宽大体恤。"

张嘉言问："你们叫什么名字？"

他们都面面相觑不敢回答。

张嘉言顿时骂道："你们不说姓名，如果上司问我，'谁禀告你的？'让我怎么回答！"

这几个人只好报了自己的姓名，张嘉言一一记下，然后，对他们说：

"你们回去转告各位士兵，这件事我自有处置，劝他们不要闹了。否则，你们几个人的姓名都在我这儿，上司一定会将你们全部斩首。"

这几个人顿时吓得面容失色，连连点头称是，退了出去。

后来，总兵部下的士兵每日被扣军粮银一钱，士兵们竟然再也没有闹事的。张嘉言的这招恩威并施堪称经典。

在说服他人的过程中，采用刚柔相济的劝诫之术，一方面能使别人能体面地"退"，另一方面又坚持自己的原则，使自己的主张得到采纳，这种方法使许多事情的处理尚有余地。

太史公司马迁在《史记·滑稽列传》记载：战国时期，齐威王荒淫无度，不理国政，好为长夜之饮。由于上行下效，僚属们也全不干正事了，眼看国家就要灭亡，可是就在这种节骨眼上没有谁敢去进谏。最后只好由"长不满四尺"的淳于髡出面了。但是淳于髡并没有气势汹汹、单刀直入地向齐威王提出规谏，而是先和他搭讪聊天。

他对齐威王说："咱们齐国有一只大鸟，落在大王的屋顶上，已经3年了，可是它既不飞，又不叫，大王您知道是什么原因吗？"

齐威王虽然荒淫好酒，但是他本人不是一个笨伯，和夏桀、商纣一样的坏进骨子里去的人物有着巨大的不同，所以当听到淳于髡的隐语之后，他就被刺痛并醒悟了，于是很快回答说："我知道。这只大鸟它不鸣则已，一鸣就要惊人；不飞则已，一飞即将冲天。你就等着看吧！"

说毕立即停歌罢舞，戒酒上朝，切实清理政务，严肃吏治，接见县令共72人，赏有功1人，杀有罪1人。随后领兵出征，打退要来侵犯齐国的各路诸侯，夺回被别国侵占去的所有国土，齐国很快又强盛起来。

淳于髡并没有以尖锐的语言来进行劝谏，而是避开话锋，柔语细说中又带有一丝强硬与责备，这样对方很容易主动接受建议。

刚柔相济的方法还可以以两种人合作的形式来实施。

有一位深受青年喜爱的作家，好多人都曾在影院看过经他的原著改编的影片，影院的观众席都挤满了，观众不时为影片故事的新颖奇妙鼓掌喝彩，就像20世纪30年代的美国人为卓别林的表演忍俊不禁一样。影片是侦探片，而最吸引人的是影片中审讯犯人的绝妙技巧：警员声色俱厉地威胁、恐吓犯人，把他逼到山穷水尽的困境。这时又一位陪审的警员出场，他的态度十分温和地对罪犯表示信任和理解。无论是在影片中还是现实生活中，我想无论是哪个罪犯都会受这种技巧所驱使，十有八九会坦白认罪的。

而现实中警界的审讯，虽没有影片中表现得那么生动活泼，基本上方法也是如出一辙。首先罪犯由攻击型的警员来审问，以凌厉的攻势摧毁对方的意志，向他说明他的罪证确凿、他的同伙都招供了等等，把他逼到进退两难的边缘。接受了这样的审讯后，有的人会屈服，而顽固的罪犯则会死不认罪。

这种情况下，则派另一位温和型的警员审问他。警员完全站到罪犯的立场上，真心地安慰他、鼓励他："你的兄长都希望你得到宽大处理，希望你为他们考虑"等。对这种软招，罪犯往往会自惭形秽，坦白自己的一切犯罪行为。

这种手法是一种奇异的心理法则，又称"缓解交代法"。由缓特征与急特征的两个人合作，一方首先把对方逼到心理的死胡同里去，令他一筹莫展。这时另一个人出来指点给他一条逃避的暗道。自然这种情况下的对方会自然地奔向那条可以脱身的暗道了。

有些人喜欢对着干

"请不要阅读第七章第七节的内容"，这是一个作家在他的著作扉页上的一句饶有趣味的话。后来，这个作家作了一个调查，不由得笑了，因为他发现绝大部分的读者都是从第七章第七节开始读他的著作的，而这就是他写那句话的真正目的。

当别人告诉你"不准看"时，你却偏偏要看，这就是一种"逆反心理"。这种欲望被禁止的程度愈强烈，它所产生的抗拒心理也就愈大。所以如果能善于利用这种心理倾向，就可以将顽固的反对者软化，使其固执的态度作180度的大转弯。

某建筑公司的李工程师，有一次折服了一个刚愎自用的工头。这个工头常常坚持反对一切改进的计划。李工想换装一个新式的指数表，但他想到那个工头必定要反对的。李工去找他，腋下挟着一个新式的指数表，手里拿着一些要征求他的意见的文件。当大家讨论这些文件的时候，李工把指数表从左腋下移动了好几次，工头终于先开口了："你拿着什么东西？"李工漠然地说："哦！这个吗？这不过是一个指数表。"工头说："让我看一看。"李工说："哦！你不要看的！"并假装要走的样子，还说："这是给别的部门用的，你们部门用不到这东西。"但是，工头又说："我很想看一看。"当他审视的时候，李工就随意但又非常详尽地把这东西的效用讲给他听。他终于喊起来说："我们部门用不到这东西吗？糟糕，它正是我想要的东西呢！"李工故意这样做，果然很巧妙地把工头说动了。

逆反心理并不是执拗的人才有，喜欢跟别人对着干也是有些人的习惯，因为他们都不愿乖乖服从于任何人。

某报曾连载过一篇以父子关系为主题的纪事文章《我家的教育法》，内容叙述某社会名人的孩子在学校挨了顿骂后便非常怨恨他的老师，甚至想"给他一点颜色瞧瞧"，他父亲听了也附和道：

"既然如此，不妨就给他点颜色看，"但接着又说，"纵使你达到报复的目的，你却因此而触犯了法律，还是得三思才是。"听父亲这样一说，儿子便取消了报复的念头。

另外还有一个例子。某太太认为她丈夫极不像话，于是便到处向朋友诉苦，她满以为朋友会劝她打消离婚的念头，不料那位朋友却说：

"如此不像话的丈夫，趁早离婚，免得将来受苦。"

这位太太听朋友这么一说，反倒认为："其实，我丈夫也并非坏到这般地步。"而收回了离婚的念头。

如果有一个人站在高楼顶上欲跳楼自杀，而旁人也在拼命说些"不要跳"或"不要做傻事"之类的话，更是助长了他跳楼的意念；相反，若你说：

"如果你真想跳的话，那就跳吧！"

他必定会感到很泄气，想不到旁人竟不予阻止反而鼓励他跳下，这完全背离了他原先的期待，这种对于劝阻的期待，一旦为他人背离反而会失去原有的意念。

据说明朝时，四川的杨升庵才学出众，中过状元。因嘲讽过皇帝，所以皇帝要把他充军到很远的地方去。朝中的那些奸臣更是趁机要公报私仇，向皇帝说，把杨升庵充军海外，或是玉门关外。

杨升庵想：充军还是离家乡近一些好。于是就对皇帝说："皇上要把我充军，我也没话说。不过，我有一个要求。"

"哪样要求？"

"任去国外三千里，不去云南碧鸡关。"

"为什么？"

"皇上不知，碧鸡关呀，蚊子有四两，跳蚤有半斤！切莫把我充军到碧鸡关呀！"

"唔……"

皇帝不再说话，心想：哼！你怕到碧鸡关，我偏要叫你去碧鸡关！杨升庵刚出皇宫，皇上马上下旨：杨升庵充军云南！

杨升庵利用"偏要对着干"的心理，粉碎了奸臣的打算，达到了自己要去云南的目的。

尤其是那些大人物，你对他们提出要求，他们总是会想："我为什么要听任你的摆布，我可是一个响当当的人物！"因此，在说服这类人的时候，从反方向着手更容易成功。

小孩子天真、单纯，你说东，他偏往西，这是他们的天性，全人类中可能要数他们的逆反心理最强了。某一有名的教育家，他对于不喜欢练小提琴的孩子尤其独具慧心。在教孩子们练琴时，经常碰到的难题就是儿童学琴意识低落，然而他却能使这些孩子们个个乐意接受他的指导。用逼迫的方式吗？不！因为这种办法只能收到一时之效，并不能持久，原来他所使用的特效药就是这么一句话：

"我想这件事你必定做不好，你还是放弃吧。因为你的技能比人家差，所以你才不想练习。"你让他放弃，他偏要证明给你看。

只要是从事教育工作，便经常会体会到这一类情形。尤其是小学生更是如此，他们很少有能够自动进取的，常以投机取巧的方式来达到他们偷懒的目的。对于这样的孩子，你若说："难道你是不喜欢它吗？"这会毫无效用的，而要对他们说：

"这样的事情对你来说是勉强了点，可能你没办法做得好。因为你的能力比别人差。"

只要这一句话，大多数孩子都会自发地行动起来。

保持缄默的说服力

大家都认为既是说服，当然就得凭借好口才。其实，偶尔采取沉默战术同样可以达到说服的效果。沉默可以引起对方注意，使对方产生迫切想了解你的念头。以下我们就来看看一个利用沉默成功说服的例子。

一家著名的电机制造厂召开管理员会议，会议的主题是"关于人才培育的问题"。会议一开始，山崎董事就用他那特有的声音提出自己的意见。

"我们公司根本没有发挥人才培训的作用，整个培训体系形同虚设，虽然现在有新进职员的职前训练，但之后的在职进修却成效不彰。职员们只能靠自己的摸索来熟悉自己的工作，很难与当今经济发展的速度衔接在一起，因而造成公司职员素质水平普遍低落、效益不高。所以我建议应该成立一个让职员进修的训练机构，不知大家看法如何？"

"你所说的问题的确存在，但说到要成立一个专门负责培训职员的机构，我们不是已经有OJT（On the Job Training职员训练）了吗？据我了解，它也发挥了一定的功用，我认为这一点可以不用担心……"

"诚如社长所说，我们公司已经有OJT组织，但它是否发挥实际作用了呢？实际上，职员根本无法从中得到任何指导，只能跟着一些老职员学习那些已经过时的东西，这怎么能够将职员的业务水平迅速提升呢？而且我观察到许多职员往往越做越没有信心、越做越没干劲。所以，我认为OJT的功能不彰，所以还是坚持……"

"山崎，你一定要和我唱反调吗？好，我们暂时不谈这个话题，会议结束后，我们再作一番调查。"

就这样，一个月后公司主管们重新召开关于人才培训的会议。这次社长首先发言。

"首先我要向山崎道歉，上次我错怪他了。他的提案中所陈述的问题确实存在。这个月我对公司的OJT进行了抽样调查，结果发现它竟然未能发挥应有的功效。因此，今天召集大家开会是想讨论一下应该如何改变目前人才培育的方法，请大家尽量发表意见吧！"

社长的话一出口，大家就开始七嘴八舌地提出建议，但令人奇怪的是，这一次山崎董事却始终一语不发地坐在原位，安静地聆听着大家的意见，直到最后他都没说一句话。

会议结束以后，社长把山崎董事叫进社长办公室晤谈。"今天你怎么啦？为什么一句话也不说？这个建议不是你上次开会时提出来的吗？"

"没错，是我先提出来的。不过上次开会我把该说的都说了，其实那无非是想引起社长你对这问题的重视罢了。现在目的已经达到，我又何必再说一次呢？还不如多听听大家的建议。"

"是吗？不错，在此之前我反对过你的提议，你却连一句辩解也没有。今天大家提出的各种建议都显得很空洞，没有实际的意义，反倒是你的沉默让我感到这个问题带来的压力。这样吧，这件事就交给你去办好了！从今天起由你全权负责公司的人才培训工作。请好好努力吧！"

在特定的环境中，缄默常常比论辩更有说服力。我们说服人时，最头痛的是对方什么也不说。反过来，如果劝者什么也不说，对方的错误意见就找不到市场了。

不同的缄默方式有不同的作用，运用时必须恰到好处。

咄咄逼人的缄默能使人不攻自破：

有一个出生在有一定教养家庭的小学生，一天他拿了同学一件好玩具，晚饭前回来，装出一副若无其事的样子，同往常一样笑吟吟地说："妈，我回来了！"缄默。"姐，我饿了。"缄默。"怎么了？"缄默。"我没做错事啊！"也是缄默。妈妈眼睛瞪着他，姐姐背对着他，全家都冷冰冰地对待他。他终于不攻自破了："妈，姐，我错了……"

平平淡淡的缄默能发人深省：有些人态度很积极，但发表意见时不免有些偏颇，直截了当地驳回，又易挫伤其积极性，循循诱导又费时，精力也不允许，最好的办法便是平平淡淡地缄默。他说什么，你尽管听，"嗯""啊"……什么也不说，等他说够了，告辞了，再用适当的不带任何观点的中性词和他告别："好吧！"或"你再想想。"别的什么也不说。如此，他回去后定然要竭思尽虑："今天谈得对不对？对方为什么不表态？错在哪里？"也许他会向别人请教，或许会自己悟出真谛。

转移话题的缄默能使人乐而忘求：对要回答的问题保持缄默，而选准时机谈大家的热门话题并引人入胜，使对方无法插入自己的话题，且从谈话中悟出道理，检讨自己。

义无反顾的缄默能使人就范：某领导有一次交代属下办一件较困难的任务，当然，他能胜任。交代之后，对方讲起了"价钱"。于是该领导义无反顾地保持缄默，连哼也不哼。"困难如何大……""条件如何差……""时间如何紧……"，说着说着他就不说了，最后说了一句："好，我一定完成。"

沉默是金，有时沉默不语能够出奇制胜，如果滔滔不绝，反而有理说不清。

有时候，在沉默的同时以另一种行动的方式来代替口头表达，说服的效果是妙上加妙的。

就拿作为领导来说，其行动对他的部下必然产生很大的影响，因此，领导要有身先士卒、上最前线的风范，以推动工作的开展。

建立起西武王国的康次郎曾经多次教育他的儿子——长大后成为日本西武铁路公司总裁的堤义明说："要让职员们跟随你，你必须要比别人多干3倍的工作。"

康次郎是以他的经验教育经营者应该具有的态度，这句话也同样适合于任何一位担任领导和主管工作的人。

要想别人做到的，首先要自己带头去做，否则不但说服起不了什么效果，部下也不会服从。"比别人多干3倍的工作"比使用任何语言更具说服力。

"身体力行是说服部下的先决条件。"

光说不干，指手画脚，是绝不可能充分说服部下开展工作的。俗语说得好："说一千，道一万，不如自己干一干。"自己率先实行的态度，比对部下讲大道理更具说服力。此种无言的说服是最好的说服。

开门见山话明了

谈话是一门艺术，尤其是领导干部找人谈话，既能看出谈话者的水平，又能感觉得到谈话者的风格与个性。中国伟人邓小平作为一位杰出的领导人，其语言特点是一针见血，往往几句话就能切中要点，能够高效地解决问题。他曾经和数不清的人谈过话，不少听过邓小平谈话的人虽然都有不同的感受，但有一条是共同的，那就是：他的谈话很有"小平特色"——言简意赅，切中要害，忌大话、空话。

我们在说服别人时，也应该在适当时候学习伟人邓小平这样的说话风格，语不多而精，切中要害。

对一些认识不对者，可以一针见血指出其错误。

有一位中学生，自以为看破红尘，认为世人都是虚伪的，并多次在作文与言行中流露出走的想法。有次不顾劝阻，真的出走了。班主任知道后，立即骑车追寻，好不容易找到了他。回校后，班主任针对这位学生存在的糊涂认识，一针见血地指出其错误："你认为人与人之间不存在真实，可是，你临走时给我写信，这说明你对老师的爱是真实的；你信中说要我多送几个同学升学，这也说明你对我们班的爱是真实的；你对父母、姐姐的爱也是真实的。在你身上存在着这么多真实的成分，难道别人就会是虚伪的吗？"

老师的话字字如针，扎在他心中，引起他强烈的震动，他沉痛地垂下了头。

理不说不明，纸不捅不破。很多话不说破说透，执迷不悟的人只会积久成疾。而捅破窗户纸，却可能有消散阴云的一天。

◇你的形象价值百万 你的礼仪价值百万 你的口才价值百万

《红楼梦》中，凤姐使用"掉包计"，诱骗贾宝玉与薛宝钗成婚。婚后，宝玉对林黛玉朝思暮想，以至病势日见沉重。贾母等为了不刺激贾宝玉，不敢对他言明黛玉已死的事实。薛宝钗冷眼旁观，知宝玉之病因黛玉而起，欲使其好转，也必应以黛玉为契机。所以在一次他们两个人谈话提及黛玉时，宝钗果断地告诉宝玉，"林妹妹已经亡故了"。宝玉听到后，痛不欲生。但大痛过后，想到人死再不能复生，也就无可奈何了，就这样心中多日郁结的萦挂思恋，被宝钗猛一点破，身体竟慢慢地好了。

宝钗这一做法，确时比贾母等高明多了，实际上，窗户纸不点破，有的人便心存侥幸。遇到此种情况，何不学学薛宝钗，令其一时痛苦，以免日后烦恼。从而能够真正面对现实，重新振作起来。

在很多商业场合，如果不及时抓住机会，把意图直截了当地表达给对方知道，往往会错过很好的合作项目。

只要抓住机会，开门见山要求客户下订单，成功就不会像人们想象的那么艰难。

一家小公司的业务工作刚打开局面，有一天，总经理终于约见了几个月来一直想拜见的一家大公司的总裁以及好几位副总裁，希望为这家大公司生产配套产品。整个会谈进行得十分顺利，大公司的人到了最后的关头却沉默了。

错过这个机会，再和他们在一起就会非常难。于是，小公司的总经理直截了当地向大公司的总决策人提出了自己的想法："我们刚才非常荣幸地向各位介绍了本公司能为贵公司提供的配套服务，对于双方今后的合作计划、前景也得到了各位一致的赞同，这项合作计划对我们双方都将是有利可图的。但是如果我们一离开这房间，这项业务可能因为对贵公司的大业务来说算不上什么而被暂置一旁。我们公司为这个非常重要的业务已经等待了4个月的时间，既然我们都认为这是一个可行的合作项目，何不趁总裁先生和几位副总裁在场就把合作协议签了，为我们的初次合作画上一个完满的句号呢？希望能原谅我的冒昧请求。"

那位大公司的总裁先生从沙发上站了起来，握住了小公司总经理的手，说了一声："好！"

于是，合作协议就这样签约了。当小公司的总经理回到公司把结果告诉同仁，他们都感到非常惊奇而难以置信，不到一个上午的会就大功告成。

这就叫"该出手时就出手"，时机成熟，就千万不要再扭捏作态，含蓄牵强，很多说服工作都是水到渠成的，关键结尾处，务必干脆利落，开门见山地亮出自己的观点。

引经据典可以一当十

经和典大都是前人留给后辈的思想文化遗产。经典的文化内蕴博大精深，涉及方方面面的领域。

人们崇尚经典，那是因为经典的语言，常被后人视作明辨是非的指导；经典的人物，常被后人当作效仿的楷模；经典的故事，能给后人留下一部部助益无限的读本。人们崇尚经典之余，还喜欢运用经典。有了经典这种武器，无论是行为还是语言便都有了充实的依据。

有许多人在和别人说理时，为使自己的"理"能服人，便以引用经典的方法来补充自己的观点立场正确性，增加对手辩驳的难度。辩论也不外乎如此。我们将这种办法俗称为"引经据典，以理穿幽"。

所谓引经据典，就是在谈话中根据情况巧妙地引用典故警句、成语、歇后语、故事等形式，以达到叙事论理引人入胜、生动形象的说服效果。

任何一个说服者都希望自己的说词能具感染力和说服力。感染力和说服力来自发散型逻辑思维和妙语连珠的有机组合。引经据典正是以此来增加这种有机结合的分量。这种分量，在言简意赅地明晰自己的观点的同时，也能更坚定自己达到说服目的的信心。

一个温地人去东周都城，周人不准他进去，问他，"你是外人吧？"温人回答道："我是这儿的主人。"可是问他所住的街巷，他却说不上来。东周官吏就把他囚禁起来了。

东周国君派人问他："你是外地人，却自称是周人，这是什么道理？"他回答说："我小时候就读《诗经》，《诗经》里说：'普天之下，没有哪里不是天子的土地；四海之内，没有哪个不是天子的臣民。'现在周天子统治天下，我就是天子的臣民，怎么是周都的外来人呢？所以说我是这儿的主人。"东周君听了，就命令官吏释放了他。

典故、名言、名句都是传统文化的精粹，蕴藏着丰富的思想内涵，有着以一当十的威力，说辩者引经据典如能恰到好处，自然能加重说服言辞的分量，赢得说理的优势。

历史就是一面镜子，用历史的经验和教训作为论据，极富说服力。常言道，事实胜于雄辩，而那些经典历史篇章是经过时间考验与广泛评说的前人的实践，是具有压倒性征服力的。

汉文帝时，魏尚做云中太守。当时，匈奴人时常侵扰边塞，使北方诸郡不得安宁。魏尚任云中太守以后，开始整顿军队，积极抵抗，一时声威大震。匈奴人闻知魏尚智勇兼备，不敢轻易进犯云中。一次，匈奴的一支军队进入云中境内，魏尚便率军迎击，打退了匈奴的入侵。由于疏忽，魏尚在向朝廷报功时，多报了6个首级。汉文帝便认为魏尚冒功，撤销了他的职务，并让官吏依法治罪。大臣们都感到魏尚获罪有些冤枉，但是，却无法解救他。

一天，文帝看见了做郎署长的冯唐，问他："你是什么地方人？"冯唐回答说："我是赵人。"文帝一听，便来了兴致，说："以前我听说赵国的将领李齐十分了得，巨鹿大战时，威震敌胆。现在，每当我吃饭的时候都想起他。"冯唐回答说："李齐远不如廉颇、李牧。"原来，赵国在战国时有很多良将，廉颇、李牧是当时十分著名的将军。文帝听后，叹道："可惜，我没有得到廉颇、李牧那样的将才，如果有他们那样的人为将，我就不担忧匈奴人了。"冯唐见时机已到，忙说："陛下即使得到像廉颇、李牧那样的将才，也不一定会用。"汉文帝十分惊诧地问道："你怎么知道呢？"冯唐回答说："古时候的帝王派遣将领出征，总是说：'大门以内我负责，大门以外，由将军治理。'军队里依功行赏，本来是将军们的事，由他们决定以后再转告朝廷。过去，李牧在赵国做将军，所在地的租税都自己享用了，赵王不责怪他，所以李牧的才智得到了充分发挥，赵国也几乎成为霸主。而当今，魏尚做云中太守，其所在地的租税收入，全部用来供养士卒，因此，匈奴惧怕他，不敢接近云中的边塞。而陛下仅仅因为6个首级的误差，便将他下狱治罪，削掉了他的官爵。所以，我才敢说，陛下即使有廉颇、李牧那样的将才，也不能够很好地任用他们。"

汉文帝听了冯唐这些话之后，感触良深。当天，就派冯唐拿着符节到云中赦免魏尚，恢复了他云中太守的职位。

在日常生活或处理事务中，引用典故时最好要将其引用得具体一些，这样会更有说服力。

据《贞观政要》载：唐太宗有一匹骏马，他特别喜爱，长期在宫中饲养。有一天，这匹马无病而暴死，太宗大怒，要把马夫杀掉。这时，长孙皇后劝谏道：

从前，齐景公因为马死的原因要杀马夫，晏子控诉马夫的罪行说："你把马养死了，这是第一条罪状；你使得国王因为马的原因杀人，老百姓知道了，必定怨恨国君，这是你的第二条罪状；邻国诸侯知道这件事，必定会轻视我们的国家，这是你的第三条罪状。"结果齐景公赦免了马夫。陛下读书曾见过此事，难道你忘记了吗？

　　唐太宗听后，怒气全消，遂赦免了马夫。

　　现实是，唐太宗的马死了，太宗要处死马夫；历史上齐景公的马死了，要处死马夫，这是何等相似的事。长孙皇后巧妙地引用晏子谏齐景公这一史实，使唐太宗从愤怒中清醒过来，改变了自己错误的决定。

　　由此可见，在与人说理时引用典故是纠正对手、巩固自己观点的一种绝妙的手法。通过引用典故，让古人替今人说话，让经验为探求者开道。这种手法的妙用，不但能使对手心悦诚服，同时，也让自己更有信心、更有把握地沿着自己所持的正确想法去拓展。

绕个圈子表达——旁敲侧击

　　西方人有个习俗：男子戴帽，入室必摘下。而女士戴大檐帽，在室内可以不摘。

　　某电影院常有戴帽的女观众，坐在她们后排的人，十分反感，便向经理建议，请其通行禁令。

　　经理不以为然，说："公开禁令不妥，只有提倡戴帽才行。"提建议者听罢大失所望。

　　第二天，影片放映前，银幕上果然打出一则启事："本院为了照顾衰老高龄的女客，允许她们照常戴帽，不必摘下。"

　　通告既出，所有戴帽者"唰"一声全都摘下，无一例外，因为西方人忌讳别人说自己老，尤其是女性。

　　可见，说服他人做什么事可以根本不用面对面提出你的意愿，也不用说得明白无误。采用一种旁敲侧击的方法有时候更奏效。

公元前636年，在外流浪19年的晋公子重耳，在秦穆公的帮助支持下，就要回国为王了。

渡河之际，壶叔把他们流亡时的旧席破帷仍然当宝贝似的搬上船，一件也不舍得丢掉。重耳一看，哈哈大笑，说自己就要回国为王了，还要这些破烂干什么？他命令全部抛弃这些东西，狐偃对重耳这种未得富贵先忘贫贱的言行非常反感，担心以后重耳会像抛弃破烂一样，把他们这些陪伴他长期流浪的旧臣也统统抛弃。

于是，他当即向重耳表示，他愿意继续留在秦国，因为在外奔波了19年，自己现在心力俱悴，身体已经像刚才重耳丢弃的旧席破帷一样无法再用，回去也没有什么价值了。

重耳一听便明白了狐偃的意思，马上做了自我批评，并让壶叔把东西一一拣回，表示返回国后，一定不会忘掉狐偃的功劳和苦劳，同心同德，治理晋国。

在对别人进行劝服时，由于种种原因不好直说，往往不能直截了当地点出对方的意见和观点是错误的，这时若能旁敲侧击，以事物启发人，会更通俗易懂为对方所接受。

著名的出版业巨人哈斯特是从创办一份小型报纸起家的，经过几年的奋斗，他拥有了23家报纸和12种杂志。一次，这位杰出的人物遇到了一件令人烦恼的事情：著名的漫画家纳斯特为他绘制了一幅令他大失所望的漫画。

哈斯特觉得这样子可不行，一定要想办法让他重画一张令人满意的图画才行，可是怎样才能让那位著名的漫画家能够重画一张杰出的作品呢？而且，还有一个问题就是，这样一来原先那幅失败的作品就会因此而报废，他一定会有受挫感的，怎样才能让他愉快地重画呢？

当天晚上，大家一起共进晚餐的时候，哈斯特着重对那幅失败的作品好好地赞赏了一番，他表示："本地的电车时常让许多小孩子不慎伤亡，有的时候，驾驶电车的司机看上去简直不像活人，倒像个死人。照我自己看来，那些人好像只是瞠目结舌地看着孩子们在街上玩耍，却毫无顾忌地冲上前去。"这时，纳斯特激动地一跃而起，惊奇地说道："老天！哈斯特先生，这个场景足以画出一张让人震撼的图画来啊！你把我那张画作废吧，我给你重新画一张更出色的。"就这样，纳斯特异常激动地待在旅馆里，连夜赶制这幅漫画，第二天果然就送来了一幅异常深刻的漫画。

精明的哈斯特诱使纳斯特主动提出将自己的画作废，并自愿加班赶制一幅新的画卷，是哈斯特利用暗示来将看似突发奇想的灵感不着痕迹地移植到了纳斯特的心里，以致纳斯特兴致勃勃地完成了一幅新的杰作。

对于有抵触情绪的人正面说服虽然能够表达说服者的诚心，却不能达到解除对方抵触的目的，而如果在形式上加以改变，却能达到正面说服所不能达到的效果。

日本在第二次世界大战末期仍有部分士兵负隅顽抗，但有位美国兵用一句玩笑话，曾使十几个拼死顽抗的日本兵乖乖地投降。

那是在第二次世界大战末期，美军付出很大代价攻占了太平洋上的一座日本岛屿。最后的十几名日本士兵退到一个山洞里。无论洞外美军怎么喊话，他们拒不缴枪，并拼命朝外射击，美军此时真是无可奈何。忽然有位美国兵灵机一动，半开玩笑式地向洞里的日本兵作出一个许诺：如果投降，就让他们去好莱坞一游，看一看影星们的风采。没想到这句话引来了意想不到的效果。枪声停止了。那些刚才还开枪顽抗的日本兵一个个爬出了洞穴，缴枪投降了。最后，美军司令部为了维护信誉，竟真的安排这些俘虏飞抵好莱坞，大饱了一次眼福。

侧面说服并非是歪打正着。二十几岁的日本兵虽被灌输了不少武士道精神，但正当年少，哪个不做少年郎的梦？好莱坞是个梦幻的世界，它吸引着成千上万世界各地的年轻人的心,对于这些无视生命的日本兵来说却有着超凡的魅力。美国人正是利用了这种心态,达到了说服的效果。

约翰的公司正值生意兴隆之际,忽然因一件意外的事件濒临破产。约翰回到家中,痛哭流涕,想到这20年的艰难创业即将毁于一旦,他的精神陷入极端绝望的境地。他不吃饭不睡觉,心里满是自杀的念头。妻子琼开始也和约翰一样悲痛欲绝,但她看到约翰的样子,明白该是自己拿出勇气的时候了。她一遍遍地劝慰约翰,说些"忘记这一切,从头干起"的鼓励话。但约翰好像没有听到,依然沉湎于自己的绝望心境中。琼看到正面的劝慰不能奏效,心中一动,计上心来,她坐在约翰的身旁,大哭了起来,一边哭一边诉说起今后生活的可怕。"你的公司破产了,我们这个家可怎么办,两个孩子的学费怎么筹,我怎么和孩子们去解释,他们将不能和同学一起去度假。"琼哭得那么伤心,约翰在妻子哭声中从迷茫的状态下慢慢清醒了过来。他想起了自己对妻儿的责任,想起这个打击也同样降临到了家人身上。他立刻收起了悲伤,对琼说:"不要难过,我们重新开始。"琼笑了,对约翰说:"看来得要扮演被安慰者才行。"

关键时刻,琼调转了角色,变换了角度,使约翰重新恢复了勇气。

我国的古人很喜欢采用一种叫"隐语"的手法来表达自己的意见。这种方法更为含蓄,给人一种优美、曲折的感觉。通常是借别的词语或手势动作作出暗示,让对方猜测。巧妙使用隐语不仅可以把话讲得生动、脱俗,而且容易引起对方的注意和兴趣。

周武王灭殷,入纣都朝歌。听说殷有位德高望重的长者,于是武王前去面见,询问殷朝所以灭亡的原因。

殷长者对武王说:"您要知道这个答案,请以某一天的中午时分为期,到时再谈。"约定的日期到了,可是殷长者没有来。武王感觉很奇怪。周公说:"我已经知道了。此人是个君子,礼义要求他不能非难自己的君王,所以不能明言直说。至于他期而不到,言而无信,实际上暗示了殷所以灭亡的原因。他是在用隐语来回答我们的问题啊。"

齐景公伐鲁,接近许城时,找到一个叫东门无泽的人。齐景公问他:"鲁国的年成如何?"东门无泽回答说:"背阴的地方冰凝到底,朝阳的地方冰厚五寸。"齐景公不明白,把这事告诉了晏子。晏子回答说:"这是一位有知识的人,您问年成,而他回答冰,这是合于礼的。背阴地方的冰凝固,朝阳地方冰结五寸,这表明节气正常,节气正常意味着政治平和,政治平和上下就团结,上下团结年成自然好。您攻打一个粮食充足、群众团结的国家,恐怕会把齐国百姓弄得很疲惫,会死伤不少战士,结局恐怕不会如您的愿。请对鲁国以礼相待,平息他们对我国的怨恨,遣返他们的俘虏,来表明我们的好意吧。"齐景公说:"好!"决定不再伐鲁了。

隐语需要对方有一定的领悟能力,否则也达不到预期的效果。因此,我们在对对方进行旁敲侧击的同时,必须考虑到对方的心理和立场。

有高度自然有风度

再固执的人,当被赞扬时都会变得不再固执,他可能会拿出风度乖乖地聆听你的意见。

人人都喜欢听好话,但有很多人,当别人称赞他,他心里得意,嘴上故作谦虚,满心委屈的样子。而有些人听了赞美,会落落大方地说:"谢谢!"

有一则趣闻:一次,达尔文去赴宴,席间,与一个年轻美貌、衣着时髦的女郎坐在一起。

这位美女带点玩笑的口吻向科学家提出问题："达尔文先生，听说您断言，人类是由猴子变来的。我也属于您的论断之列吗？"

如果达尔文先生严格按科学的原理，大讲物竞天择、适者生存的进化论，恐怕这位漂亮的女士会溜之大吉的。但达尔文与众不同之处在于他的冷静和机敏善辩，并揣测年轻女子爱漂亮的心理，巧妙地来了一句："是的。人类是由猴子变来的。不过，小姐您不是由普通猴子变来的，而是由长得非常迷人的猴子变来的。"说这话的时候，他显得彬彬有礼，煞有介事。美女心中顿时消除了原有的怀疑和反对，并且对达尔文有了一点敬佩之意。

如果你希望对方达到什么样程度，不妨赞扬他一下，他一定会不负众望，勇往直前的。

自从塞德默斯来到奇异电器公司任主任管理员后，他管理的部门越来越糟。但老板并不责难他，因为他们了解塞德默斯并非庸才，而是一个很有能力、感觉和思维都十分敏锐的人。他们很有技巧地对他使用了一点机智术。

他们在无形中使塞德默斯享有两个头衔，一个是职务上的，一个是非职务上的。职务上的头衔是正式的，那就是奇异电器公司的顾问工程师，这是公司内外人人皆知的；非职务上的头衔是非正式的，称他为"最高法庭"，这是促使他的属下称呼他的尊号，表示他是公司生死成败的最高决策者。

果然，没过多久，塞德默斯连续创造出许多电器史上的奇迹，随之，公司的面貌也焕然一新。这个巧妙而有成效的谋略，不是别的，正是赏给头衔的方法。

这种"头衔方法"就是赞扬的一种运用，故意抬高一个人的高度，以此达到促其向上的目的。

从孩子的天性，我们可以发现一点：当我们有时称赞夸奖他们时，他们是何等高兴满足。其实，他们并不一定具有我们所称赞的优点，而只是我们期望他们做到这点而已。在我们与人交往时，何不也效仿这一做法呢？因为不管是大人还是小孩子，他们都喜欢别人给自己一个美名，如果他们没有做到这一点，内心里也会朝此目标努力，因为他们知道这样就可以得到一个美名，获得他人的赞许。

假如一个好工人变成粗制滥造的工人，你会怎么做？你可以解雇他，但这并不能解决任何问题。你可以责骂那个工人，但这只能引起怨怒。

亨利·汉克，是印第安纳州洛威市一家卡车经销商的服务经理，他公司有一个工人，工作每况愈下。但亨利·汉克没有对他吼叫或威胁他，而是把他叫到办公室里来，跟他进行了坦诚的交谈。

他说："希尔，你是个很棒的技工。你在这里工作也有好几年了，你修的车子也都很令顾客满意。有很多人都赞美你的技术好。可是最近，你完成一件工作所需的时间却加长了，而且你的质量也比不上你以前的水平。也许我们可以一起来想个办法解决这个问题。"

希尔回答说他并不知道他没有尽他的职责，并且向他的上司保证，他以后一定改进。

他做了吗？他肯定做了。他曾经是一个优秀的技工，他怎么会做些不及过去的事呢？

在当下，征得一笔巨额贷款是难上加难的事，不过，处理得当，问题就解决了。

约翰·强生是美国的大企业家。1960年，他决定在芝加哥为他的公司总部兴建一座办公大楼。为此，他出入了无数家银行，但始终没贷到一笔款。于是,他决定先上马后加鞭,设法将自己200万美元凑集起来,聘请一位承包商,要他放手进行建造,好让他去筹措所需要的其余500万美元。假如钱用完了,而他仍然拿不到抵押贷款,承包商就得停工待料。

建造开始并持续加工,到所剩的钱仅够再花一个星期的时候,约翰恰好和大都会人寿保险公司的一个主管在纽约市一起吃饭。他拿出经常带在身边的一张蓝图,想激起他对兴建大厦的投资兴趣。他正准备将蓝图推在餐桌上时,主管对约翰说:"在这儿我们不便谈,明天到我办公室来。"

第二天,当主管断定大都会公司很有希望提供抵押贷款时,约翰说:"好极了,唯一的问题是今天我就需要得到贷款的承诺。"

"你一定在开玩笑,我们从来没有在一天之内为这样的贷款进行承诺的先例。"主管回答。

约翰把椅子拉近主管,并说:"你是这个部门的负责人。只有你才有足够的权力,能把这件事在一天之内办妥。"

主管满意地笑着说:"让我试一试吧。"

事情进行很顺利,约翰在自己的钱花光之前几小时拿着到手的贷款回到了芝加哥。

说服,务必切中要害,用激将法迫使他就范。就这件事来说,要害是那位主管对他自己的权力观念。

没什么比对其权力的肯定更让人内心震动,这是对一个男人至高无上的赞誉。而对于一个女人来说,夸奖她的工作勤劳是她无法拒绝的美誉。

有一天早晨,苏格兰的一位牙医马丁·贵兹裕夫被当地的病人指出她用的漱口杯、托盘不干净时,他真的被震惊了。这表明他的职业水准是不够的。

这位病人走后,贵兹裕夫医生写了一封信给布利特——一位女佣,让她一个礼拜来打扫两次,他是这样写的:

亲爱的布利特：

　　最近很少看到你。我想我该抽点时间，向你做的清洁工作致意。顺便一提的是，一周两小时，时间并不算少。假如你愿意，请随时来工作半个小时，做些你认为应该经常做的事。像清理漱口杯、托盘等等。当然，我也会为这额外的服务付钱的。

　　第二天他走进办公室时，他的桌子和椅子，擦得几乎跟镜子一样亮。他进了诊疗室后，看到从未有过的洁净。他给了她的女佣一个美誉促使她去努力，使她卖力地把工作做得最好。

　　我们应该学会在希望让某人做某事的时候，得体地赞扬他人。这样，难事都会变易事。

以谬制谬，以错纠错

　　在说辩中抓住对方命题中隐蔽的荒谬点，加以推衍，或由此及彼，或由小到大，或由隐到显，最后得出荒谬可笑的结论，从而证明对方的论点是错误的。这种顺言逆意的说辩谋略，在逻辑上属于引申归谬。虽带有某种讽刺意味，但多属善意的。

　　优孟是楚国的艺人，身高八尺，喜欢辩论，常常用诙谐的语言婉转地进行劝谏。楚庄王有一匹心爱的马，每天给它穿上锦绣做的衣服，让它住在华丽的房子里，用蜜渍的枣干喂养它。结果马得肥胖病死了，于是庄王让臣子们给马治丧，要求用棺椁殡殓，按照安葬大夫的礼仪安葬它。群臣纷纷劝阻，认为不能这样做。庄王急了，下令说："有谁敢因葬马的事谏诤的，立即处死。"

　　优孟听到这件事，走进宫门，仰天大哭。庄王吃了一惊，问他哭的原因。优孟说："这马是大王所心爱的，堂堂的楚国，只按照大夫的礼仪安葬它,太寒碜了,请用安葬国君的礼仪安葬它吧。"庄王问:"怎么葬法?"优孟回答说:"我建议用雕花的美玉做棺材,用漂亮的梓木做外椁,用枫树、豫樟各色上等木材做护棺,发动士兵给它挖掘墓穴,让年老体弱的人背土筑坟,请齐国、赵国的代表在前面陪祭,请韩国、魏国的代表在后头守卫,要盖一所庙宇用牛羊猪祭供它,还要拨个万户的大县长年管祭祀之事。我想各国听到这件事,就都知道大王轻视人而重视马了。"庄王说:"我的过错竟然到了这个地步吗?现在该怎么办呢?"优孟说:"让我替大王用对待六畜的办法来安葬它:堆个土灶做外椁,用口铜锅当棺材,调配好姜枣,再加点木兰,用稻米作祭品,用火光做衣服,把它安葬在人们的肚肠里吧!"庄王当即就派人把死马交给太官,以免天下人张扬这件事。

运用归谬方式使说服对象认识原来观点的错误,还可采用这样一套方式,即先提出一些问题让对方谈自己的见解,即便对方说错了,也不要急于直接指出,而要不断地提出补充的问题,诱导对方由错误的前提推到显然荒谬的结论上,使之不得不承认其错误,然后再设法引导他随着你的正确的思维逻辑,一步一步通向你所主张的观点,达到劝导说服的目的。

鲁迅的文章尖锐犀利,讽刺国民党的封建文化常采用这一手法,最经典的便是笑斥"男女大防"。

有一次,国民政府的一个地方官僚禁止男女同学、男女同泳,闹得满城风雨。鲁迅先生幽默地说:"同学同泳,皮肉偶尔相碰,有碍男女大防。不过禁止以后,男女还是一同生活在天地中间,一同呼吸着天地间的空气。空气从这个男人的鼻孔呼出来,被那个女人的鼻孔吸进去,又从那个女人的鼻孔呼出来,被另一个男人的鼻孔吸进去,淆乱乾坤,实在比皮肉相碰还要坏。要彻底划清界限,不如再下一道命令,规定男女老幼,诸色人等一律戴上防毒面具,既禁空气流通,又防抛头露面。这样,每个人都是……喏！喏！"鲁迅先生一面站起来，模拟戴着防毒面具走路的样子。当时逗得大家笑得前俯后仰，事后又引起大家深深的思索。这固然是由于他采取了讽刺和幽默的形式，更重要的，还因为他揭开了矛盾，把大家的思想引导到事物内蕴的深度。

还有一次是鲁迅任厦门大学教授时，校长常常克扣教学经费。这钱不能花，那钱没有预算，再一笔钱又可以不花。老是这样刁难师生，弄得大家意见很大。

这天，校长又决定把经费削减一半。他把各研究院的负责人和教授们召集起来。一说出削减方案，马上遭到教授们的反对。大家说："研究经费本来就少得可怜，好多科研项目不能上马，正进行的一些研究工作也日子难熬，不能往纵深发展。再说，许多研究成果、论著因没钱不能印刷，再削减经费怎么得了？不行，不行！"校长根本不认真倾听教授们的意见，他强词夺理，说："对于经费问题，你们没有发言权。学校是有钱人掏钱办的，只有有钱人才可以发言，在这个问题上应充分重视有钱人的意见。"

校长话音刚落，鲁迅霍地起身，从长衫里摸出两个银币："啪"的一声放在桌上，说："我有钱！我有发言权！"接着，他力陈经费只能增加不能减少的道理。论据充分，思路严密，无懈可击，驳得校长哑口无言，只得收回主张。教授们胜利了。

鲁迅先生在这里巧妙地将校长所说的"钱"（即财富，广义的钱）偷换成一分二分的零花钱的狭义的"钱"，从而以两个银币的"钱"为引子提出了自己的理由，使校长无话可说。巧以对方的谬论"只有有钱人才有发言权"，将自己的"小钱"掏出来拿到发言权，既诙谐，又讽刺，还能把意见表达出来，鲁迅不愧为一代大文豪。